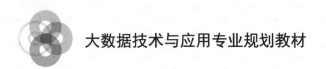

**大数据技术与应用专业规划教材**

# 数据可视化
## 原理及应用

◎ 樊银亭 夏敏捷 编著

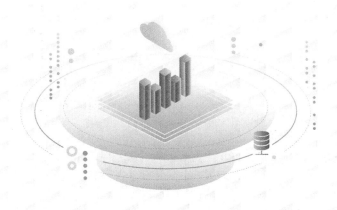

清华大学出版社

北京

## 内 容 简 介

本书是面对当前科学可视化、信息可视化、可视分析研究和应用的新形势,专门为计算机、统计、大数据处理及相关专业开设"数据可视化"课程而编写的。全书分为两篇:原理篇和应用篇。其中,原理篇从数据可视化发展历程、数据可视化数据的度量和可视化组件、可视化流程等方面讲解可视化基础理论和概念,针对实际应用中遇到的不同类型的数据(包括时空数据、地理信息数据、文本数据、层次数据)介绍相应的可视化方法;应用篇着重介绍可视化工具 D3 的综合应用,同时介绍 Python 语言在可视化上的应用,最后一章用实例讲解一个 D3 在微信公众号舆情系统中的可视化应用。

本书可作为高等院校计算机、统计、大数据处理及相关专业高年级本科生和研究生的教学用书,也适用于 D3 语言学习者、可视化设计人员和数据分析人员,对于从事数据可视化、数据分析、视觉艺术开发和应用人员也有较大的参考价值。

**图书在版编目(CIP)数据**

数据可视化原理及应用/樊银亭,夏敏捷编著. —北京:清华大学出版社,2019(2023.1重印)
(大数据技术与应用专业规划教材)
ISBN 978-7-302-53177-7

Ⅰ. ①数…　Ⅱ. ①樊… ②夏…　Ⅲ. ①数据处理—高等学校—教材　Ⅳ. ①TP274

中国版本图书馆 CIP 数据核字(2019)第 112002 号

责任编辑:陈景辉　张爱华
封面设计:刘　键
责任校对:李建庄
责任印制:沈　露

出版发行:清华大学出版社
　　　　网　　址:http://www.tup.com.cn,http://www.wqbook.com
　　　　地　　址:北京清华大学学研大厦 A 座　　　　邮　　编:100084
　　　　社 总 机:010-83470000　　　　邮　　购:010-62786544
　　　　投稿与读者服务:010-62776969,c-service@tup.tsinghua.edu.cn
　　　　质量反馈:010-62772015,zhiliang@tup.tsinghua.edu.cn
　　　　课件下载:http://www.tup.com.cn,010-83470236
印 装 者:三河市君旺印务有限公司
经　　销:全国新华书店
开　　本:185mm×260mm　　印　张:21　　　　字　　数:508 千字
版　　次:2019 年 10 月第 1 版　　　　　　　　印　　次:2023 年 1 月第 4 次印刷
印　　数:4501~5000
定　　价:59.90 元

产品编号:079492-01

数据可视化(Data Visualization)起源于 18 世纪。William Playfair 在出版的书籍 *The Commercial and Political Atlas* 中第一次使用了柱状图和折线图,当时是为了表示国家的进出口量,今天柱状图和折线图依然在使用。19 世纪初,他出版了 *Statistical Breviary* 一书,里面第一次使用了饼状图。这三种图形都是至今常用的、著名的可视化图形。19 世纪中叶,数据可视化主要被用于军事,用来表示军队死亡原因、军队的分布图等。进入 20 世纪,数据可视化有了飞跃性的发展。1990 年,在人机界面学会上,它作为信息可视化原型的技术被发表。1995 年,IEEE Information Visualization 正式创立,信息可视化作为独立的学科被正式确立。随着 2012 年世界进入大数据时代,数据可视化作为大量数据的呈现方式,成为当前重要的课题。

数据可视化是指将大型数据集中的数据以图形图像形式表示,并利用数据分析和开发工具发现其中未知信息的处理过程。数据可视化的目的是对数据进行可视化处理,以使能够明确、有效地传递信息。比起枯燥乏味的数值,人类对于大小、位置、浓淡、颜色、形状等能够有更好、更快的认识,经过可视化之后的数据能够加深人类对于数据的理解和记忆。

全书分为两篇:原理篇和应用篇。其中,原理篇从数据可视化发展历程、数据可视化数据的度量和可视化组件、可视化流程等方面讲解可视化基础理论和概念,针对实际应用中遇到的不同类型的数据(包括时空数据、地理信息数据、文本数据、层次数据)介绍相应的可视化方法;应用篇着重介绍可视化工具 D3 的综合应用,同时介绍 Python 语言在可视化方面的应用,最后一章用实例讲解 D3 在微信公众号舆情系统中的可视化应用。

本书由樊银亭和夏敏捷(中原工学院)主持编写,樊银亭编写第 1 章和第 2 章,尚展垒(郑州轻工业大学)编写第 5~7 章蔡增玉(郑州轻工业大学)编写第 9~11 章,其余章节由夏敏捷编写。

在本书的编写过程中,为确保内容的正确性,参阅了很多资料,并且得到了中原工学院研究生教材建设项目资助和资深 Web 程序员的支持,宋宝卫、潘惠勇、李娟和李国伟参与了资料整理。

本书的学习资源可以在清华大学出版社网站本书页面中下载。由于编者水平有限,书中难免有疏漏之处,敬请广大读者批评指正。

夏敏捷

2019 年 9 月

CONTENTS 目 录

原 理 篇

# 应　用　篇

原理篇

# 第 *1* 章

## 数据可视化简介

数据可视化旨在借助于图形化手段,清晰、有效地传达与沟通信息。但是,这并不意味着数据可视化就一定因为要实现其功能用途而令人感到枯燥乏味,或者是为了看上去绚丽多彩而显得极端复杂。为了有效地传达思想观念,美学形式与功能需要齐头并进,通过直观地传达关键的方面与特征,从而实现对于相当稀疏而又复杂的数据集的深入洞察。然而,设计人员往往并不能很好地把握设计与功能之间的平衡,从而创造出华而不实的数据可视化形式,无法达到传达与沟通信息的目的。

数据可视化与信息图形、信息可视化、科学可视化以及统计图形密切相关。当前,在研究、教学和开发领域,数据可视化乃是一个极为活跃而又关键的方面。"数据可视化"这条术语实现了成熟的科学可视化领域与较年轻的信息可视化领域的统一。

## 1.1 数据可视化发展历程

数据可视化是数据描述的图形表示,是当今数据分析领域当中发展最快速、最引人注目的领域之一。借助于可视化工具的发展,或朴实,或优雅,或绚烂的可视化作品给我们讲述着各种数据故事。在这个领域当中,科学、技术和艺术完美地结合在一起。

数据可视化一般被认为源于统计学诞生的时代,并随着技术手段、传播手段的进步而发扬光大;事实上,用图形描绘量化信息的思想植根于更早年代人们对于世界的观察、测量和管理的需要。本节将探索数据可视化的发展历程。

### 1. 数据可视化的起源

欧洲中世纪晚期是一个孕育着新纪元的时代。经济发展和文艺复兴点燃了欧洲人对人文和科学知识的追求,现代科学开始蹒跚起步。同时地理大发现如同大爆炸一般,把一个有待探索的新世界呈现在西欧人的面前,商人和探险家等满怀着对财富、贸易或者知识的渴望登上了驶向远方的航船。面对未知的新世界,很多新的科技,如绘图学、测量学、天文学等在迅速地更新着人们对世界的认识。

在 16 世纪,天体和地理的测量技术得到了很大的发展,特别是出现了像三角测量这样的可以精确绘制地理位置的技术。到了 17 世纪,笛卡儿发展了解析几何和坐标系;哲学家帕斯卡发展了早期概率论;英国人 John Graunt 开始了人口统计学的研究。数据的收集整理和绘制开启了系统的发展。这些早期的探索开启了数据可视化的大门。

### 2. 18 世纪——新的图形符号出现

18 世纪是一个科学史上承上启下的时代。在这个世纪开始的时候,牛顿爵士已经在苹果树下发现了天体运动的伟大方程,微积分建立起来了,数学和物理知识开始为科学提供坚实的基础;在这个世纪里,化学也摆脱了炼金术,开始探索物质的组成;博物学家们继续在世界各地探索着未知的事物。社会生活也在发展,在这个世纪稍晚的年代,英国开始了工业革命,从此社会化大生产深刻地改变了整个世界:技术成为科学的另一条主线,社会管理也走向数量化和精确化。

与这些社会和科技进步相伴,统计学出现了早期萌芽。一些和绘图相关的技术也出现了,如三色彩印(1710)和平板印刷(1798)(后者被当今学者称为如同施乐打印机一般伟大的发明)。数据的价值开始为人们所重视,人口、商业等方面的经验数据开始被系统地收集整理,天文、测量、医学等学科的实践也有大量的数据被记录下来。人们开始有意识地探索数据表达的形式,抽象图形和图形的功能被大大扩展,许多崭新的数据可视化形式在这个世纪里诞生了。

这些新的图形创新涵盖很多图形领域。

在地图中,出现了等值线(Edmund Halley,1701)以及等高线表示的 3D 地图(Marcellin du Carla-Boniface,1782)。比较国家间差别的几何图形开始出现在地图上(Charles de Fourcroy,1782)。时间线被历史研究者引入,用来表示历史的变迁(Priestley,1765)。

法国人 Marcellin Du Carla-Boniface 绘制的等高线图(见图 1-1),用一条曲线表示相同的高程,对于测绘、工程和军事有重大的意义,成为地图的标准形式之一。

特别重要的是,在后来被人们作为基本图形使用的饼状图、圆环图、条形图和线图也出现了。

### 3. 19 世纪前半叶

19 世纪前半叶是最好的时代也是最坏的时代。科技在迅速发展,工业革命从英国扩散到欧洲大陆和北美。但是财富的增加并未同步地改善社会生活,各种革命在这个时代里层出不穷。但对数据可视化来说,这是一个快速发展的好时代。随着社会对数据的积累和应用的需求,以及技术和设计的进步,现代的数据可视化——统计图形和主题图的主要表达方式,在这几十年间基本都出现了。

在这个时期内数据可视化的重要发展包括:在统计图形方面,散点图、直方图、极坐标图和时间序列图等当代统计图形的常用形式都已出现。在主题图方面,主题地图和地图集成为这个时期展示数据信息的一种常用方式,应用领域涵盖社会、经济、疾病、自然等各个主题。

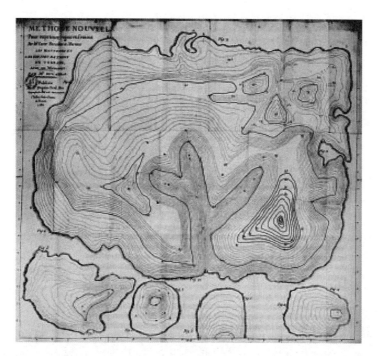

图 1-1　等高线图

1）主题地图和社会学的发展

在 1801 年，英国地质学家 William Smith(1769—1839)绘制了第一幅地质图，这幅描绘了英格兰地层信息图在 1815 年出版后引起轰动，引领了一场在地图上表现量化信息的潮流。

1826 年，法国男爵 Charles Dupin 发明了使用连续的黑白底纹来显示法国识字分布情况的方法，这可能是第一幅现代形式的主题统计地图。

2）霍乱地图与传染病的研究

19 世纪上半叶的欧洲，伴随工业迅速发展的是城市的扩张和人口的增长，但是公共管理并未能与时俱进。城市居民极易受到传染病的侵害。1831 年 10 月，英国第一次爆发霍乱，夺走了 5 万余条生命。在 1848—1849 年和 1853—1854 年的霍乱中，死亡人数更多。霍乱传播因何而来又如何传播？可视化最终给出了答案。

1854 年，英国 Broad 大街大规模爆发霍乱，John Snow 对空气传播霍乱理论表示了怀疑，于 1855 年发表了关于霍乱传播理论的论文。John Snow 采用了点图的方式，图中心东西方向的街道即为 Broad 大街，黑点表示死亡的地点。这幅图揭示了一个重要现象，就是死亡发生地都在街道中部一处水源(公共水泵)周围，市内其他水源周围极少发现死者。通过进一步调查，他发现这些死者都饮用过这里的水。后来证实离这口水泵仅三英尺(1 英尺≈0.3048 米)远的地方有一处污水坑，坑内滋生的细菌正是霍乱发生的罪魁祸首。他成功说服了当地政府废弃那个水泵。这是可视化历史上的一个划时代的事件。

3）提灯女士的玫瑰图

玫瑰图即极坐标面积图(polar area diagram)，将极坐标平面分为若干个角相等但面积不等的区域，适合表示周期循环的数据。这种图形可以被视为饼状图的一个变种，又因为每个扇区区域面积不同,又称玫瑰图(也称为风玫瑰图)。

在克里米亚战争期间,南丁格尔通过搜集数据发现,很多人死亡的原因并非是"战死沙场",而是因为在战场外感染了疾病,或是在战场上受伤,却没有得到适当的护理。

为了解释这个原因,并降低英国士兵的死亡率,她绘制了这幅著名的图,并于 1858 年送到了维多利亚女王手中。这幅图中一个切角是一个月,其中面积最大的灰色块代表着可预防的疾病。这幅图真的很厉害,为什么呢? 第一,它用面积直观地表现出了一个时间段内几种死因的占比,让任何人都能看懂;第二,它还很漂亮,像一朵玫瑰花一样。它为什么要那么漂亮? 因为这幅图的汇报对象以及最终的决策人是维多利亚女王! 南丁格尔的故事告诉我们:数据可视化是为了更好地促进行动,所以要让行动的决策人看懂。

### 4. 19 世纪下半叶的黄金时期

19 世纪下半叶,系统地构建可视化方法的条件日渐成熟,进入了统计图形学发展的黄金时期。值得一提的是法国人 Charles Joseph Minard,他是将可视化应用于工程和统计的先驱者,其最著名的工作是 1869 年发布的描绘 1812—1813 年拿破仑进军莫斯科大败而归的历史事件的流图。

这幅拿破仑 1812 年的远征图被后世学者称为"有史以来最好的统计图表"。这场战争以法国军队的惨败而告终,侵入俄国的 42 万人最终生还者仅仅数万。造成法军损失惨重的原因,除了俄罗斯人的顽强抵抗,还有恶劣的自然条件,特别是 1812 年冬季的严寒。

这幅远征图反映了这场战争全景,其经典之处在于在一幅简单的二维图上,表现了丰富的信息:法军部队的规模;地理坐标;法军前进和撤退的方向;法军抵达某处的时间以及撤退路上的温度。这张图对 1812 年的战争提供了全面、强烈的视觉表现,如撤退路上在别列津河的重大损失、严寒对法军损失的影响等,这种视觉的表现力是历史学家的文字难以比拟的。

### 5. 20 世纪上半叶

20 世纪上半叶,数据可视化最重要的影响是在天文、物理、生物和其他科学领域中。图形方法被广泛应用在新发现、新思想和新理论的过程中。其中主要包括:①E. W. Maunder (1904) 的蝴蝶图,研究了太阳黑子随时间的变化。他发现 1645—1715 年,太阳黑子的频率有明显减少。图 1-2 是由 NASA 按照 Maunder 方法绘制的蝴蝶图。② Hertzsprung-Russell 图 (1911),作为温度函数的恒星亮度的对数图,解释了恒星的演化,成为现代天体物理的奠基之一。③Henry Moseley 关于原子序数的发现 (1913),这也是基于大量的图形分析。

在这个时期稍晚的阶段,统计和心理学上的一些多维数据可视化的思想和方法提供了超越二维图形表现的动力。

在主题图方面,这个时期的一个有意思的创新是关于伦敦地铁图(见图 1-3)的设计,并由此产生了 Tube Map 这样一种交通简图的表现手法。早期的地铁图与普通地图无异,对乘客来说,地理信息充分但远非简明直观。1931 年,身为电气工程师的 Beck 重新设计了伦敦地铁图,使之具有三个比较明显的特点:以颜色区分路线;路线大多以水平、垂直、45°角三种形式来表现;路线上的车站距离与实际距离不成比例关系。其简明易用的特点使其在 1933 年出版后迅速为乘客接受,并成为今日交通线路图形的一种主流表现方法。

### 6. 20 世纪下半叶至今——数据可视化的创新思维时代

引领这次大潮的首先是一个划时代的事件——现代电子计算机的诞生。计算机的出现

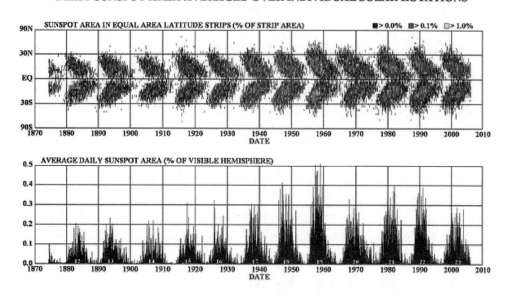

图 1-2 蝴蝶图

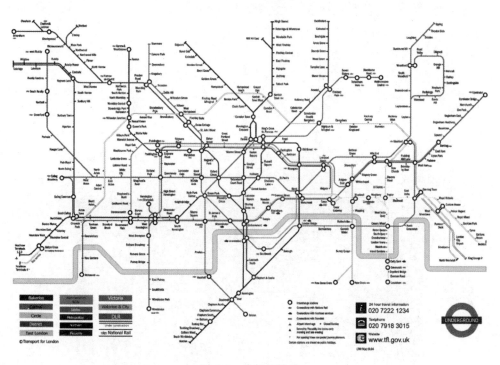

图 1-3 伦敦地铁图

彻底地改变了数据分析工作。1957 年,出现了第一个用于计算的高级程序语言FORTRAN,从此用于统计数据的高效的计算机处理工具开始慢慢出现。到 20 世纪 60 年代晚期,大型计算机已广泛分布于西方的大学和研究机构,使用计算机程序绘制数据可视化图形逐渐取代手绘的图形。计算机对数据可视化的影响是提供了高分辨率图形和交互式图形分析,实现了手绘时代无法企及的表现能力。

另一件唤醒可视化的历史事件是统计应用的发展,这是一个可能缓慢但是坚定地慢慢深入的过程。数理统计把数据分析变成了坚实的科学,第二次世界大战后的工业和科学发展导致对数据处理这门科学运用到各行各业。统计的各个应用分支建立起来,处理各自行业面对的数据问题。在应用中,图形表达占据了重要的地位,比起参数估计假设检验,明快直观的图形形式更容易被人接受。

下面来看一下这个时期的一些新发展。

(1) 美国统计学家 John Tukey 是较早认识到统计作为应用学科价值的数理统计学家之一。1962 年,John Tukey 发表论文呼吁把实践性的数据分析作为数理统计的一个分支。随后,他投身于发展新的、简单有效的图形表现之中,创造了茎叶图(stem-leaf plot)、盒形图(box plot)等我们今天常用的图形。

(2) 除了 John Tukey 的各种描述性数据图形,统计图形领域在这个时期最引人注目的发展是多元数据的可视化。如 Andrews Plot(1972)利用有限的傅里叶序列表现高维数据。另外,聚类图和树形图等也在 1970 年开始应用了。

(3) 另一个发展是数据缩减(data reduction)的图形技术。多维标度法(Multi Dimensional Scaling,MDS)是一种在低维空间展示"距离"数据结构的多元数据分析技术,是一种将多维空间的研究对象(样本或变量)简化到低维空间进行定位、分析和归类,同时又保留对象间原始关系的数据分析方法。多维标度法与主成分分析(Principle Component Analysis,PCA)、线性判别分析(Linear Discriminant Analysis,LDA)类似,都可以用来降维。

(4) 出现了现代 GIS(Geographic Information System,地理信息系统)和二维、三维的统计图形交互系统。

对于可视化来说,三维是必要的,因为典型问题涉及连续的变量、体积和表面积(内外、左右和上下)(见图 1-4)。然而,对于信息可视化来说,典型问题包含更多的分类变量和股票价格、医疗记录或社会关系类数据中模式、趋势、聚类、异类和空白的发现。

图 1-4　500hPa 高度场的三维显示

　　1986 年 10 月,美国国家科学基金会主办了一次名为"图形学、图像处理及工作站专题讨论"的研讨会,旨在为从事科学计算工作的研究机构提出方向性建议。会议将计算机图形学和图像方法应用于计算科学的学科称为科学计算之中的可视化。

　　1990 年,IEEE 举办了首届 IEEE Visualization Conference(可视化会议),汇集了一个由物理、化学、计算、生物医学、图形学、图像处理等交叉学科领域研究人员组成的学术群体。2012 年,为突出科学可视化的内涵,该会议更名为 IEEE Conference on Scientific Visualization。

　　进入 21 世纪,现有的可视化技术已难以应对海量、高维、多源、动态数据的分析挑战,需要综合可视化、图形学、数据挖掘理论与方法,研究新的理论模型、新的可视化方法和新的用户交互手段,辅助用户从大尺度、复杂、矛盾甚至不完整的数据中快速挖掘有用的信息以便做出有效决策,从而催生了可视分析学这一新兴学科。该学科的核心理论基础和研究方法目前仍处于探索阶段。从 2004 年起,研究界和工业界都朝着面向实际数据库、基于可视化的分析推理与决策、解决实际问题等方向发展。毫无疑问,数据可视化即将进入一个新的黄金时代。

## 1.2　数据可视化的目标和作用

### 1.2.1　数据可视化的目标

　　数据可视化就是运用计算机图形和图像处理技术,将数据转化为图形图像显示出来。根本目的是实现对稀疏、杂乱、复杂的数据深入洞察,发现数据背后有价值的信息,并不是简单地将数据转化为可见的图形符号和图表。可视化能将不可见的数据现象转化为可见的图形符号和图表,能将错综复杂、看起来没法解释和关联的数据,建立起联系和关联,发现规律和特征,获得更有商业价值的洞见。并且利用合适的图表直截了当且清晰而直观地表达出来,实现数据自我解释、让数据说话。人类右脑记忆图像的速度比左脑记忆抽象的文字快100 万倍,数据可视化能够加深和强化受众对于数据的理解和记忆。

　　通俗地说,数据可视化设计的目的是"让数据说话"。作为一种媒介,可视化已经发展成为一种很好的故事讲述方式。马修·迈特在"图解博士是什么"的图表中运用这一点达到了很好的效果(见图 1-5)。制作图 1-5 是为了对研究生进行指导,当然它也适用于所有正在学习并且想要在自己领域中获得进步的人。

### 1.2.2　数据可视化的作用

#### 1. 提供感性的认知方式

　　人的眼睛是人们感知世界的最主要途径,因此,数据可视化提供了一种感性的认知方式,是提高人们感知能力的重要途径。可视化可以扩大人们的感知,增加人们对海量数据分析的一系列的想法和分析经验,从而对人们感知和学习提供参考或者帮助。

　　通常为了交互式操作从大得多的数据集中提取出大量条目,信息可视化提供紧凑的图形表示用户界面。有时称其为视觉数据挖掘,它使用巨大的视觉带宽和非凡的人类感知系

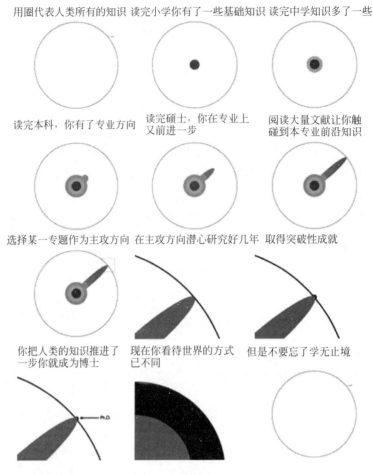

图 1-5　图解博士是什么

统,使用户能够对模式、条目分组或单个条目有所发现,做出决定或提出解释。

　　人类具有非凡的感知能力,这些感知能力在当前的大多数界面设计中远未被充分利用。人类能够快速地浏览、识别和回忆图像,能够察觉大小、颜色、形状、移动或质地的微妙变化。在图形用户界面中呈现的核心信息大部分仍旧是文字导向的(虽然已用吸引人的图标和优雅的插图增强),倘若探索更视觉化的方法,吸引人的新机会就会出现。

　　**2. 信息推理和分析**

　　数据可视化多样性和表现力吸引了许多从业者,而其创作过程中的每一环节都有强大的专业背景支持。无论是动态的还是静态的可视化图形,都为我们搭建了新的桥梁,让我们能洞察世界、发现形形色色的关系、感受每时每刻围绕在我们身边的信息变化,还能让我们理解其他形式下不易发掘的事物。

　　在可视化数据分析中常用的图表有很多种,如柱状图、折线图、饼状图、GIS 地图等,并且可用于描绘多维度、多指标的数据,大大地方便了使用者观察和分析数据。图形表现数据,实际上比传统的统计分析法更加精确和有启发性。我们可以借助可视化的图表寻找数据规律、分析推理、预测未来趋势。另外,利用可视化技术实时监控业务运行状况,更加阳光透明,及时发现问题并在第一时间做出应对。例如天猫的双 11 数据大屏实况直播,可视化大屏展示大数据平台的资源利用、任务成功率、实时数据量等。

**3. 信息传播和协同**

数据可视化实现准确而高效、精简而全面地传递信息和知识。数据可视化被用于教育、宣传或政治领域,被制作成海报、课件,出现在街头、广告手持、杂志和集会上。这类可视化拥有强大的说服力,使用强烈的对比、置换等手段,可以创造出极具冲击力、直指人心的图像。在国外,许多媒体会根据新闻主题或数据,雇用设计师来创建可视化图表对新闻主题进行辅助。

## 1.3　数据可视化的优势

数据可视化的优势如下。

**1. 传递速度快**

人脑对视觉信息的处理要比书面信息块 10 倍。使用图表来总结复杂的数据,可以确保对关系的理解要比那些混乱的报告或电子表格更快。

**2. 数据显示的多维性**

在可视化的分析下,数据将每一维的值分类、排序、组合和显示,这样就可以看到表示对象或事件的数据的多个属性或变量。

**3. 更直观地展示信息**

大数据可视化报告使我们用一些简短的图形就能体现那些复杂信息,甚至单个图形也能做到。决策者可以轻松地解释各种不同的数据源。丰富而有意义的图形有助于让忙碌的主管和业务伙伴了解问题和未来的计划。

**4. 大脑记忆能力的限制**

实际上在观察物体的时候,我们的大脑和计算机一样有长期的记忆(memory,硬盘)和短期的记忆(cache,内存)。只有我们记下文字、诗歌、物体,一遍一遍地在短期记忆之后,它们才可能进入长期记忆。

很多研究已经表明,在进行理解和学习的任务的时候,图文一起能够帮助读者更好地了解所要学习的内容,图形更容易理解、更有趣,也更容易让人们记住。

## 1.4　数据可视化与人机交互技术

人机交互技术(Human-Computer Interaction,HCI)是 21 世纪信息领域需要发展的重大课题。例如,美国 21 世纪信息技术计划中的基础研究内容定为四项,即软件、人机交互、网络、高性能计算,其目标就是要开发 21 世纪个性化的信息环境。其中,人机交互在信息技术中被列为与软件技术和计算机技术等并列的六项国家关键技术之一,并被认为"对计算机工业有着突出的重要性,对其他工业也很重要"。美国国防关键技术计划不仅把人机交互列为软件技术发展的重要内容之一,而且还专门增加了与软件技术并列的人机界面这项内容。

### 1.4.1　人机交互的发展历史

1959 年美国学者 B. Shackel 从人在操作计算机时如何才能减轻疲劳出发,发表了被认为是人机界面的第一篇关于计算机控制台设计的人机工程学的论文。1960 年,Liklider JCR 首次提出人机紧密共栖(human-computer close symbiosis)的概念,被视为人机界面学的启蒙观点。1969 年,在英国剑桥大学召开了第一次人机系统国际大会,同年第一份专业杂志《国际人机研究》(IJMMS)创刊。可以说,1969 年是人机界面学发展史的里程碑。

1970 年,成立了两个 HCI 研究中心:一个是英国的 Loughbocough 大学的 HUSAT 研究中心;另一个是美国施乐(Xerox)公司的 Palo Alto 研究中心。

1970—1973 年学术界出版了四本与计算机相关的人机工程学专著,为人机交互界面的发展指明了方向。

20 世纪 80 年代初期,学术界相继出版了六本专著,对最新的人机交互研究成果进行了总结。人机交互学科逐渐形成了自己的理论体系和实践范畴的架构。在理论体系方面,人机交互学从人机工程学独立出来,更加强调认知心理学以及行为学和社会学的某些人文科学的理论指导;在实践范畴方面,从人机界面(人机接口)拓延开来,强调计算机对于人的反馈交互作用。"人机界面"一词被"人机交互"所取代。HCI 中的 I,也由 Interface(界面/接口)变成了 Interaction(交互)。

自 20 世纪 90 年代后期以来,随着高速处理芯片、多媒体技术和 Internet Web 技术的迅速发展和普及,人机交互的研究重点放在了智能化交互、多模态(多通道)-多媒体交互、虚拟交互以及人机协同交互等方面,也就是放在以人为中心的人机交互技术方面。

人机交互的发展历史,是从人适应计算机到计算机不断地适应人的发展史。它经历了以下几个阶段。

**1. 早期的手工作业阶段**

当时交互的特点是由设计者本人(或本部门同事)来使用计算机,他们采用手工操作和依赖机器(二进制机器代码)的方法去适应现在看来十分笨拙的计算机。

**2. 作业控制语言及交互命令语言阶段**

这一阶段的特点是计算机的主要使用者——程序员可采用批处理操作或交互命令语言的方式和计算机打交道,虽然要记忆许多命令和熟练地使用键盘,但已可用较方便的手段来调试程序、了解计算机执行情况。

**3. 图形用户界面阶段**

图形用户界面(GUI)的主要特点是桌面隐喻、WIMP 技术、直接操作和"所见即所得"。由于 GUI 简明易学减少了使用键盘,实现了"事实上的标准化",因而使不懂计算机的普通用户也可以熟练地使用,开拓了用户人群,它的出现使信息产业得到空前发展。

**4. 网络用户界面的出现**

以超文本标记语言(HTML)及超文本传输协议(HTTP)为主要基础的网络浏览器是网络用户界面的代表。由它形成的 WWW 已经成为当今 Internet 的支柱。这类人机交互技术的特点是发展快,新的技术不断出现,如搜索引擎、网络加速、多媒体动画、聊天工具等。

**5. 多通道、多媒体的智能人机交互阶段**

以虚拟现实为代表的计算机系统的拟人化和以手持计算机、智能手机为代表的计算机的微型化、随身化、嵌入化，是当前计算机的两个重要的发展趋势，而以鼠标和键盘为代表的GUI技术是影响它们发展的瓶颈。

利用人的多种感觉通道和动作通道（如语音、手写、姿势、视线、表情等输入），以并行、非精确的方式与（可见或不可见的）计算机环境进行交互，可以提高人机交互的自然性和高效性。多通道、多媒体的智能人机交互对我们来说既是一个挑战，也是一个极好的机遇。

# 1.4.2 人机交互的研究内容

**1. 人机交互界面表示模型与设计方法**

一个交互界面的好坏，直接影响到软件开发的成败。友好人机交互界面的开发离不开好的交互模型与设计方法（model and methodology）。因此，研究人机交互界面的表示模型与设计方法，是人机交互的重要研究内容之一。

**2. 可用性分析与评估**

可用性是人机交互系统的重要内容，它关系到人机交互能否达到用户期待的目标，以及实现这一目标的效率与便捷性。人机交互系统的可用性分析与评估（usability and evaluation）的研究主要涉及支持可用性的设计原则和可用性的评估方法等。

**3. 多通道交互技术**

多通道交互（MultiModal Interaction，MMI）是近年来迅速发展的一种人机交互技术，它既适应了"以人为中心"的自然交互准则，也推动了互联网时代信息产业（包括移动计算、移动通信、网络服务器等）的快速发展。

MMI是一种使用多种通道与计算机通信的人机交互方式。通道（modality）涵盖了用户表达意图、执行动作或感知反馈信息的各种通信方法，如语音、眼神、脸部表情、唇动、手动、手势、头动、肢体姿势、触觉、嗅觉、味觉等。采用这种方式的计算机用户界面称为多通道用户界面。MMI的各类通道（界面）技术中，有不少已经实用化、产品化、商品化。其中我国科技人员做出了不少优异的工作。

多通道交互主要研究多通道交互界面的表示模型、多通道交互界面的评估方法以及多通道信息的融合等。多通道信息整合是多通道用户界面研究的重点和难点。

**4. 智能用户界面**

智能用户界面（Intelligent User Interface，IUI）的最终目标是使人机交互和人人交互一样自然、方便。上下文感知、眼动跟踪、手势识别、三维输入、语音识别、表情识别、手写识别、自然语言理解等都是认知与智能用户界面需要解决的重要问题。

**5. 群件**

群件（groupware）是指帮助群组协同工作的计算机支持的协作环境，主要涉及个人或群组间的信息传递、群组中的信息共享、业务过程自动化与协调，以及人和过程之间的交互活动等。目前与人机交互技术相关的研究主要包括群件系统的体系结构、计算机支持交流与共享信息的方式、交流中的决策支持工具、应用程序共享以及同步实现方法等内容。

### 6. Web 设计

Web 设计(Web-interaction)重点研究 Web 界面的信息交互模型和结构、Web 界面设计的基本思想和原则、Web 界面设计的工具和技术,以及 Web 界面设计的可用性分析与评估方法等内容。

### 7. 移动界面设计

移动计算(mobile computing)、无处不在计算(ubiquitous computing)等对人机交互技术提出了更高的要求,面向移动应用的界面设计问题已成为人机交互技术研究的一个重要应用领域。针对移动设备的便携性、位置不固定性和计算能力有限性以及无线网络的低带宽/高延迟等诸多的限制,研究移动界面的设计方法、移动界面可用性与评估原则、移动界面导航技术,以及移动界面的实现技术和开发工具,是当前的人机交互技术的研究热点之一。

随着计算机技术的发展,计算机功能也越来越强。随着模式识别,如语音识别、汉字识别等输入设备的发展,操作员和计算机在类似于自然语言或受限制的自然语言这一级上进行交互成为可能。此外,通过图形和数据可视化进行人机交互也吸引着人们去进行研究。这些人机交互可称为智能化的人机交互。这方面的研究工作正在积极开展。

## 1.4.3　人机交互的前景

人机交互技术领域热点技术的应用潜力已经开始展现,如智能手机配备的地理空间跟踪技术,应用于可穿戴式计算机、隐身技术、浸入式游戏等的动作识别技术,应用于虚拟现实、遥控机器人及远程医疗等的触觉交互技术,应用于呼叫路由、家庭自动化及语音拨号等场合的语音识别技术,对于有语言障碍的人士的无声语音识别,应用于广告、网站、产品目录、杂志效用测试的眼动跟踪技术,针对有语言和行动障碍人士开发的"意念轮椅"采用的基于脑电波的人机界面技术等。人机交互解决方案供应商不断地推出各种创新技术,如指纹识别技术、侧边滑动指纹识别技术、压力触控技术等。热点技术的应用开发既是机遇也是挑战。基于视觉的手势识别率低、实时性差,需要研究各种算法来改善识别的精度和速度,眼睛虹膜、掌纹、笔迹、步态、语音、唇读、人脸、DNA 等人类特征的研发、应用也正受到关注,多通道的整合也是人机交互的热点,另外,与"无所不在的计算""云计算"等相关技术的融合与促进也需要继续探索。

# 第2章

## 数据可视化基础

数据可视化技术的基本思想,是将数据集合中每一个数据对象作为单个图元元素表示,大量的数据对象构成数据图像,同时将数据对象的各个属性值以多维的形式表示,可以从不同的维度观察数据对象,从而对数据进行更深入的观察和分析。本章学习数据、视觉的有关知识和基于数据的可视化组件。

## 2.1 数据对象与属性类型

### 2.1.1 数据对象

现实生活中常见的数据集合包括各种表格、文本语料和社会关系网络等。这些数据集合由数据对象组成。一个数据对象代表一个实体。例如,在销售数据库中,数据对象可以是顾客、商品或销售。

通常,数据对象用属性描述。数据对象又称样本、实例、数据点或对象。

如果数据对象存放在数据库中,则它们是记录(元组)。也就是说,数据库的行对应于数据对象,而列对应于属性。

### 2.1.2 属性

属性是一个数据字段,表示数据对象的一个特征。在文献中,属性、维、特征和变量可以互换使用。术语"维"一般用在数据仓库中。机器学习文献更倾向于使用术语"特征",而统计学家则更愿意使用术语"变量"。数据挖掘和数据库的专业人士一般使用术语"属性"。

用来描述一个给定对象的一组属性称作属性向量(或特征向量)。涉及一个属性(或变量)的数据分布称作单变量的数据分布,涉及两个属性的数据分布称作双变量的数据分布,以此类推。

一个属性的类型由该属性可能具有的值的集合决定。属性可以是标称的(类别型)、二元的、序数的或数值的。

## 2.1.3　属性类型

属性可分为标称、二元、序数和数值类型。

**1. 标称属性**

标称属性(类别型属性)的值是一些符号或事物的名称。每个值代表某种类别、编码或状态,因此标称属性又被看作是分类的。这些值不必具有有意义的序。在计算机科学中,这些值被看作是枚举值。

举一个标称属性的例子。假设 hair_color(头发颜色)是描述人的属性,可能的值为黑色、棕色、淡黄色、红色、赤褐色、灰色和白色等。

尽管标称属性的值是一些符号或"事物的名称",但是可以用数表示这些符号或名称(例如,0 表示黑色,1 表示棕色,等等)。

在标称属性之上,数字运算没有意义。因为标称属性值并不具有有意义的序,并且不是定量的,因此,给定一个对象集,找出这种属性的均值(平均值)或中位数(中值)没有意义,然而众数却是有意义的。

**2. 二元属性**

二元属性是一种标称属性特例,只有两个类别或状态: 0 或 1,其中 0 通常表示该属性不出现,而 1 表示该属性出现。如果两种状态对应于 true 和 false,则二元属性又称布尔属性。

举一个二元属性的例子。倘若属性 smoker 表示患者对象,则 1 表示患者抽烟,0 表示患者不抽烟。

一个二元属性是对称的,它的两种状态具有同等价值并且携带相同的权重,即关于哪个结果应该用 0 或 1 编码并无偏好(例如,属性 sex 的两种状态男和女)。

一个二元属性是非对称的,其状态的结果不是同等重要的。如艾滋病病毒(HIV)化验的阳性和阴性结果。为方便计,我们将用 1 对应最重要的结果(通常是稀有的)编码(例如,HIV 阳性),而另一个用 0 编码(例如,HIV 阴性)。

**3. 序数属性**

序数属性是一种有序型属性,其可能的值之间具有有意义的序或等级。

举一个序数属性的例子。例如高校教师职称等级,对于教师有助教、讲师、副教授和教授。

对于数据对象不能客观度量需要主观质量评估的属性,序数属性是有用的。因此,序数属性通常用于等级评定调查(例如,顾客满意度调查分为 0、1、2、3、4 级别)。

序数属性的中心趋势可以用它的众数和中位数表示,但不能定义均值。

注意,标称、二元和序数属性都是定性的。即它们描述对象的特征,而不给出实际大小或数量。这种定性属性的值通常是代表类别的词。如果使用整数,则它们代表类别的计算机编码,而不是可测量的量。

#### 4. 数值属性

数值属性是定量的,即它是可度量的量,用整数或实数值表示,例如长度、重量、体积、温度等常见物理属性。数值属性又可以分为区间型数值属性和比值(比率)型数值属性。

(1)区间型数值属性用相等的单位尺度进行度量。区间型数值属性的值有序,可以为正、0或负,因此其数值可以进行差异运算。例如,temperature(温度)、月销售额、日期是区间型数值属性。相邻2月的销售额之差可以表达月销售额的增加。对于区间型数值属性,值之间的差是有意义的。

由于区间型数值属性是用数值度量的,除了中心趋势度量中位数和众数之外,我们还可以计算它们的均值。

(2)比值型数值属性是具有固定零点的数值属性。也就是说,如果度量是比值标度的,则一个值是另一个的倍数(或比率)。此外,这些值是有序的。因此我们可以计算值之间的差,也能计算均值、中位数和众数。例如,度量重量、高度、速度和货币量(100美元比1美元多99倍)的属性。

对于比值型数值属性,差和比率都是有意义的。对于日期来讲,不能说2014年是1007年的2倍,所以日期是区间型数值属性而不是比值型数值属性,也就是说差是有意义的,但是比值却没有意义。

另外,我们也可以把属性分为离散属性与连续属性。

离散属性具有有限可数个值,可以用整数表示。如果属性不是离散的,则它是连续的。如人的性别只有男(0)、女(1)两种情况,所以是离散属性,而人的身高有无数种情况,所以是连续属性。机器学习领域开发的分类算法通常把属性分成离散的或连续的。

## 2.2 数据的基本统计描述

基本统计描述可以用来识别数据的性质,凸显哪些数据值应该视为噪声或离群点。

### 2.2.1 中心趋势度量

假设有某个属性 $X$(如 salary),一个数据对象集合记录了它们的值。令 $x_1, x_2, \cdots, x_n$ 为 $X$ 的 $N$ 个观测值或观测。如果我们标出 salary 的这些观测,大部分值将落在何处?这反映了数据的中心趋势的思想。中心趋势度量包括均值、中位数、众数。

#### 1. 均值

数据集"中心"的最常用、最有效的数值度量是(算术)均值,令 $x_1, x_2, \cdots, x_n$ 为某数值属性 X(如 salary)的 $N$ 个观测值或观测,该值集合的均值为:

$$\overline{X} = \frac{\sum\limits_{i=1}^{N} x_i}{N} = \frac{x_1 + x_2 + \cdots + x_N}{N}$$

有时,对于 $i=1, \cdots, N$,每个值 $x_i$ 可以与一个权重 $w_i$ 相关联。权重反映它们所依赖的对应值的意义、重要性或出现的频率。在这种情况下,我们可以计算:

$$\overline{X} = \frac{\sum\limits_{i=1}^{N} w_i x_i}{\sum\limits_{i=1}^{N} w_i} = \frac{w_1 x_1 + w_2 x_2 + \cdots + w_N x_N}{w_1 + w_2 + \cdots + w_N}$$

这称作加权算术均值或加权均值。

尽管均值是描述数据集合的最有用的量,但是它并非总是度量数据中心的最佳方法。主要问题是,均值对极端值(例如,离群点)很敏感。为了抵消少数极端值的影响,我们可以使用截尾均值(丢弃高、低端值后的均值)。应避免在两端截去太多(如 20%),因为这可能导致丢失有价值的信息。

**2. 中位数**

中位数(又称中值 median)。对于倾斜(非对称)数据,数据中心的更好度量是中位数。中位数是有序数据值的中间值。它是把数据较高的一半与较低的一半分开的值。

在 $X$ 是数值属性的情况下,根据约定,中位数取作最中间两个值的平均值。

有一组数据 $X_1, \cdots, X_N$,将它按从小到大的顺序排序为:$X_{(1)}, \cdots, X_{(N)}$,则当 $N$ 为奇数时,$m_{0.5} = X_{(N+1)/2}$;当 $N$ 为偶数时,$m_{0.5} = \dfrac{X_{(N/2)} + X_{(N/2+1)}}{2}$。

例如找出这组数据:23、29、20、32、23、21、33、25 的中位数。

首先将该组数据进行排列(这里按从小到大的顺序),得到:20、21、23、23、25、29、32、33。

因为该组数据一共由 8 个数据组成,即 $N$ 为偶数,故按中位数的计算方法,得到中位数 $= \dfrac{23+25}{2} = 24$,即第四个数和第五个数的平均数。

再例如一组数为:2、1、4、5、3,重新排列成 1、2、3、4、5,那么中位数就是 3。

中位数可以用来评估数值数据的中心趋势。

**3. 众数**

众数(mode)是另一种中心趋势度量。众数是集合(一组数据)中出现最频繁的值。因此求一组数据的众数不需要排序,而只要计算出现次数较多的那个数值。众数可能不唯一,具有一个、两个、三个众数的数据集合分别称为单峰的(unimodal)、双峰的(bimodal)和三峰的(trimodal)。一般地,具有两个或更多众数的数据集是多峰的(multimodal)。

例如,1、1、2、3、3、4、4、4、7、8、8、9 的众数为 4;1、2、3、3、3、4、4、5、5、5、7、8 的众数为 3 和 5。

众数的大小仅与一组数据中的部分数据有关。当一组数据中有不少数据多次重复出现时,它的众数也往往是我们关心的一种集中趋势。众数表示数据的普遍情况但没有平均数准确。

在具有完全对称数据分布的单峰频率曲线中,均值、中位数和众数都是相同的中心值。在大部分实际应用中,数据都是不对称的。它们可能是正倾斜的,其中众数出现在小于中位数的值上;或者是负倾斜的,其中众数出现在大于中位数的值上。均值、中位数和众数关系如图 2-1 所示。

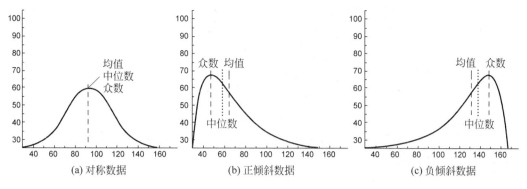

图 2-1　均值、中位数和众数关系

## 2.2.2　数据分布度量

### 1. 极差、四分位数和四分位数极差

极差又称范围误差或全距(range)，以 $R$ 表示。设 $x_1, x_2, \cdots, x_n$ 为某数值属性 $X$ 上的观测的集合。该集合的极差是最大值与最小值之差。

$$R = X_{\max} - X_{\min}（其中，X_{\max} 为最大值，X_{\min} 为最小值）$$

该数越大，表示分得越开，最大值和最小值之间的差就越大；该数越小，数字间就越紧密，这就是极差的概念。

例如：12、12、13、14、16、21，这组数的极差就是 $21-12=9$。

分位数是取自数据分布中每隔一定间隔上的点，把数据划分成基本上大小相等的连贯集合。给定数据分布的第 $k$ 个 $q$ 分位数是值 $x$，使得小于 $x$ 的数据值所占百分比最多为 $k/q$，而大于 $x$ 的数据值所占百分比最多为 $(q-k)/q$，其中 $k$ 是整数，使得 $0<k<q$。我们有 $q-1$ 个 $q$-分位数。

2-分位数(二分位数)是一个数据点，它把数据分布划分成高低两半。2-分位数对应于中位数。

4-分位数(四分位数)是 3 个数据点，它们把数据分布划分成 4 个相等的部分，使得每部分表示数据分布的 1/4。其中每部分包含 25% 的数据。如图 2-2 所示，中间的四分位数 $Q_2$ 就是中位数，通常在 25% 位置上的 $Q_1$ 称为下四分位数，在 75% 位置上的 $Q_3$（称为上四分位数）。

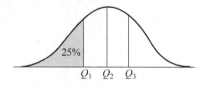

图 2-2　四分位数示意

4-分位数中的四分位差(InterQuartile Range, IQR)定义为：

$$IQR = Q_3 - Q_1$$

它给出被数据的中间一半所覆盖的范围。四分位差反映了中间 50% 数据的离散程度，其数值越小，说明中间的数据越集中；其数值越大，说明中间的数据越分散。四分位差不受极值的影响。此外，由于中位数处于数据的中间位置，因此，四分位差的大小在一定程度上也说明了中位数对一组数据的代表程度。四分位差主要用于度量顺序数据的离散程度。对于数值型数据也可以计算四分位差，但不适合分类数据。

100-分位数通常称作百分位数,它们把数据分布划分成 100 个大小相等的连贯集。

例如由 7 人组成的旅游小团队,年龄分别为 17、19、22、24、25、28、34,求其年龄的四分位差。计算步骤为:

① 计算 $Q_1$ 与 $Q_3$ 的位置。

$Q_1$ 的位置 $=(n+1)/4=(7+1)/4=2$,其中 $n$ 为人数。

$Q_3$ 的位置 $=3\times(n+1)/4=3\times(7+1)/4=6$。

即 $Q_1$ 与 $Q_3$ 的位置分别为第 2 位和第 6 位。

② 确定 $Q_1$ 与 $Q_3$ 的数值。

$Q_1=19$(岁)

$Q_3=28$(岁)

即第 2 位和第 6 位对应年龄分别为 19 岁和 28 岁。

③ 计算四分位差。

$IQR=Q_3-Q_1=28-19=9$(岁)

④ 含义。

说明该旅游小团队有 50% 的人年龄集中在 19～28 岁,差异为 9 岁。

**2. 五数概括、盒图与离群点**

因为下四分位数 $Q_1$、中位数和上四分位数 $Q_3$ 不包含数据的端点信息,可以通过同时也提供最大和最小值得到数据分布形状更完整的概括。这称作五数概括。数据分布的五数概括由中位数($Q_2$)、四分位数 $Q_1$ 和 $Q_3$、最小和最大观测值组成。

盒图是一种流行的数据分布的直观表示,如图 2-3 所示。盒图体现了五数概括。

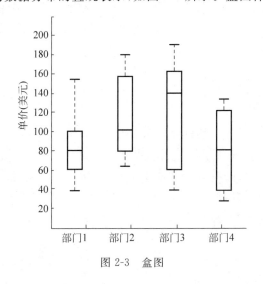

图 2-3　盒图

(1) 盒的端点一般在四分位数上,使得盒的长度是四分位差 IQR。

(2) 中位数用盒内的线标记。

(3) 盒外的两条线(称作胡须)延伸到最小和最大观测值。

**3. 方差和标准差**

方差和标准差都是数据散布度量,它们指出数据分布的散布程度。低标准差意味着数据观测趋向于非常靠近均值,而高标准差表示数据散布在一个大的值域中。

方差是各个数据与**平均数**之差的平方和的平均数。假设数值属性 $X$ 的 $N$ 个观测值是 $x_1, x_2, \cdots, x_N$,则方差 $\sigma^2$ 是:

$$\frac{1}{N}\left[(x_1 - x)^2 + (x_2 - x)^2 + \cdots + (x_N - x)^2\right]$$

观测值的标准差是方差 $\sigma^2$ 的平方根。

# 2.3 数据的相似性和相异性度量

## 2.3.1 数据矩阵与相异性矩阵

假设我们有 $n$ 个对象,被 $p$ 个属性刻画。这些对象是 $x_1 = (x_{11}, x_{12}, \cdots, x_{1p})$,$x_2 = (x_{21}, x_{22}, \cdots, x_{2p})$,等等,其中 $x_{ij}$ 是对象 $x_i$ 的第 $j$ 个属性的值,这些对象可以是关系数据库的记录(元组),也称数据样本或特征向量。

**数据矩阵或称对象-属性结构**:这种数据结构用关系表的形式或 $n * p$($n$ 个对象 $* p$ 个属性)矩阵存放 $n$ 个数据对象,具体如下。

$$\begin{bmatrix} x_{11} & \cdots & x_{1f} & \cdots & x_{1p} \\ x_{21} & \cdots & x_{2f} & \cdots & x_{2p} \\ \vdots & & \vdots & & \vdots \\ x_{i1} & \cdots & x_{if} & \cdots & x_{ip} \\ \vdots & & \vdots & & \vdots \\ x_{n1} & \cdots & x_{nf} & \cdots & x_{np} \end{bmatrix}$$

其中,每行对应于一个对象。

**相异性矩阵或称对象-对象结构**:存放 $n$ 个对象两两之间的邻近度,通常用一个 $n * n$ 矩阵表示,具体如下。

$$\begin{bmatrix} 0 & & & & \\ d(2,1) & 0 & & & \\ d(3,1) & d(3,2) & 0 & & \\ \vdots & \vdots & \vdots & \ddots & \\ d(n,1) & d(n,2) & \cdots & \cdots & 0 \end{bmatrix}$$

其中,$d(i,j)$ 是对象 $i$ 和 $j$ 之间的相异性或"差别"的度量。

相似性度量可以表示成相异性度量的函数。例如,对象 $i$ 和 $j$ 之间的相似性 $\text{sim}(i,j)$ 计算如下:

$$\text{sim}(i,j) = 1 - d(i,j)$$

数据矩阵经常被称为二模矩阵,因为数据矩阵由对象和属性两种实体组成,即行(对象)和列(属性)。相异性矩阵被称为单模矩阵,因为相异性矩阵只包含一种实体对象。

许多聚类算法和最近邻算法都在相异性矩阵上运行。在使用这些算法之前,可以把数据矩阵转化成相异性矩阵。

### 2.3.2 标称属性的度量

设一个标称属性的状态数目是 $M$，这些状态可以用字母、符号或者一组整数（如 1，2，…，$M$）表示。注意，这些整数只是用于数据处理，并不代表任何特定的顺序。

如何计算由标称属性组成的对象之间的相异性呢？两个对象 $i$ 和 $j$ 之间的相异性可以根据不匹配率来计算：

$$d(i,j) = (p - m)/p$$

其中，$m$ 是对象 $i$ 和 $j$ 中取值相同的属性数目，而 $p$ 是对象的属性总数。例如，学生档案中包含性别、籍贯和年级三个类别属性，两个学生的档案分别为（男，河南，三年级）和（男，上海，三年级），则它们的相异度为：$(3-2)/3=1/3$。

两个对象 $i$ 和 $j$ 之间相似性可以用下式计算：

$$sim(i,j) = 1 - d(i,j) = m/p$$

上面的两个学生相似度为：$1-(3-2)/3=2/3$。

### 2.3.3 二元属性的度量

如何计算两个二元属性之间的相异性？假设所有的二元属性都被看作具有相同的权重，则得到一个两行两列的列联表，如表 2-1 所示，其中 $q$ 是对象 $i$ 和 $j$ 都取 1 的属性数，$t$ 是对象 $i$ 和 $j$ 都取 0 的属性数，而属性的总数是 $p$。

表 2-1 二元属性列联表

| | | 对象 $j$ | | |
|---|---|---|---|---|
| | | 1 | 0 | sum |
| 对象 $i$ | 1 | $q$ | $r$ | $q+r$ |
| | 0 | $s$ | $t$ | $s+t$ |
| | sum | $q+s$ | $r+t$ | $p$ |

基于对称（具有相同的权重）二元属性的相异性称作对称的二元相异性。如果对象 $i$ 和 $j$ 都用对称的二元属性刻画，则 $i$ 和 $j$ 的相异性为：

$$d(i,j) = (r+s)/(q+r+s+t)$$

对于非对称的二元属性，两个状态不是同等重要的；给定两个非对称的二元属性，两个都取值 1 的情况（正匹配）被认为比两个都取值 0 的情况（负匹配）更有意义。因此，这样的二元属性经常被认为是"一元的"（只有一种状态）。基于这种属性的相异性被称为非对称的二元相异性，其中负匹配数 $t$ 被认为是不重要的，因此在计算时可以被忽略。计算公式如下所示：

$$d(i,j) = (r+s)/(q+r+s)$$

### 2.3.4 数值属性的度量

距离可被用来衡量两个数值属性对象的相异度。在某些情况下，在计算距离之前数据应该规范化。这涉及变换数据，使之落入较小的公共值域，如 $[-1,1]$ 或 $[0.0,1.0]$。规范化数据试图给所有属性相同的权重。

最流行的距离度量是欧几里得距离(也称欧氏距离)。

令 $i=(x_{i1},x_{i2},\cdots,x_{ip})$ 和 $j=(x_{j1},x_{j2},\cdots,x_{jp})$ 是两个被 $p$ 个数值属性描述的对象。对象 $i$ 和 $j$ 之间的欧几里得距离定义为:

$$d(i,j)=\sqrt{(x_{i1}-x_{j1})^2+(x_{i2}-x_{j2})^2+\cdots+(x_{ip}-x_{jp})^2}$$

在二维和三维空间中的欧几里得距离就是两点之间的实际距离。

另一个著名的度量方法是曼哈顿距离。在规则布局的街道中,从一个十字路口前往另外一个十字路口,行走距离不是两点间的直线距离,而是垂直的移动线路,即曼哈顿距离,也称为城市街区距离(city block distance)。对象 $i$ 和 $j$ 之间的曼哈顿距离定义如下:

$$d(i,j)=|x_{i1}-x_{j1}|+|x_{i2}-x_{j2}|+\cdots+|x_{ip}-x_{jp}|$$

闵可夫斯基距离是欧几里得距离和曼哈顿距离的推广,定义如下:

$$d(i,j)=\sqrt[h]{|x_{i1}-x_{j1}|^h+|x_{i2}-x_{j2}|^h+\cdots+|x_{ip}-x_{jp}|^h}$$

其中,$h$ 是整数,这种距离又称 $Lp$ 范数。$p$ 就是公式中的 $h$。当 $p=1$ 时,它表示曼哈顿距离(即 $L_1$ 范数);当 $p=2$ 时,它表示欧几里得距离(即 $L_2$ 范数)。

如果对每个变量根据其重要性赋予一个权重,则加权的欧几里得距离可以用下式计算:

$$d(i,j)=\sqrt{w_1|x_{i1}-x_{j1}|^2+w_2|x_{i2}-x_{j2}|^2+\cdots+w_p|x_{ip}-x_{jp}|^2}$$

加权也可以用于其他距离度量。

## 2.3.5  序数属性的度量

假设某个序数属性 $t$ 有 $N_t$ 个可能取值,排序后顺序为 $1,2,\cdots,N_t$,由于每个序数属性都可以有不同的状态数,所以通常需要将每个属性的值归一化到 $[0,1]$ 区间中的值,以便每个属性都有相同的权重。

如果对象的某个序数属性 $t$ 的取值为 $k$,则它归一化后的值为 $(k-1)/(N_t-1)$。若对象有多个序数属性,则将这几个序数属性的归一化后的值组成向量,再利用数值属性的距离函数计算对象的相异度。

例如,英语口语考试成绩分为不流利、较流利和流利三档,作文考试分为不及格、及格、中等、良好和优秀五档,假如学生 $X,Y$ 的两门成绩分别为不流利和及格以及较流利和优秀,则它们归一化后的数据向量分别是:

$$((1-1)/(3-1),(2-1)/(5-1))=(0,0.25)$$
$$((2-1)/(3-1),(5-1)/(5-1))=(0.5,1)$$

相异性可以用欧几里得距离计算:

$$d(X,Y)=\sqrt{(0.5-0)^2+(1-0.25)^2}=\sqrt{13}/4$$

## 2.3.6  文档的余弦相似性

文档有数以千计的属性,每个文档都可以被一个所谓的词频向量表示。对于多个不同的文档或者短文本,要计算它们之间的相似度,一个好的做法就是将这些文档或者短文本中的词语映射到向量空间,形成文档中文字和向量数据的映射关系,通过计算多个不同向量的差异的大小,来计算多个文档的相似度。

余弦相似性(cosine similarity)是一种度量,用向量空间中两个向量夹角的余弦值作为衡量两个对象间差异的大小。余弦值越接近 1,就表明夹角越接近 0°,也就是两个向量越相似,这就叫"余弦相似性"。它可以用来比较文档,或针对给定的查询词向量对文档排序。

图 2-4 中两个向量 $a$、$b$ 的夹角很小,可以说向量 $a$ 和向量 $b$ 有很高的相似性;极端情况下,向量 $a$ 和 $b$ 完全重合,如图 2-5 所示。

图 2-5 中可以认为向量 $a$ 和 $b$ 是相等的,也即向量 $a$、$b$ 代表的文档是完全相似的,或者说是相等的。有时向量 $a$ 和 $b$ 夹角较大,或者反方向,如图 2-6 所示。

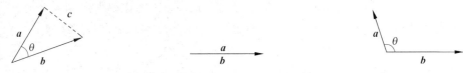

图 2-4　两个向量 $a$、$b$ 的夹角　　图 2-5　两个向量 $a$、$b$ 的夹角为 0°　　图 2-6　两个向量 $a$、$b$ 的夹角很大

图 2-6 中两个向量 $a$、$b$ 的夹角很大,可以说向量 $a$ 和向量 $b$ 有很低的相似性,或者说向量 $a$ 和向量 $b$ 代表的文档基本不相似。

令 $A$ 和 $B$ 是两个待比较的向量,使用余弦度量作为相似性函数,公式如下:

$$\cos\theta = \frac{\boldsymbol{A} \cdot \boldsymbol{B}}{\|\boldsymbol{A}\| * \|\boldsymbol{B}\|}$$

分子为向量 $A$ 与向量 $B$ 的点乘,分母为二者各自的 $L_2$ 范数(向量的 2-范数,即将所有维度值的平方相加后开方)相乘。余弦相似度的取值为 $[-1,1]$,值越大表示越相似。

下面举一个例子说明余弦计算文本相似度。为了简单起见用句子来说明。

句子 A:这只皮靴号码大了,那只号码合适。

句子 B:这只皮靴号码不小,那只更合适。

怎样计算上面两句话的相似程度?

基本思路是:如果这两句话的用词越相似,它们的内容就应该越相似。因此,可以从词频入手,计算它们的相似程度。

第一步,分词。

句子 A:这只/皮靴/号码/大了,那只/号码/合适。

句子 B:这只/皮靴/号码/不/小,那只/更/合适。

第二步,列出所有的词。

这只,皮靴,号码,大了,那只,合适,不,小,更。

第三步,计算词频。

句子 A:这只 1,皮靴 1,号码 2,大了 1,那只 1,合适 1,不 0,小 0,更 0。

句子 B:这只 1,皮靴 1,号码 1,大了 0,那只 1,合适 1,不 1,小 1,更 1。

第四步,写出词频向量。

句子 A:$(1,1,2,1,1,1,0,0,0)$。

句子 B:$(1,1,1,0,1,1,1,1,1)$。

到这里,问题就变成了如何计算这两个向量的相似程度。我们可以把它们想象成空间中的两条线段,都是从原点$((0,0,\cdots))$出发,指向不同的方向。两条线段之间形成一个夹角,如果夹角为 0°,意味着方向相同、线段重合,这时两个向量代表的文本完全相等;如果夹

角为 $90°$,意味着形成直角,方向完全不相似;如果夹角为 $180°$,意味着方向正好相反。因此,我们可以通过夹角的大小,来判断向量的相似程度。夹角越小,就代表越相似。

计算句子 A：$(1,1,2,1,1,1,0,0,0)$ 和句子 B：$(1,1,1,0,1,1,1,1,1)$ 的向量余弦值来确定两个句子的相似度。

计算过程如下:

$$\cos\theta = \frac{1\times1+1\times1+2\times1+1\times0+1\times1+1\times1+0\times1+0\times1+0\times1}{\sqrt{1^2+1^2+2^2+1^2+1^2+1^2+0^2+0^2+0^2} \times \sqrt{1^2+1^2+1^2+0^2+1^2+1^2+1^2+1^2+1^2}}$$

$$= \frac{6}{\sqrt{7} \times \sqrt{8}}$$

$$= 0.81$$

计算结果中夹角的余弦值为 $0.81$,非常接近于1,所以,上面的句子 A 和句子 B 是基本相似的。

由此,我们就得到了文本相似度计算的处理流程是:①找出两篇文章的关键词;②每篇文章各取出若干个关键词,合并成一个集合,计算每篇文章对于这个集合中的词的词频;③生成两篇文章各自的词频向量;④计算两个向量的余弦相似度,值越大就表示越相似。

## 2.4　视觉感知

视觉是人与周围世界发生联系的最重要的感觉通道,外界 $80\%$ 的信息都是通过视觉获得的。人的眼睛有着接收及分析视像的不同能力,从而组成视觉,以辨认物象的外貌和所处的空间(距离),及该物在外形和空间上的改变。脑部将眼睛接收到的物象信息分析出四类主要资料,就是有关物象的空间、色彩、形状及动态。有了这些数据,我们可辨认外物和对外物做出及时和适当的反应。

当有光线时,人的眼睛能辨别物象本体的明暗。物象有了明暗的对比,眼睛便能产生视觉的空间深度,看到对象的立体程度。同时眼睛能识别形状,有助于我们辨认物体的形状及动态。此外,眼睛能看到的色彩称为色彩视或色觉。此四种视觉的能力是混为一体使用的,作为我们探察与辨别外界数据,建立视觉感知的源头。

### 2.4.1　视敏度和色彩感知

视敏度又称视锐度或视力,是指眼睛能辨别物体很小间距的能力,通常用被辨别物体最小间距所对应的视角的倒数表示。在一定视距条件下,能分辨物体细节的视角越小,视敏度就越大。视敏度是评价人的视觉功能的主要指标,它受几个因素的影响,即图像本身的复杂程度、光的强度、图像的颜色和背景光等。光的强度过低会使图像很难分辨,而增加照明则可以提高视敏度,因此,视屏显示器应配以良好的照明。但是,如果光太强,又会引起瞳孔收缩,从而降低视敏度。同时,亮度的增加使视屏显示器的闪烁更加明显,人们直视荧光屏会很不舒服。

视敏度也可以用闪光融合频率来测量。闪光融合频率是由于眼睛要在一个短的时间内分辨图像的变化引起的。如果变化得足够快,使眼睛看到连续的状态,且不能区分每一幅图像的差异,此时大约每秒 32 幅。在变化较慢时,眼睛开始感到差异,视屏显示器的闪烁会令人烦恼,其闪烁取决于它的刷新速度,也即一秒内荧光屏的扫描次数和图像的重画次数。

人的视敏度是很高的,但不同个体间的差异也很大。多数人能在 2m 的距离分辨 2mm 的间距。在界面设计中,对较为复杂的图像、图形和文字的分辨更为重要。视力测试统计表明,最佳视力是在 6m 远处辨认出最下一行 20mm 高的字母,平均视力能够辨认 40mm 高的字母。

另外,人具有色彩感知能力,感觉到不同的颜色,这是眼睛接受不同波长的结果。各种波长的光是从带色的物体表面或有色光源反射出来的。正常的眼睛可感受到的光谱波长为 $400\mu m \sim 700\mu m$。但视网膜对不同波长的光敏感程度不同。颜色不同而具有同样强度的光,有的看起来会亮一些,有的看起来会暗一些。当眼睛已经适应光强时,最亮的光谱大约为 $550\mu m$,接近于黄绿色。当光波长接近于光谱的两端,即 $400\mu m$(红色)或 $700\mu m$(紫色)时,亮度会逐渐减弱。

## 2.4.2 视觉模式识别

人们在观察事物或现象的时候,常常要寻找它与其他事物或现象的不同之处,并根据一定的目的把各个相似的但又不完全相同的事物或现象组成一类。字符识别就是一个典型的例子。例如数字"4"可以有各种写法,但都属于同一类别。更为重要的是,即使对于某种写法的"4",以前虽未见过,也能把它分到"4"所属的这一类别。人脑的这种思维能力就构成了"模式"的概念。

模式识别(pattern recognition)就是通过计算机用数学技术方法来研究模式的自动处理和判读。我们把环境与客体统称为"模式"。随着计算机技术的发展,人类有可能研究复杂的信息处理过程。信息处理过程的一个重要形式是人类对环境及客体的识别。对人类来说,特别重要的是对光学信息(通过视觉器官来获得)和声学信息(通过听觉器官来获得)的识别。这是模式识别的两个重要方面。市场上可见到的代表性产品有光学字符识别系统、语音识别系统。

视觉模式识别涉及较高级的信息加工过程。在视觉模式识别中,既要有当时进入感官的信息,也要有记忆中存储的信息,只有在所存储的信息与当前信息进行比较的加工,才能够实现对视觉模式的识别。

外界刺激作用于感觉器官,人们辨认出对象的形状或色彩时,就完成了对视觉模式的识别。目前,针对视觉模式识别过程的理论主要有格式塔、模板匹配、原型匹配、特征分析等。

### 1. 格式塔理论

格式塔(gestalt)理论又称完形心理学,是西方现代心理学的主要学派之一,诞生于德国,后来在美国得到进一步发展。该学派既反对美国构造主义心理学的元素主义,也反对行为主义心理学的刺激-反应公式,主张研究直接经验(即意识)和行为,强调经验和行为的整体性,认为整体不等于并且大于部分之和,主张以整体的动力结构观来研究心理现象。该学派的创始人是韦特海默,代表人物还有苟勒和考夫卡。

格式塔理论最基本的法则是简单精炼法则,认为人们在进行观察的时候,倾向于将视觉感知的内容理解为常规的、简单的、相连的、对称的或有序的结构。同时人们在获取视觉感知的时候,会倾向于将事物理解为一个整体,而不是将事物理解为组成事物的所有部分的集合。

格式塔理论认为模式识别是基于对刺激的整个模式的知觉,其中主要有以下几个原则。

1)接近性原则

接近性原则(proximity)是指某些距离较短或互相接近的部分,视觉上容易组成整体。例如,图 2-7(a)中距离较近而毗邻的两条线段,自然而然地组合起来成为一个整体。图 2-7(b)也是如此,因为黑色小点的纵排距离比横排更为接近,所以人们认为它是六条竖线而不是看成五条横线。

图 2-7 格式塔接近性原则的图示

2)相似性原则

相似性原则(similarity)是指人们容易将看起来相似的物体看成一个整体。如图 2-8 所示,○为白点,●为黑点,观察者倾向于将其看作纵向排列,而非横向排列。

3)连续性原则

连续性原则(continuity)是指对线条的一种知觉倾向。如图 2-9 所示,我们多半把它看成两条线,一条从 $a$ 到 $b$,另一条从 $c$ 到 $d$。由于从 $a$ 到 $b$ 的线条比从 $a$ 到 $d$ 的线条具有更好的连续性,因此不会产生线条从 $a$ 到 $d$ 或者 $c$ 到 $b$ 的知觉。

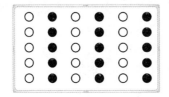

图 2-8 格式塔相似性原则的图示

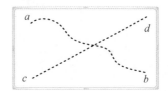

图 2-9 格式塔连续性原则的图示

4)完整和闭合性原则

完整和闭合性原则(closure)是指彼此相属的部分,容易组合成整体;反之,彼此不相属的部分,则容易被隔离开来。如图 2-10(a)所示,12 个圆圈排列成一个椭圆,旁边还有一个圆圈,尽管按照接近性原则,它靠近 12 个圆圈中的其中一个,但我们还是把 12 个圆圈当作一个完整的整体来知觉,而把单独的一个圆圈作为另一个整体来知觉。这说明知觉者的一种推论倾向,即把一种不连贯的有缺口的图形尽可能在心理上使之趋合,即闭合倾向。完整和闭合性原则在所有感觉通道中都起作用,它为知觉图形提供完整的界定、对称和形式。

图 2-10(b)也是使用简单的任意形状组成的一只熊猫。完整和闭合性可以被认为是一种维持元素之间的黏合剂。这也是人类更加倾向于去寻找和探索的一种模式。

5)对称性原则

比较一下图 2-11(a)和图 2-11(b)中所示的模式,图 2-11(a)中模式似乎是"好"得多的模式,因为它是对称的。格式塔的对称性原则(symmetry)能够反映人们知觉物体时的方式。例如图 2-11(c)中的模式,我们多半将图 2-11(c)知觉为由菱形和垂直线组成的图形,而不把它看成由许多字母 K 组成的图形,尽管图中有很多正向的 K 和反向的 K。这是因为图图 2-11(c)中菱形是对称的,而 K 不是对称的。

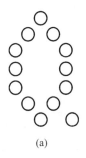 

(a)　　　　　　　(b)

(a)　　　　　(b)　　　　　(c)

图 2-10　格式塔完整和闭合性原则的图示　　　　图 2-11　格式塔对称性原则的图示

6）图形与背景的关系原则

当我们观察事物的时候，会认为有些物体或图形比背景更加突出。

图形和背景的关系原则（figure-ground）是指主要元素和空间之间的关系。眼睛会分开背景和图形，以了解区分什么是被强调突出的，人们第一眼看到的就是它的组成部分。

可以从图 2-12 中看到图形与背景两者之间哪个更容易确定和更加稳定。图 2-12 就是一个很好的关于不稳定的例子。你可能只会看到一个花瓶（相对于白色地面），其实也会看到黑色部分是两个人的侧脸，反之亦然。我们可以在两者之间轻松地来回切换，看到这种不稳定性关系。

在相对于稳定的环境中，我们可以利用它希望用户更好地专注于我们想要突出的元素。以下两个方法可以帮助我们。

（1）面积：两个重叠的形状，较小的会被视为图形，较大的会被认为是背景（地面）。

（2）凹凸感：凸出来的往往会被认为是元素而不是凹进去的部分。

7）以往经验原则

以往经验原则（pass experience）指在某些情形下视觉感知与过去的经验有关。以往经验原则认为有着共同的经历就会有相似之处，例如很多的颜色就被过去的经验赋予一些意义。

在生活中我们看到的红绿灯，红色预示着停止，绿色意味着走。我们可以看到图 2-13 的图像是由三种常见色作为路口一侧的红绿灯，而这就是以往经验的结果。

图 2-12　格式塔图形与背景的关系原则的图示　　　图 2-13　以往经验原则的图示

格式塔原则是很重要的原则。它们是指引我们视觉上一切设计的基础，描述了每个人都是如何直观地感知对象的。上述原则应该比较容易理解。对大部分初级设计者而言需要了解这些原则的基本思路，并以不一样的角度来理解它们，以及考虑在设计中如何影响设计。

除格式塔理论外,还有以下理论。

**2. 模板匹配理论**

在模式识别的知识中,模板指的是一种内部结构,当它与感觉刺激匹配时就能识别对象。这一概念认为,在人们的生活经验中创造了大量的模板,每一个模板都与一定的意义相联系。因此,对一个形状(如几何形状)的视觉识别将会这样产生:发源于形体的光能落在视网膜上,并转换为神经能,然后传送到大脑。大脑对现有的模板进行搜索,如果发现了与神经模式相匹配的模板,就识别了该物体。当物体与模板相匹配后,就可能产生对物体的进一步加工和解释。

按照模板匹配(template matching)理论,只有当外部物体与其内部表征之间具有1∶1匹配时才可能识别,哪怕只有微小的不一致,物体也不会被识别。这样就需要形成无数个模板,它们分别与我们所看到的各种对象及这些对象的变形相对应。为了存储许多模板,我们的大脑会非常大,这种本领从神经方面来说却是不可能的。

**3. 原型匹配理论**

原型匹配(prototype matching)是取代模板匹配的另一种手段。它不是对要识别的千百万种不同模式形成各种特定的模板,而是把模式的某种抽象物存储在长时记忆中,并且起着原型的作用,这样,模式对照原型进行检查,如果发现相似性,模式就被识别。

这种理论认为,眼前的一个字母 A,不管它是什么形状,也不管把它放在什么地方,它都和过去知觉过的 A 有相似之处。按照这种模型,我们可以形成一个理想化的字母 A 的原型,它概括了与这个原型相类似的各种图像的共同特征,这就使我们能够识别与原型相似的所有其他的 A 了。因此,我们能识别不同大小、不同方位的 A,并不是因为它们整齐地装到了大脑里,而是因为它们有共同的特点。

**4. 特征分析理论**

特征分析(feature analysis)理论是模板匹配理论和原型匹配理论的发展,它认为刺激是一些基本特征的结合物。例如,对于英文字母,特征可能包括水平线、垂直线、大约 45°的线以及曲线。这样,大写的字母 A 便能被看成两条 45°的线和一条水平线。字母 A 的模式由这些线条加上它们结合在一起的形式组成。在进行模式识别时,人们把知觉对象的基本特征与存储于记忆中的特征相匹配,以做出肯定或者否定的决定。

# 2.5 视觉通道

感觉通道(sensory modality)是个体接受刺激和传递信息形成感觉经验的通道,负责接收或输入信息。最初由德国生理学家赫尔姆霍茨提出。根据感官及其经验的不同可分为视觉通道、听觉通道、嗅觉通道、味觉通道、温度觉通道、触压觉通道、振动觉通道和运动觉通道。它们都有专门化的感受器,每一种感受器通常只对一种能量形式的刺激特别敏感。这种刺激就是该通道的适宜刺激或适宜信号。除适宜刺激外,各感觉通道对其他能量形式的刺激不能或不易传送。如视觉通道可顺利地传送可见光信号,但不能传送声音信号;听觉通道可顺利地传送声音信号,但不能传送光信号。通道对传送刺激信号的能量形式、能量品质和能量大小都有严格的要求。

### 2.5.1 视觉通道简介

数据可视化的核心内容是可视化编码,是将数据信息映射成可视化元素的技术。可视化编码由两部分组成:几何标记(图形元素)和视觉通道。

- 几何标记:可视化中标记通常是一些几何图形元素,例如点、线、面、体,如图 2-14 所示。
- 视觉通道:用于控制几何标记的展示特性,包括标记的位置、大小、形状、方向、色调、饱和度、亮度等。

可视化最基本的形式就是简单地把数据映射成图形。它的工作原理就是大脑倾向于寻找模式,可以在图形和它所代表的数字间来回切换。这一点很重要。必须确定数据的本质并没有在这反复切换中丢失,如果不能映射回数据,可视化图表就只是一堆无用的图形。所谓视觉通道,就是在可视化数据的时候,用形状、大小和颜色来对数据编码。必须根据目的来选择合适的视觉通道,并正确使用它。而这又取决于对形状、大小和颜色的理解。图 2-14 展示了有哪些是能用的视觉通道。

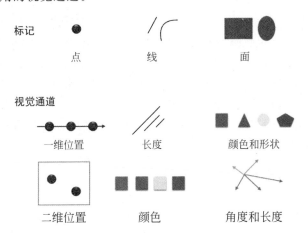

图 2-14 几何标记和可视化的视觉通道

#### 1. 位置

用位置做视觉通道时,要比较给定空间或坐标系中数值的位置。如图 2-15 所示,观察散点图的时候,是通过一个数据点的 $x$ 坐标和 $y$ 坐标以及和其他点的相对位置来判断。

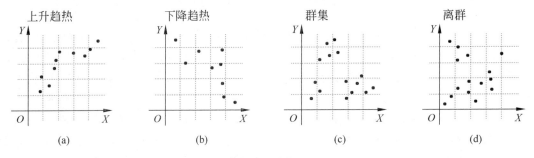

图 2-15 散点图

只用位置做视觉通道的一个优势是,它往往比其他视觉通道占用的空间更少。因为可以在一个 $XY$ 坐标平面里画出所有的数据,每一个点都代表一个数据。与其他用尺寸大小来比较数值的视觉通道不同,坐标系中所有的点大小相同。然而,绘制大量数据之后,一眼就可以看出趋势、群集和离群值。

这个优势同时也是劣势。观察散点图中的大量数据点,很难分辨出每一个点分别表示什么。即便是在交互图中,仍然需要鼠标悬停在一个点上以得到更多信息,而点重叠时会更不方便。

**2. 长度**

长度通常用于条形图中,条形越长,绝对数值越大。不同方向上,如水平方向、垂直方向或者圆的不同角度上都是如此。

长度是从图形一端到另一端的距离,因此要用长度比较数值,就必须能看到线条的两端。否则得到的最大值、最小值及期间的所有数值都是有偏差的。

图 2-16 给出了一个简单的例子,它是一家主流新闻媒体在电视上展示的一幅税率调整前后的条形图。图 2-16(a)为错误的条形图,图 2-16(b)为正确的条形图。

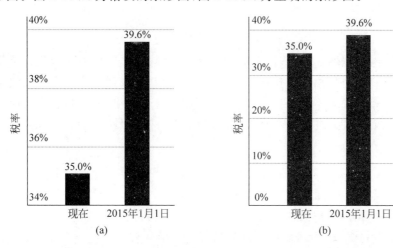

图 2-16  错误的条形图和正确的条形图

图 2-16(a)中两个数值看上去有巨大的差异。因为数值坐标轴从 34% 开始,导致右边条形长度几乎是左边条形长度的 5 倍。而图 2-16(b)中坐标轴从 0 开始,数值差异看上去就没有那么夸张了。当然,你可以随时注意坐标轴,印证你所看到的(也本应如此),但这无疑破坏了用长度表示数值的本意,而且如果图表在电视上一闪而过的话,大部分人是不会注意到这个错误的。

**3. 角度**

角度的取值范围为 $0° \sim 360°$,构成一个圆。有 $90°$ 的直角,大于 $90°$ 的钝角和小于 $90°$ 的锐角。直线是 $180°$。

$0° \sim 360°$ 中的任何一个角度,都隐含着一个能和它组成完整圆形的对应角,这两个角被称作共扼。这就是通常用角度来表示整体中部分的原因。尽管圆环图常被当作是饼状图的近亲,但圆环图的视觉通道是弧长,因为可以表示角度的圆心被切除了。

### 4. 方向

方向和角度类似。角度是相交于一个点的两个向量,而方向则是坐标系中一个向量的方向。可以看到上、下、左、右及其他所有方向。这可以帮助测定斜率,如图 2-17 所示。在图 2-17 中可以看到增长、下降和波动。

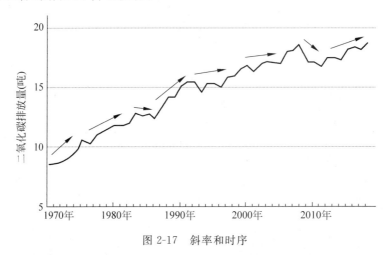

图 2-17　斜率和时序

对变化大小的感知在很大程度上取决于标尺。例如,可以放大比例让一个很小的变化看上去很大,同样也可以缩小比例让一个巨大的变化看上去很小。一个经验法则是缩放可视化图表,使波动方向基本都保持在 45°左右。如果变化很小但却很重要,就应该放大比例以突出差异。相反,如果变化微小且不重要,那就不需要放大比例使之变得显著了。

### 5. 形状

形状和符号通常被用在地图中,以区分不同的对象和分类。地图上的任意一个位置可以直接映射到现实世界,所以用图表来表示现实世界中的事物是合理的。可以用一些树表示森林,用一些房子表示住宅区。

在图表中,形状已经不像以前那样频繁地用于显示变化。例如,在图 2-18 中可以看到,三角形和正方形都可以用在散点图中。不过,不同的形状比一个个点能提供的信息更多。

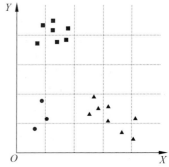

图 2-18　散点图中的不同形状

### 6. 面积和体积

大的物体代表大的数值。长度、面积和体积分别可以用在二维和三维空间中,表示数值的大小。二维空间通常用圆形和矩形,三维空间一般用立方体或球体。也可以更为详细地标出图示的大小。

一定要注意所使用的是几维空间。最常见的错误就是只使用一维(如高度)来度量二维、三维的物体,却保持了所有维度的比例。这会导致图形过大或者过小,无法正确比较数值。

假设使用正方形这个有宽和高两个维度的形状来表示数据。数值越大,正方形的面积就越大。如果一个数值比另一个大 50%,你希望正方形的面积也大 50%。然而一些软件的默认行为是把正方形的边长增加 50%,而不是面积,这会得到一个非常大的正方形,面积增加了 125%，而不是 50%。三维物体也有同样的问题，而且会更加明显。把一个立方体的长、宽、高各增加 50%，立方体的体积将会增加大约 238%。

### 7. 颜色

颜色视觉通道分两类：色相（hue）和饱和度（Saturation）。两者可以分开使用，也可以结合起来使用。色相就是通常所说的颜色，如红色、绿色、蓝色等。不同的颜色通常用来表示分类数据，每个颜色代表一个分组。饱和度是一个颜色中色相的量。假如选择红色，高饱和度的红就非常浓，随着饱和度的降低，红色会越来越淡。同时使用色相和饱和度，可以用多种颜色表示不同的分类，每个分类有多个等级。图 2-19 中的点分成两类，用颜色代表不同分类。图 2-19 中左下侧部分点组成一类（蓝色），右上侧部分点也组成一类（红色）。

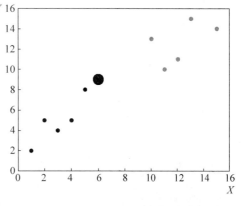

图 2-19　分类数据的颜色映射

在日常生活中，也常常使用颜色来分类。例如车牌颜色有蓝色、黄色、白色、黑色。其中蓝色是小车车牌，黄色是大车或农用车用的车牌及教练车车牌；白色是特种车车牌（如军车、警车车牌及赛车车牌）；黑色是外商及外商的企业由国外自带车的车牌。

定量（连续）数据的颜色映射如图 2-20 所示，每个格子颜色实际上可以代表格子内的数据。各省份人口普查数据可以采用类似颜色映射表示。

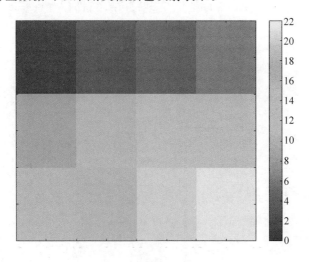

图 2-20　定量数据的颜色映射

对颜色的谨慎选择能给数据增添背景信息。因为不依赖于大小和位置，你可以一次性编码大量的数据。不过，要时刻考虑到色盲人群，确保所有人都可以解读你的图表。有将近 8% 的男性和 0.5% 的女性是红绿色盲，如果只用这两种颜色对数据编码，这部分读者会很难理解你的可视化图表。可以通过组合使用多种视觉通道，使所有人都可以分辨得出。

### 2.5.2　视觉通道的类型

人类对视觉通道的识别有两种基本的感知模式。第一种感知模式得到的信息是关于对象本身的特征和位置等，对应视觉通道的定性性质和分类性质；第二种感知模式得到的信息是对象某一属性在数值上的大小，对应视觉通道的定量性质或者定序性质。因此将视觉通道分为如下两大类。

- 定性（分类）的视觉通道：如形状、颜色的色调、空间位置。
- 定量（连续、有序）的视觉通道：如直线的长度、区域的面积、空间的体积、斜度、角度、颜色的饱和度和亮度等。

然而两种分类不是绝对的，例如位置信息，既可以区分不同的分类，又可以分辨连续数据的差异。

### 2.5.3　视觉通道的表现力

进行可视化编码时需要考虑不同视觉通道的表现力，主要体现在下面几个方面。

- 准确性：是否能够准确地在视觉上表达数据之间的变化。
- 可辨认性：同一个视觉通道能够编码的分类个数，即可辨识的分类个数上限。
- 可分离性：不同视觉通道的编码对象放置到一起是否容易分辨。
- 视觉突出：重要的信息是否用更加突出的视觉通道进行编码。

1985 年，AT&T 贝尔实验室的统计学家威廉·克利夫兰和罗伯特·麦吉尔发表了关于图形感知和方法的论文。研究焦点是确定人们理解上述视觉通道（不包括形状）的精确程度，最终得出了从最精确到最不精确的视觉通道排序清单，即位置→长度→角度→方向→面积→体积→饱和度→色相。

很多可视化建议和最新的研究都源于这份清单。不管数据是什么，最好的办法是知道人们能否很好地理解视觉通道，领会图表所传达的信息。

从图 2-21 中视觉通道表现力的精确程度可见，各视觉通道的精确程度不同。

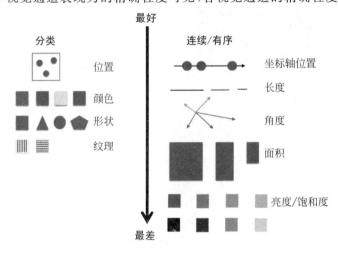

图 2-21　视觉通道的表现力的精确程度

# 2.6 可视化的组件

所谓可视化数据，其实就是根据数值，用标尺、颜色、位置等各种视觉通道的组合来表现数据。深色和浅色的含义不同，二维空间中右上方的点和左下方的点含义也不同。

可视化是从原始数据到条形图、折线图和散点图的飞跃。人们很容易会以为这个过程很方便，因为软件可以帮忙插入数据，你立刻就能得到反馈。其实在这中间还需要一些步骤和选择，例如用什么图形对数据编码？什么颜色对你的寓意和用途是最合适的？可以让计算机帮你做出所有的选择以节省时间，但是至少，如果清楚可视化的原理以及整合、修饰数据的方式，你就知道如何指挥计算机，而不是让计算机替你做决定。对于可视化，如果你知道如何解释数据，以及图形元素是如何协作的，得到的结果通常比软件做得更好。

基于数据的可视化组件可以分为四种：视觉通道、坐标系、标尺以及背景信息。不论在图的什么位置，可视化都是基于数据和这四种组件创建的。有时它们是显式的，而有时它们则会组成一个无形的框架。这些组件协同工作，对一个组件的选择会影响到其他组件。

（1）视觉通道：可视化包括用形状、颜色和大小来对数据编码，选择什么取决于数据本身和目标。

（2）坐标系：用散点图映射数据和用饼状图是不一样的。散点图中有 $x$ 坐标和 $y$ 坐标，饼状图中则有角度，就像直角坐标系和极坐标系的对比。

（3）标尺：指定在每一个维度里数据映射的位置。

（4）背景信息：如果可视化产品的读者对数据不熟悉，则应该阐明数据的含义以及读图的方式。

## 2.6.1 坐标系

数据编码的时候，总得把物体放到一定的位置。有一个结构化的空间，还有指定图形和颜色画在哪里的规则，这就是坐标系，它赋予 $XY$ 坐标或经纬度以意义。有几种不同的坐标系，图 2-22 所示的三种坐标系几乎可以覆盖所有的需求，它们分别为直角坐标系（也称为笛卡儿坐标系）、极坐标系和地理坐标系。

### 1. 直角坐标系

直角坐标系是最常用的坐标系（对应如条形图或散点图）。通常可以认为坐标就是被标记为 $(x, y)$ 的 $XY$ 坐标值对。坐标的两条线垂直相交，取值范围从负到正，组成了坐标轴。交点是原点，坐标值指示到原点的距离。举例来说，$(0, 0)$ 点就位于两线交点，$(1, 2)$ 点在水平方向上距离原点一个单位，在垂直方向上距离原点 2 个单位。

直角坐标系还可以向多维空间扩展。例如，三维空间可以用 $(x, y, z)$ 三值对来替代 $(x, y)$。可以用直角坐标系来画几何图形，使在空间中画图变得更为容易。

### 2. 极坐标系

极坐标系（对应如饼状图）由一个圆形网格构成，最右边的点是零度，角度越大，逆时针旋转越多。距离圆心越远，半径越大。

将自己置于最外层的圆上，增大角度，逆时针旋转到垂直线（或者直角坐标系的 $y$ 轴），

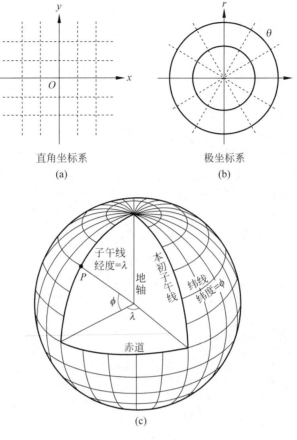

图 2-22　常用坐标系

就得到了 90°,也就是直角。再继续旋转 1/4,到达 180°。继续旋转直到返回起点,就完成了一次 360°的旋转。沿着内圈旋转,半径会小很多。

极坐标系没有直角坐标系用得多,但在角度和方向很重要时它会更有用。

**3. 地理坐标系**

位置数据的最大好处就在于它与现实世界的联系,它能给相对于你的位置的数据点带来即时的环境信息和关联信息。用地理坐标系可以映射位置数据。位置数据的形式有许多种,但通常都是用纬度和经度来描述,分别相对于赤道和子午线的角度,有时还包含高度。纬度线是东西向的,标识地球上的南北位置。经度线是南北向的,标识东西位置。高度可被视为第三个维度。相对于直角坐标系,纬度就好比水平轴,经度就好比垂直轴。也就是说,相当于使用了平面投影。

绘制地表地图最关键的地方是要在二维平面(如计算机屏幕)上显示球形物体的表面。有多种不同的实现方法,被称为投影。当把一个三维物体投射到二维平面上时,会丢失一些信息,与此同时,其他信息则被保留下来了。如图 2-23 所示,这些投影都有各自的优缺点。

## 2.6.2　标尺

坐标系指定了可视化的维度,而标尺则指定了在每一个维度里数据映射到哪里。标尺

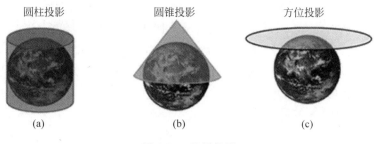

图 2-23 地图投影

有很多种，也可以用数学函数来定义自己的标尺，但是基本上不会偏离图 2-24 中所展示的标尺。标尺和坐标系一起决定了图形的位置以及投影的方式。

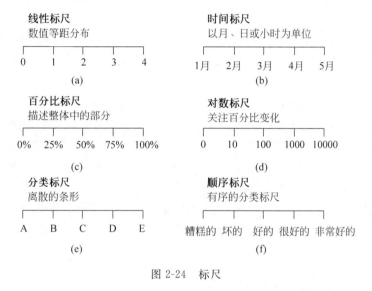

图 2-24 标尺

**1. 线性标尺**

线性标尺就是日常生活中常用的数值标尺。标尺上数值是等距离分布。

**2. 时间标尺**

时间是连续变量，可以把时间数据画到线性标尺上，也可以将其分成月份或者星期这样的分类，作为离散变量处理。当然，它也可以是周期性的，总有下一个正午、下一个星期六和下一个一月份。和读者沟通数据时，时间标尺带来了更多的好处，因为和地理地图一样，时间是日常生活的一部分。随着日出和日落，在时钟和日历里，我们每时每刻都在感受和体验着时间。

**3. 百分比标尺和对数标尺**

百分比标尺描述整体中某个部分占的比例，而对数标尺关注的是百分比变化而不是绝对数值。

**4. 分类标尺和顺序标尺**

数据并不总是以数字形式呈现的。它们也可以是分类的，例如人们居住的城市。分类标尺为不同的分类提供视觉分隔,通常和线性标尺一起使用。拿条形图来说,可以在水平轴上使用分类标尺(例如 A、B、C、D、E),在垂直轴上用线性标尺,这样就可以显示不同分组的数量和大小。分类间的间隔是随意的,和数值没有关系,通常会为了增加可读性而进行调整,顺序和数据背景信息相关。当然,也可以相对随意,但对于分类的顺序标尺来说,顺序就很重要了。例如,将电影的分类排名数据按从糟糕的到非常好的这种顺序显示,能帮助观众更轻松地判断和比较影片的质量。

### 2.6.3　背景信息

背景信息(帮助更好地理解数据相关的 5W 信息,即何人、何事、何时、何地、为何)可以使数据更清晰,并且能正确引导读者。至少,几个月后回过头来再看的时候,它可以提醒你这张图在说什么。

有时背景信息是直接画出来的,有时它们则隐含在媒介中。至少可以很容易地用一个描述性标题来让读者知道他们将要看到的是什么。想象一幅呈上升趋势的汽油价格时序图,可以把它叫作"油价",这样显得清楚明确。你也可以叫它"上升的油价",来表达出图片的信息。你还可以在标题底下加上引导性文字描述价格的浮动。

所选择的视觉通道、坐标系和标尺都可以隐性地提供背景信息。明亮、活泼的对比色和深的、中性的混合色表达的内容是不一样的。同样,地理坐标系让你置身于现实世界的空间中,直角坐标系的 XY 坐标轴只停留在虚拟空间。对数标尺更关注百分比变化而不是绝对数值。这就是为什么注意软件默认设置很重要。

现有的软件越来越灵活,但是软件无法理解数据的背景信息。软件可以帮你初步画出可视化图形,但还要由你来研究和做出正确的选择,让计算机为你输出所需要的可视化图形。

### 2.6.4　整合可视化组件

单独看这些可视化组件没那么神奇,它们只是空间里的一些几何图形而已。如果把它们放在一起,就得到了值得期待的完整的可视化图形。

举例来说,在一个直角坐标系里,水平轴上用分类标尺,垂直轴上用线性标尺,长度做视觉通道,这时得到了条形图。在地理坐标系中使用位置信息,则会得到地图中的一个个点。

在极坐标系中,半径用百分比标尺,旋转角度用时间标尺,面积做视觉通道,可以画出极区图(即南丁格尔玫瑰图)。

本质上,可视化是一个抽象的过程,是把数据映射到了几何图形和颜色上。从技术角度看,这很容易做到。你可以很轻松地用纸笔画出各种形状并涂上颜色。难点在于,你要知道什么形状和颜色是最合适的、画在哪里以及画多大。

要完成从数据到可视化的飞跃,你必须知道自己拥有哪些原材料。对于可视化来说,视觉通道、坐标系、标尺和背景信息都是你拥有的原材料。视觉通道是人们看到的主要部分,坐标系和标尺可使其结构化,创造出空间感,背景信息则赋予了数据以生命,使其更贴切,更容易被理解,从而更有价值。

知道每一部分是如何发挥作用的,尽情发挥,并观察别人看图的时候得到了什么信息。

不要忘了最重要的东西,没有数据,一切都是空谈。同样,如果数据很空洞,得到的可视化图表也会是空洞的。即使数据提供了多维度的信息,而且粒度足够小,使你能观察到细节,那你也必须知道应该观察些什么。

　　数据量越大,可视化的选择就越多,然而很多选择可能是不合适的。为了过滤掉那些不好的选择,找到最合适的方法,得到有价值的可视化图表,你必须了解自己的数据。

# 第 3 章

# 数据可视化过程

人类视觉感知到心理认知的过程要经过信息的获取、分析归纳、存储、概念、提取、使用等一系列加工阶段。尽管不同领域的数据可视化面向不同数据,面临不同的挑战,但可视化的基本步骤和流程是相同的。本章将学习如何从社会自然现象数据中提取信息、知识和灵感的可视化基本流程。

## 3.1 数据可视化流程

可视化不是一个单独的算法,而是一个流程。除了视觉映射外,也需要设计并实现其他关键环节,如前端的数据采集、处理和后端的用户交互。这些环节是解决实际问题必不可少的步骤,且直接影响可视化效果。作为可视化设计者,解析可视化流程有助于把问题化整为零,降低设计的复杂度。作为可视化开发者,解析可视化流程有助于软件开发模块化、提高开发效率、缩小问题范围、重复利用代码,有助于设计工具库、编程界面和软件模块。

数据可视化是一个流程,有点像流水线,但这些流水线之间是可以相互作用的、双向的。可视化流程以数据流为主线,其主要包括数据采集、数据处理和变换、可视化映射、用户感知这些模块。图 3-1 列出一个数据可视化流程。

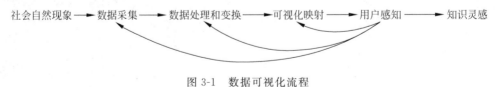

图 3-1 数据可视化流程

图 3-1 中涉及如下几个主要模块。

(1) 数据采集。数据的采集直接决定了数据的格式、维度、尺寸、分辨率、精确度等重要性质,在很大程度上决定了可视化结果的质量。

（2）数据处理和变换。数据处理和变换是可视化的前期处理。一方面原始数据不可避免地含有噪声和误差；另一方面,数据的模式和特征往往被隐藏。而可视化需要将难以理解的原始数据变换成用户可以理解的模式和特征并显示出来。这个过程包括去除数据噪声、数据清洗、提取特征等,为之后的可视化映射做准备。

（3）可视化映射。可视化映射是整个可视化流程的核心,它将数据的数值、空间位置、不同位置数据间的联系等,映射到不同的视觉通道,如标记、位置、形状、大小和颜色等。这种映射的最终目的是让用户通过可视化,洞察数据和数据背后隐含的现象和规律。因此可视化映射的设计不是一个孤立的过程,而是和数据、感知、人机交互等方面相互依托,共同实现的。

（4）用户感知。数据可视化和其他数据分析处理办法的最大不同是用户的关键作用。用户借助数据可视化结果感受数据的不同,从中提取信息、知识和灵感。可视化映射后的结果只有通过用户感知才能转换成知识和灵感。用户感知可以在任何时期反作用于数据的采集、处理变换以及映射过程中,如图 3-1 所示。

数据可视化可用于从数据中探索新的假设,也可证实相关假设与数据是否吻合,还可以帮助专家向公众展示数据中的信息。用户的作用除被动感知外,还包括与可视化其他模块的交互。交互在可视化辅助分析决策中发挥了重要作用。有关人机交互的探索已经持续了很长时间,但智能、适用于海量数据可视化的交互技术,如任务导向的、基于假设的方法还是一个未解难题。

上面的可视化流程虽然简单,但也要注意以下两点。

- 上述过程都是基于数据背后的自然现象或者社会现象,而不是数据本身。
- 图 3-1 各个模块的联系并不是顺序的线性的联系,它们之间的联系更多是非线性的,任意两个模块之间都可能存在联系。

## 3.2 数据处理和数据变换

在可视化流程中,原始数据经过处理和变换后得到清洁、简化、结构清晰的数据,并输出到可视化映射模块中。数据处理和变换直接影响到可视化映射的设计,对可视化的最终结果也有重要的影响。

当今现实世界的数据库极易受噪声、缺失值和不一致数据的侵扰,有大量数据预处理技术。数据清理可以清除数据中的噪声,纠正不一致。数据集成将数据由多个数据源合并成一致的数据存储,如数据仓库。数据归约可以通过如聚集、删除冗余特征或聚类来降低数据的规模。数据变换（例如规范化）可以用来把数据压缩到较小的区间,如 $[0.0, 1.0]$。这可以提高涉及距离度量的挖掘算法的精确率和效率。这些技术不是相互排斥的,可以一起使用。例如,数据清理可能涉及纠正错误数据的变换,如通过把一个数据字段的所有项都变换成公共格式进行数据清理。

数据如果能满足其应用要求,那么它是高质量的。数据质量涉及许多因素,包括准确性、完整性、一致性、时效性、可信性和可解释性。

数据处理和数据变换主要步骤：数据清理、数据集成、数据变换与数据离散化以及数据配准。

### 3.2.1　数据清理

现实世界的数据一般是不完整的、有噪声的和不一致的。数据清理试图填充缺失的值，光滑噪声和识别或删除离群点，并纠正数据中的不一致来清理数据。

**1. 缺失值**

假设分析某公司 AllElectronics 的销售和顾客数据，发现许多记录的一些属性（如顾客的 income）没有记录值。怎样处理该属性缺失的值？可用的处理方法如下。

（1）删除记录。删除属性缺少的记录简单直接，代价和资源较少，并且易于实现，然而直接删除记录浪费该记录中被正确记录的属性。当属性缺失值的记录百分比很大时，它的性能特别差。

（2）人工填写缺失值。一般地说，该方法很费时，并且当数据集很大、缺少很多值时，该方法可能行不通。

（3）使用一个全局常量填充缺失值。将缺失的属性值用同一个常量（如 Unknown 或-）替换。如果缺失的值都用 Unknown 替换，则挖掘程序可能误以为它们形成了一个有趣的概念，因为它们都具有相同的值——Unknown。因此，尽管该方法简单，但是并不十分可靠。

（4）使用属性的中心度量（如均值或中位数）填充缺失值。对于正常的（对称的）数据分布而言，可以使用均值，而倾斜数据分布应该使用中位数。例如，假定 AllElectronics 的顾客的平均收入为 18 000 美元，则使用该值替换 income 中的缺失值。

（5）使用与属性缺失的记录属同一类的所有样本的属性均值或中位数。例如，如果将顾客按 credit_risk 分类，则具有相同信用风险的顾客的平均收入替换 income 中的缺失值。如果给定类的数据分布是倾斜的，则中位数是更好的选择。

（6）使用最可能的值填充缺失值。可以用回归、贝叶斯形式化方法的推理工具或决策树归纳确定。例如利用数据集里其他顾客的属性，可以构造一棵判定树，来预测 income 的缺失值。

方法（3）～（6）使数据有偏差，填入的值可能不正确。然而方法（6）是最流行的策略。与其他方法相比，它使用已有记录（数据）的其他部分信息来推测缺失值。在估计 income 的缺失值时，通过考虑其他属性的值，有更大的机会保持 income 和其他属性之间的联系。

在某些情况下，缺失值并不意味着有错误。理想情况下，每个属性都应当有一个或多个关于空值条件的规则。这些规则可以说明是否允许空值，并且/或者说明这样的空值应当如何处理或转换。

**2. 噪声数据与离群点**

噪声是被测量变量的随机误差（一般指错误的数据）。离群点是数据集中包含一些数据对象，它们与数据的一般行为或模型不一致（正常值，但偏离大多数数据）。例如图 3-2 中系统用户年龄的分析中出现负年龄（噪声数据），以及 85～90 岁的用户（离群点）。

给定一个数值属性，可以采用下面的数据光滑技术"光滑"数据，去掉噪声。

1）分箱

分箱方法通过考察数据的"近邻"（即周围的值）来光滑有序数据值。这些有序的值被分

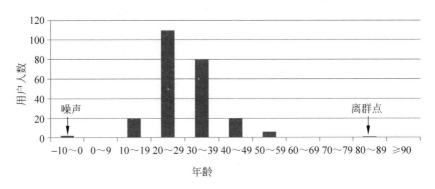

图 3-2 系统用户年龄的分析

布到一些桶或箱中。由于分箱方法考察近邻的值,因此它进行局部光滑。

(1) 用箱均值光滑。箱中每一个值被箱中的平均值替换。

(2) 用箱边界光滑。箱中的最大值和最小值同样被视为边界。箱中的每一个值被最近的边界值替换。

(3) 用箱中位数光滑。箱中的每一个值被箱中的中位数替换。

如图 3-3 所示,数据首先排序并被划分到大小为 3 的等深的箱中。对于用箱均值光滑,箱中每一个值都被替换为箱中的均值。类似地,可以使用用箱边界光滑或者用箱中位数光滑等。

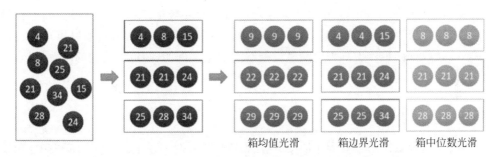

图 3-3 数据光滑的分箱方法

上面分箱的方法采用等深分箱(每个“桶”的样本个数相同),也可以是等宽分箱(其中每个箱值的区间范围相同)。一般而言宽度越大,光滑效果越明显。分箱也可以作为一种离散化技术使用。

2) 回归

回归(regression)用一个函数拟合数据来“光滑”数据。线性回归涉及找出拟合两个属性(或变量)的“最佳”直线,使得一个属性能够预测另一个。图 3-4 即对数据进行线性回归拟合。图 3-4 中已知有 10 个点,此时获得信息将在横坐标 7 的位置出现一个新的点,却不知道纵坐标。请预测最有可能的纵坐标值。这是典型的预测问题,可以通过回归来实现。预测结果如图 3-4 所示,预测点采用菱形标出。

多线性回归是线性回归的扩展,它涉及多于两个属性,并且数据拟合到一个多维面。使用回归,找出适合数据的拟合函数,能够帮助消除噪声。

离群点分析可以通过如聚类来检测离群点。聚类将类似的值组织成群或“簇”。直观地,落在簇集合之外的值被视为离群点。

图 3-5 显示聚类出 3 个数据簇。可以将离群点看作落在簇集合之外的值来检测。

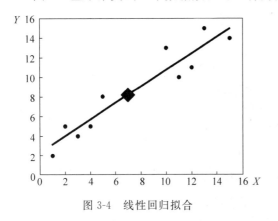

图 3-4　线性回归拟合

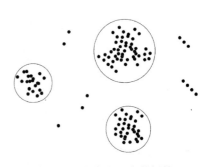

图 3-5　聚类出 3 个数据簇

许多数据光滑的方法也用于数据离散化(一种数据变换方式)和数据归约。例如,上面介绍的分箱技术减少了每个属性不同值的数量。对于基于逻辑的数据挖掘方法(决策树归纳),这充当了一种形式的数据归约。概念分层是一种数据离散化形式,也可以用于数据平滑。

**3. 不一致数据**

对于有些事务,所记录的数据可能存在不一致。有些数据不一致可以根据其他材料上的信息人工地加以更正。例如,数据输入时的错误可以使用纸上的记录加以更正。也可以用纠正不一致数据的程序工具来检测违反限制的数据。例如,知道属性间的函数依赖,可以查找违反函数依赖的值。

## 3.2.2　数据集成

上述数据清理方法一般应用于同一数据源的不同数据记录上。在实际应用中,经常会遇到来自不同数据源的同类数据,且在用于分析之前需要进行合并操作。实施这种合并操作的步骤称数据集成。有效的数据集成过程有助于减少合并后的数据冲突,降低数据冗余程度等。

数据集成需要解决的问题如下。

**1. 属性匹配**

对于来自不同数据源的记录,需要判定记录中是否存在重复记录。而首先需要做的是确定不同数据源中数据属性间的对应关系。例如,从不同销售商收集的销售记录可能对用户 id 的表达有多种形式(销售商 A 使用 cus_id,数据类型为字符串;销售商 B 使用 customer_id_number,数据类型为整数),在进行销售记录集成之前,需要先对不同的表达方式进行识别和对应。

**2. 冗余去除**

数据集成后产生的冗余包括两个方面:数据记录的冗余,例如 Google 街景车在拍摄街景照片时,不同的街景车可能有路线上的重复,这些重复路线上的照片数据在进行集成时便会造成数据冗余(同一段街区被不同车辆拍摄);因数据属性间的推导关系而造成数据属性冗余。例如,调查问卷的统计数据中,来自地区 A 的问卷统计结果注明了总人数和男性受调查者人数,而来自地区 B 的问卷统计结果注明了总人数和女性受调查者人数,当对两个地区的问卷统计数据进了集成时,需要保留"总人数"这一数据属性,而"男性受调查者人数"和"女性受调查者人数"这两个属性保留一个即可,因为两者中任一属性可由"总人数"与另一属性推出,从而避免了在集成过程中由于保留所有不同数据属性(即使仅出现在部分数据源中)而造成的属性冗余。

**3. 数据冲突检测与处理**

来自不同数据源的数据记录在集成时因某种属性或约束上的冲突,导致集成过程无法进行。例如当来自两个不同国家的销售商使用的交易货币不同时,无法将两份交易记录直接集成(涉及货币单位不同这一属性冲突)。

数据挖掘和数据可视化经常需要数据集成——合并来自多个数据存储的数据。谨慎集成有助于减少结果数据集的冗余和不一致。这有助于提高其后挖掘和数据可视化过程的准确性和速度。

## 3.2.3 数据变换与数据离散化

在数据处理阶段,数据被变换或统一,使得数据可视化分析更有效,挖掘的模式可能更容易理解。数据离散化是一种数据变换形式。

**1. 数据变换策略概述**

数据变换策略包括如下几种。

(1)光滑。去掉数据中的噪声。这种技术包括分箱、聚类和回归。

(2)属性构造(或特征构造)。可以由给定的属性构造新的属性并添加到属性集中,以帮助挖掘过程。

(3)聚集。对数据进行汇总和聚集。例如,可以聚集日销售数据,计算月和年销售量。通常这一步用来为多个抽象层的数据分析构造数据立方体。

(4)规范化。把属性数据按比例缩放,使之落入一个特定的小区间,如$[-1.0, 1.0]$或$[0.0, 1.0]$。

(5)离散化。数值属性(例如,年龄)的原始值用区间标签(例如$[0,10]$,$[11\sim20]$等)或概念标签(例如,youth、adult、senior)替换。这些标签可以递归地组织成更高层概念,导致数值属性的概念分层。

(6)由标称数据产生概念分层。属性如 street,可以泛化到较高的概念层,如 city 或 country。

**2. 通过规范化变换数据**

规范化数据可赋予所有属性相等的权重。有许多数据规范化的方法,常用的是最小-最大规范化、z-score 规范化和小数定标规范化。

下面令 $A$ 是数值属性,具有 $n$ 个值 $v_1, v_2, \cdots, v_n$,采用这三种规范化方法变换数据。

(1)最小-最大规范化是对原始数据进行线性变换。假定 $\max_A$ 和 $\min_A$ 分别为属性 $A$ 的最大和最小值。最小-最大规范化通过计算公式:

$$v_i' = \frac{v_i - \min_A}{\max_A - \min_A}(\text{new\_max}_A - \text{new\_min}_A) + \text{new\_min}_A$$

把 $A$ 的值 $v_i$ 映射到区间[new_min$_A$，new_max$_A$]中的 $v_i'$。最小-最大规范化保持原始数据值之间的联系。如果属性 $A$ 的实际测试值落在 $A$ 的原数据值域[min$_A$，max$_A$]之外，则该方法将面临"越界"错误。

（2）在 z-score 规范化（或零-均值规范化）中，基于 $A$ 的平均值和标准差规范化。$A$ 的值 $v_i$ 被规范化为 $v_i'$，由下式计算：

$$v_i' = \frac{v_i - \text{avg}_A}{\delta_A}$$

其中，avg$_A$ 和 $\delta_A$ 分别为属性 $A$ 的平均值和标准差。当属性 $A$ 的实际最大和最小值未知，或离群点左右了最小-最大规范化时，该方法是有用的。

（3）小数定标规范化通过移动属性 $A$ 的值的小数点位置进行规范化。小数点的移动位数依赖于 $A$ 的最大绝对值。$A$ 的值 $v_i$ 被规范化为 $v_i'$，由下式计算：

$$v_i' = \frac{v_i}{10^j}$$

其中，$j$ 是使得 $\max(|v_i'|) < 1$ 的最小整数。

**3. 通过分箱离散化**

分箱是一种基于指定的箱个数的自顶向下的分裂技术。前面光滑噪声时已经介绍过。

分箱并不使用分类信息，因此是一种非监督的离散化技术。它对用户指定的箱个数很敏感，也容易受离群点的影响。

**4. 通过直方图分析离散化**

像分箱一样，直方图分析也是一种非监督离散化技术，因为它也不使用分类信息。直方图把属性 $A$ 的值划分成不相交的区间，称作桶或箱。桶安放在水平轴上，而桶的高度（和面积）是该桶所代表值的出现频率。通常，桶表示给定属性的一个连续区间。

可以使用各种划分规则定义直方图。例如在图 3-6 的直方图中，将值分成相等分区或区间（例如属性"价格"，其中每个桶宽度为 10 美元）。

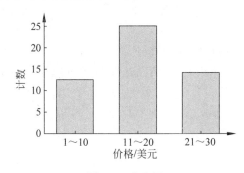

图 3-6 直方图

**5. 通过聚类、决策树离散化**

聚类分析是一种流行的离散化方法。通过将属性 $A$ 的值划分成簇或组，聚类算法可以用来离散化数值属性 $A$。聚类考虑 $A$ 的分布以及数据点的邻近性，因此可以产生高质量的离散化结果。

为分类生成决策树的技术可以用来离散化。这类技术使用自顶向下划分方法。离散化的决策树方法是监督的,因为它使用分类标号。其主要思想是选择划分点使得一个给定的结果分区包含尽可能多的同类记录。

#### 6. 标称数据的概念分层产生

概念分层可以用来把数据变换到多个粒度值。例如由用户或专家在模式级显式地说明属性的部分序或全序,可以很容易地定义概念分层。例如,关系数据库或数据仓库的维 location 可能包含如下一组属性:street、city、province_or_state 和 country。可以在模式级说明一个全序,如 street < city < province_or_state < country,来定义分层结构。

使用概念分层变换数据使得较高层的知识模式可以被发现。

### 3.2.4 数据配准

数据可视化往往需要在同一空间中显示不同时间、不同角度、不同仪器或模拟算法产生的数据。例如医生在观察病人的医学图像时会比较当前的图像和该病人以前扫描的图像或健康人的图像,观察其异同。气象专家在观察气象数据时会比较模拟算法产生的结果、气象台观测数据以及卫星图片等。这种不同数据之间的比较需要在同一空间中配准。图 3-7 示意数据配准过程。不同尺寸、方向的数据通过配准统一取目标数据的尺寸和方向。配准后更便于数据比较和发现细微的不同点。

图 3-7  数据配准过程

数据配准的方法很多,在空间数据场分析和可视化中应用广泛,如医学影像处理。实现两个空间数据场的配准,大多需要计算两个数据之间的相似度,并通过对其中一个数据场的位移和变形来提高两者的相似度,以达到数据配准的目的。按计算相似度的方式,可以将数据配准分为基于像素强度的方法和基于特征的方法。基于像素强度的方法用数据场采样点的强度的分布计算两个数据的相似度,而基于特征的方法用数据场中的特征,如点、线、等值线检测两者的相似度。

在可视化中还经常用到数据转换函数,如将数据的取值映射到显示像素的强度范围内(规范化);对数据进行统计,如计算其平均值和方差;或变换数据的分布(例如将指数分布的数据用对数函数转换为直线分布)等。当数据经过这些变换后,需要告知用户变换的函数和目的,以帮助用户分析可视化,避免解读上的偏差。

## 3.3  可视化映射

简单来讲,人类视觉的特点如下。

- 对亮度、运动、差异更敏感,对红色相对于其他颜色更敏感。
- 对于具备某些特点的视觉元素具备很强的识别能力,如空间距离较近的点往往被认为具有某些共同的特点。

- 对眼球中心正面物体的分辨率更高,这是由于人类晶状体中心区域锥体细胞分布最为密集。
- 人在观察事物时习惯于将具有某种方向上的趋势的物体视为连续物体。
- 人习惯于使用经验去感知事物整体,而忽略局部信息。

根据人类视觉特点将数据信息映射成可视化元素,这里引入一个概念——可视化映射(或称可视化编码,visual encoding)。可视化映射是数据可视化的核心步骤,指将数据信息映射成可视化元素。映射结果通常具有表达直观、易于理解和记忆等特性。数据对象由属性描述,例如学生成绩数据中,学生数据对象由学号、姓名、成绩等属性组成,"学号"属性取值为数字串,"姓名"属性取值为字符串,"成绩"属性取值为数字。属性和它的值对应可视化元素分别是图形标记和视觉通道。

## 3.3.1    图形标记和视觉通道

可视化映射(可视化编码)是信息可视化的核心内容。数据通常有属性和它的值,因此可视化编码类似地由两方面组成:图形标记和视觉通道。图形标记通常是一些几何图形元素如点、线、面等,如图3-8所示。视觉通道用于控制标记的视觉特征。

**1. 图形标记维度**

根据图形标记代表的数据维度来划分,图形标记分为如下几种。
- 零维。点是常见的零维图形标记,点仅有位置信息。
- 一维。常见的一维图形标记是直线。
- 二维。常见的二维标记是二维平面。
- 三维。常见的立方体、圆柱体都是三维的图形标记。

图形标记可以代表的数据维度如图3-8所示。

**2. 图形标记自由度**

前面我们介绍过坐标系,坐标系代表了图形所在的空间维度,而图形空间的自由度是在不改变图形性质的基础下可以自由扩展的维度,自由度=空间维度-图形标记的维度。那么:
- 点在二维空间内的自由度是2,就是说可以沿 $x$ 轴、$y$ 轴方向进行扩展。
- 线在二维空间内的自由度是1,也就是说线仅能增加宽度,而无法增加长度。
- 面在二维空间内的自由度是0,以一个多边形为示例,在不改变代表多边形的数据前提下,我们无法增加多边形的宽度或者高度。
- 面在三维空间的自由度是1,可以更改面的厚度。

图形标记可以代表的数据自由度如图3-9所示。

图3-8    图形标记的数据维度          图3-9    图形标记的自由度

**3. 可视化表达常用的视觉通道**

第2章已经介绍了可视化视觉通道。视觉通道用于控制标记的视觉特征,通常可用的视觉通道包括位置、大小、形状、方向、色调、饱和度、亮度等（见第 2 章图 2-14）。例如，对于柱状图（见图 3-10(a)）而言，图形标记就是矩形，视觉通道就是矩形的颜色、高度或宽度等。对于散点图（见图 3-10(b)）而言，图形标记就是点，视觉通道就是竖直位置和水平位置，这样达到数据编码的目的。图形标记的自由度与数据能够映射到图形的视觉通道数量相关。

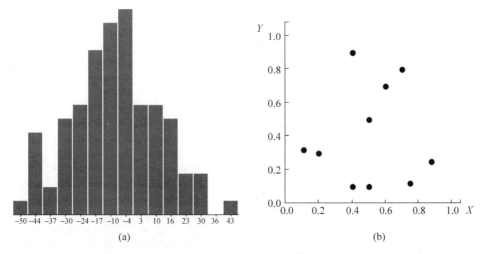

(a)                                              (b)

图 3-10　柱状图和散点图

高效的可视化可以使用户在较短的时间内获取原始数据更多、更完整的信息，而其设计的关键因素是视觉通道的合理运用。

数据可视化的设计目标和制作原则在于信、达、雅，即一要精准展现数据的差异、趋势、规律；二要准确传递核心思想；三要简洁美观，不携带冗余信息。结合人的视觉特点，很容易总结出好的数据可视化作品的基本特征。

- 让用户的视线聚焦在可视化结果中最重要的部分。
- 对于有对比需求的数据，使用亮度、大小、形状来进行编码更佳。
- 使用尽量少的视觉通道数据编码，避免干扰信息。

## 3.3.2　可视化编码的选择

图形标记的选择通常基于人们对于事物理解的直觉。然而，不同的视觉通道在表达信息的作用和能力上可能具有截然不同的特性。可视化设计人员必须了解和掌握每个视觉通道的特性以及它们可能存在的相互影响，例如，可视化设计中应该优选哪些视觉通道？具体有多少不同的视觉通道可供使用？某个视觉通道能编码什么信息，能包含多少信息量？视觉通道表达信息能力有什么区别？哪些视觉通道不相关，而哪些又相互影响？只有熟知视觉通道的特点，才能设计出有效解释数据信息的可视化。图 3-11 给出视觉通道在数值型数据可视化编码的优先级。

显然，可视化的对象不仅仅是数值型数据，也包含非数值型数据。图 3-11 的排序对数值型可视化有指导意义，但对非数值型数据并不通用。例如，颜色对区分不同种类数据非常有效，而它排在图 3-11 的最底层。

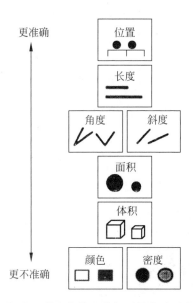

图 3-11 视觉通道在数值型数据可视化编码的优先级

图 3-12 显示视觉通道这种可视化元素对数值型数据、序列型数据和类别型数据的有效性排序。不同视觉通道元素在这三种数据中的排序不一样，又有一定的联系。例如，标记的位置是最准确反映各种类型数据的可视化元素。颜色对数值型数据的映射效果不佳，却能很好地反映类别型数据甚至序列型数据。而长度、角度和方向等元素对数值型数据有很好的效果，却不能很好地反映序列型数据和类别型数据。

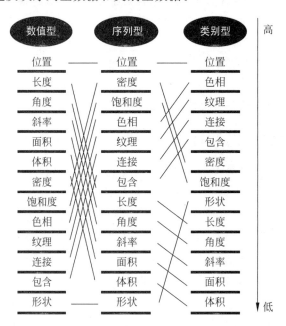

图 3-12 视觉通道在不同数据可视化编码的优先级

从图 3-12 可以看出，数据可视化中常用的视觉编码通道，针对同种数据类型，采用不同的视觉通道带来的主观认知差异很大。数值型适合用能够量化的视觉通道表示，如坐标、长度等,使用颜色表示的效果就大打折扣,且容易引起歧义;类似地,序列型适合用区分度明显的视觉通道表示,类别型适合用易于分组的视觉通道。

需要指出的是,图 3-12 蕴含的理念可以应对绝大多数应用场景下可视化图形的设计"套路",但数据可视化作为视觉设计的本质决定了"山无常势,水无常形",任何可视化效果都拒绝生搬硬套,更不要说数据可视化的应用还要受到业务、场景和受众的影响。

### 3.3.3　源于统计图表的可视化

统计图表是使用最早的可视化图形,在数百年的发展过程中,逐渐形成了基本"套路",符合人类感知和认知,进而被广泛接受。

常见于各种统计分析报告的有柱状图、折线图、饼状图、散点图、气泡图、雷达图。在可视化设计中我们将常见的图形标记定义成图表类型。下面了解一下最常用的图表类型。

**1. 柱状图**

柱状图(bar chart)是最常见的图表,也最容易解读。它的适用场合是二维数据集(每个数据点包括两个值 $x$ 和 $y$),但只有一个维度需要比较。如图 3-13 所示,月销售额就是二维数据,"月份"和"销售额"就是它的两个维度,但只需要比较"销售额"这一个维度。

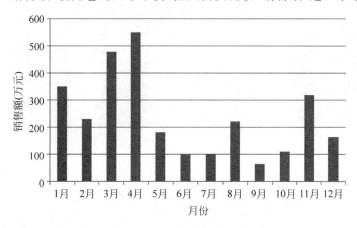

图 3-13　月销售额柱状图

柱状图利用柱子的高度,反映数据的差异。肉眼对高度差异很敏感,辨识效果非常好。柱状图的局限在于只适用中小规模的数据集。

**2. 折线图**

折线图(line chart)是用直线段将各数据点连接起来而组成的图形,以折线方式显示数据的变化趋势和对比关系。折线图可以显示随时间而变化的连续数据,因此非常适用于显示在相等时间间隔下数据的趋势。

折线图适合二维的大数据集,尤其是适合研究趋势的场合。它还适合多个二维数据集的比较。图 3-14 是一个二维数据集(月销售额)的折线图。

**3. 饼状图**

饼状图(pie chart)是用扇形面积,也就是圆心角的度数来表示数量。饼状图可以根据圆中各个扇形面积的大小,来判断某一部分在总体中所占比例的多少。饼状图是一种应该

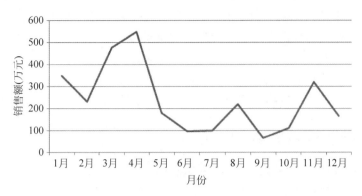

图 3-14　月销售额折线图

避免使用的图表,因为肉眼对面积大小不敏感。

图 3-15(a)中饼状图的五个色块的面积排序不容易看出来。换成图 3-15(b)中的柱状图,就容易多了。一般情况下,总是用柱状图替代饼状图。但是有一个例外,就是反映某个部分占整体的比重,如贫穷人口占总人口的百分比。

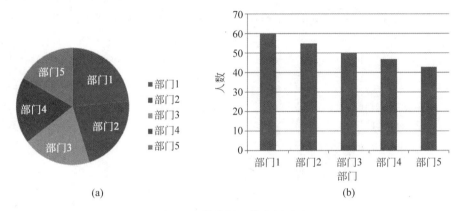

(a)　　　　　　　　　　　　　(b)

图 3-15　饼状图和柱状图对比

### 4. 散点图

散点图(scatter chart)表示因变量随自变量而变化的大致趋势,据此可以选择合适的函数对数据点进行拟合。散点图通常用于显示和比较数值,如科学数据、统计数据和工程数据。当不考虑时间的情况而比较大量数据点时,散点图就是最好的选择。散点图中包含的数据越多,比较的效果就越好。在默认情况下,散点图以圆点显示数据点。如果在散点图中有多个序列,可考虑将每个点的标记形状更改为方形、三角形、菱形或其他形状。散点图适用于两维比较。

图 3-16(a)是普通的散点图,数据点的分布展示了不同年龄段的月均网购金额,从图表中可以分析出月均网购金额较高的人群主要集 30 岁左右;但是对比图 3-16(b),发现在连续的年龄段上,图 3-16(a)中数据较密的点不容易区分,而图 3-16(b)中将所有数据点通过年龄的增加联系起来,不但表示了数据本身的分布情况,还表示了数据的连续性。用带平滑线(函数拟合)和数据标记的散点图来表示这样的数据比普通的散点效果更好。

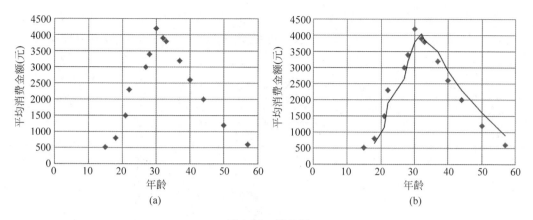

图 3-16  散点图

### 5. 气泡图

气泡图(bubble chart)是散点图的一种变体,通过每个点的面积大小,反映第三维。图 3-17 是气泡图,显示"卡特里娜"飓风的路径,三个维度分别为经度、纬度、强度。点的面积越大,就代表强度越大。因为用户不善于判断面积大小,所以气泡图只适用不要求精确辨识第三维的场合。

图 3-17  气泡图

如果为气泡加上不同颜色(或文字标签),气泡图就可用来表达四维数据。如通过颜色,表示每个点的风力等级。

### 6. 雷达图

雷达图(radar chart)将多个维度的数据量映射到坐标轴上,这些坐标轴起始于同一个圆心点,通常结束于圆周边缘,将同一组的点使用线连接起来就成了雷达图,如图 3-18 所示。雷达图适用于多维数据(四维以上),且每个维度必须可以排序。但是,它有一个局限,就是数据点最多为 6 个,否则无法辨别,因此适用场合有限。需要注意的是,用户不熟悉雷达图,解读有困难。使用时尽量加上说明,减轻解读负担。

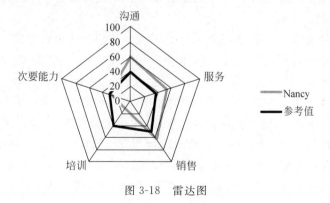

图 3-18  雷达图

### 7. 直方图

直方图(histogram)又称质量分布图,是一种统计报告图,也是数据属性频率的统计工具。直方图由一系列高度不等的纵向条纹或线段表示数据分布的情况,一般用横轴表示数据类型,纵轴表示分布情况。例如某次考试成绩分布如表 3-1 所示,对应直方图如图 3-19 所示。

表 3-1　某次考试成绩分布

| 分数段 | 0～29 | 30～39 | 40～49 | 50～59 | 60～69 | 70～79 | 80～89 | ≥90 |
|---|---|---|---|---|---|---|---|---|
| 人数 | 1 | 5 | 2 | 8 | 14 | 37 | 14 | 8 |

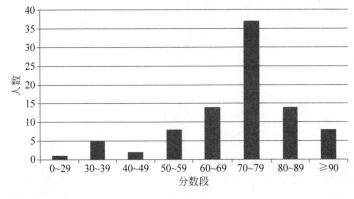

图 3-19　直方图

除了常用的图表之外,可供我们选择的还有如下几种。

- 漏斗图:适用于业务流程比较规范、周期长、环节多的流程分析,通过漏斗各环节业务数据的比较,能够直观地发现和说明问题所在。
- (矩形)树图:一种有效地实现层次结构可视化的图表结构,适用于表示类似文件目录结构的数据集。
- 热度图:以特殊高亮的形式显示访客热衷的页面区域和访客所在的地理区域的图示,用于显示人或物品的相对密度。
- 关系图:基于三维空间中的点-线组合,再加以颜色、粗细等维度的修饰,适用于表征各结点之间的关系。
- 词云:各种关键词的集合,往往以字体的大小或颜色代表对应词的频次。
- 桑基图:一种有一定宽度的曲线集合表示的图表,适用于展现分类维度间的相关性,以流的形式呈现共享同一类别的元素数量,如展示特定群体的人数分布等。
- 日历图:顾名思义,以日历为基本维度的对单元格加以修饰的图表。

在制作可视化图表时,首先要从业务出发,优先挑选合理的、符合惯例的图表,尤其是用户层次比较多样的情况下,兼顾各个年龄段或者不同认知能力的用户的需求;其次是根据数据的各种属性和统计图表的特点来选择,例如饼状图并不适合用作展示绝对数值,只适用于反映各部分的比例。对于不同图表类型,带着目的出发,遵循各种约束,才能找到合适的图表。

# 第 4 章

## 数据可视化方法

　　不同类型的数据例如标量场、矢量场、时间序列、地理空间、文本与文档和层次数据等，具体的可视化方法和技术不同，本章主要针对不同类型的数据分别介绍可视化方法。

## 4.1　二维标量场数据可视化方法

　　所谓标量(scalar)，是指只有大小而没有方向的量，如长度、质量等。标量场可视化是指通过图形的方式揭示标量场(scalar field)中数据对象空间分布的内在关系。由于很多科学测量或者模拟数据都是以标量场的形式出现，对标量场的可视化是科学可视化研究的核心课题之一。

　　标量场的空间中每一点的属性都可以由一个单一数值(标量)来表示。常见的标量场包括温度场、压力场、势场等。标量场既可以是一维、二维，也可以是三维。三维标量场也常被称为体数据。体数据中的单元称为体素(voxel)，对应于二维图像的像素。每个体素的数值对应于在三维空间中的网格格点上采样的数值。

　　最常见的二维标量场可视化方法包括颜色映射法，等值线法、高度映射法以及标记法。

### 4.1.1　颜色映射法

　　颜色映射法常用于二维标量场数据可视化。二维标量场数据比一维数据更为常见，如用于医学诊断的 X 光片、实测的地球表面温度、遥感观测的卫星影像等。

　　颜色映射法将标量场中数值与一种颜色相对应，可以通过建立一张以标量数值作为索引的颜色对照表的方式实现。即在数据与颜色之间建立一个映射关系，把不同的数据映射为不同的颜色。更普遍的建立颜色对应关系的方法称为传递函数(transfer function)，它可以是任何将标量数值映射到特定颜色的表达方式。

颜色映射是一系列颜色,它们从起始颜色渐变到结束颜色,在可视化中,颜色映射用于突出数据的规律,例如用较浅的颜色来显示较小的值,并使用较深的颜色来显示较大的值。

在绘制图形时,根据标量场中的数据确定点或图元的颜色,从而以颜色来反映标量场中的数据及其变化。对于颜色映射的可视化,选择合适的对应颜色非常重要,不合理的颜色方案将无法帮助解释标量场的特征,甚至产生错误的信息。图 4-1 中使用颜色代表交通事故每天(在每小时)的发生数量,深色代表交通事故越多。

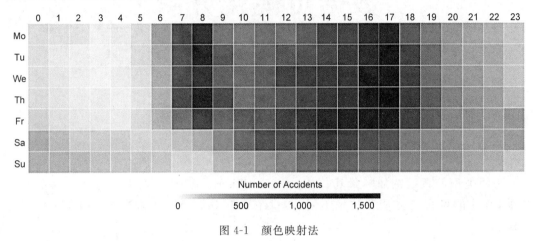

图 4-1　颜色映射法

## 4.1.2　等值线法

等值线中的点$(x_i, y_i)$满足条件 $F(x_i, y_i) = \mathrm{Fi}$(Fi 为一给定值),将这些点按一定顺序连接组成了函数 $F(x, y)$ 的值为 Fi 的等值线。常见的等值线如等高线、等温线,是以一定的高度、温度作为度量的。等值线的抽取算法可分为两类:网格序列法和网格无关法。

网格序列法的基本思想是按网格单元的排列顺序,逐个处理每一个单元,寻找每一个单元内相应的等值线段。处理完所有单元后,自然就生成了该网格中的等值线分布。

网格无关法则通过给定等值线的起始点,利用起始点附近的局部几何性质,计算等值线的下一个点,然后利用计算出的新点,重复计算下一个点,直至达到边界区域或回到原始起始点。

网格序列法按网格排列顺序逐个处理单元,这种遍历的方法效率不高;网格无关法则是针对这一情况提出的一种高效的算法。

下面就举例说明计算等值线的方法。假设网格单元都是矩形,其等值线生成算法的步骤如下。

(1) 逐个计算每一个网格单元与等值线的交点。

(2) 连接该单元内等值线的交点,生成该单元内的等值线线段。

(3) 由一系列单元内的等值线线段构成该网格中的等值线。

等值线将二维空间划分为等值线内部与外部两个区域,如图 4-2 所示。

等值线法是二维标量场数据中的重要模式和特征的表示方法,如医学影像中的组织边界、大气数值数据中的低压区和降雨区的边缘等。地图等高线如图 4-3 所示。

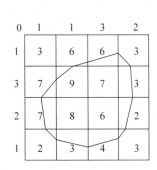

图 4-2　二维网格中等值为 5 的等值线　　　　　图 4-3　地图等高线

### 4.1.3　高度映射法

高度映射法(立体图法)则是根据二维标量场数值的大小,将表面的高度在原几何面的法线方向做相应的提升。这样表面的高低起伏对应于二维标量场数值的大小和变化。图 4-4 为高度映射法示意图,呈现了美国人口密度分布,将人口密度以高度的形式表现,越高的地方人口密度越大。

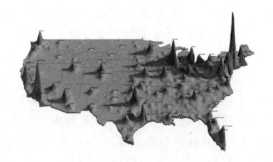

图 4-4　高度映射法示意图

### 4.1.4　标记法

标记是离散的可视化元素,可采用标记的颜色、大小和形状等直接进行可视表达,而不需要对数据进行插值等操作。如果标记布局稀疏,还可以设计背景图形显示其他数据,并将标记和背景叠加在一个场景中,达到多变量可视化的目的。图 4-5 显示了对于二维标量场数据的两种标记法实例。其中,图 4-5(a)为原始数据,图 4-5(b)用标记的大小代表数据,图 4-5(c)用标记的密度代表数据。

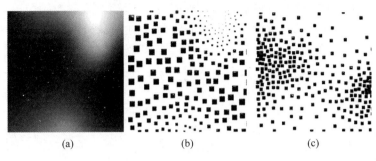

(a)　　　　　　(b)　　　　　　(c)

图 4-5　标记法示意图

## 4.2　三维标量场数据可视化方法

三维标量场也被称为三维体数据场（volumetric field）。三维标量场与二维数据场不同，它是对三维空间中的采样，表示了一个三维空间内部的详细信息。这类数据场最典型的是医学 CT 采样数据，每个 CT 的照片实际上是一个二维数据场，照片的灰度表示了某一片物体的密度。将这些照片按一定的顺序排列起来，就组成了一个三维标量场。此外，用大规模计算机计算的航天飞机周围的密度分布，也是一个三维标量场的例子。

三维标量场数据可视化方法主要包括直接体绘制和等值面绘制。

### 4.2.1　直接体绘制

在自然环境和计算模型中，许多对象和现象只能用三维体数据场表示，对象体不是用几何曲面和曲线表示的三维实体，而是以体素为基本造型单元。例如，人体就十分复杂，如果仅仅用几何表示各器官的表面，不可能完整显示人体的内部信息。

体绘制（volume rendering）的目的就在于提供一种基于体素的绘制技术，它有别于传统的基于面的绘制技术，能显示出对象体丰富的内部细节。体绘制直接研究光线穿过三维体数据场时的变化，得到最终的绘制结果，所以体绘制也被称为直接体绘制。从结果图像质量上讲，体绘制优于面绘制，但从交互性能和算法效率上讲，至少在目前的硬件平台上，面绘制优于体绘制，这是因为面绘制采用的是传统的图形学绘制算法，现有的交互算法与图形硬件和图形加速技术能充分发挥作用。

体绘制方法提供二维结果图像的生成方法。根据不同的绘制次序，体绘制方法主要分为两类：以**图像空间**为序的体绘制方法和以**物体空间**为序的体绘制方法。

以图像空间为序的体绘制方法（又称光线投射方法）是从屏幕上每一像素点出发，根据视点方向，发射出一条射线，这条射线穿过三维数据场，沿射线进行等距采样，求出采样点处物体的不透明度和颜色值。可按由前到后或由后到前的两种顺序，将一条光线上的采样点的颜色和不透明度进行合成，从而计算出屏幕上该像素点的颜色值。这种方法是从反方向模拟光线穿过物体的过程。

以物体空间为序的体绘制方法（又称投影体绘制方法）首先根据每个数据点的函数值计算该点的颜色及不透明度，然后根据给定的视平面和观察方向，将每个数据点投影到图像平面上,并按数据点在空间中的先后遮挡顺序,合成计算不透明度和颜色,最后得到图像。

**1. 光线投射方法**

光线投射方法从图像平面的每个像素向数据场投射光线,在光线上采样或沿线段积分计算光亮度和不透明度,按采样顺序进行图像合成,得到结果图像。光线投射方法是一种以图像空间为序的方法,它从反方向模拟光线穿过物体的全过程,并最终计算这条光线到达穿过数据场后的颜色。

图 4-6 所示的光线投射直接体绘制示意图中,光线从视点出发,穿过屏幕,与三维标量场的几何空间相交。在三维标量场内,小圆点表示沿光线的采样点。

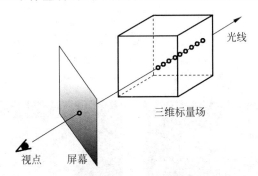

图 4-6　光线投射直接体绘制示意图

光线投射算法主要有如下过程。

(1) 数据预处理:包括采样网格的调整、数据对比增强等。

(2) 数据分类和光照效应计算:分别建立场值到颜色值和不透明度之间的映射,并采用中心差分方法计算法向量,进行光照效应的计算。

(3) 光线投射:从屏幕上的每个像素,沿观察方向投射光线,穿过数据场,在每一根光线上采样,插值计算出颜色值和不透明度。

(4) 合成与绘制:在每一根光线上,将每一个采样点的颜色值按前后顺序合成,得到像素的颜色值,显示像素。

**2. 投影体绘制方法**

投影体绘制方法的出发点是利用场中区域和体的相关性。这种方法将体元向图像平面投影,计算各体元对像素的贡献,按体元的前后遮挡次序合成各体元的效果。这种方法实质上是计算数据场中的各个体元发出的光线到达图像平面上对图像上各个像素的影响,并最终计算出图像。投影体绘制的主要步骤如下。

(1) 确定数据场中体元的前后遮挡次序,以从前到后或从后到前的顺序遍历体元。

(2) 每个体元分解为一组子体元,要求子体元的投影轮廓在观察平面上互不重叠。

(3) 子体元向图像平面投影,得到投影多边形;计算投影多边形顶点的值,以扫描转换的方式计算出投影多边形对所覆盖像素的光亮度贡献,并与像素原值合成显示像素。

直接体绘制通过颜色映射,可以直接将三维标量场投影为二维图像。这种算法并不构造中间几何图元,而是由离散的三维数据场直接产生屏幕上的二维图像。选择三维标量场的颜色映射方案就是对体数据的直接体绘制设计传递函数的问题。如何设计合理的传递函数一直是可视化研究中的重要课题。

### 4.2.2　等值面绘制

等值面绘制是一种使用广泛的三位标量场数据可视化方法,它利用等值面提取技术获取数据中的层面信息,直观地展示数据中的形状和拓扑信息。等值面绘制先提取显式的几何表达(等值面、等值线、特征线等),再用曲面绘制方法进行可视化,可以更好地表示特定曲面的特征和信息。但是与直接体绘制方法相比,丢失了指定等值面以外的数据场信息。另外,直接体绘制虽然显示了包括全部三维数据场的信息,但是由于数据之间的遮挡以及体绘制中的合成计算,特征之间可能发生干扰。如何通过选择合理的传递函数,使得体数据可视化最佳地揭示内在特征是一个很大的挑战。此外,三维标量场还可以通过设立切面(slicing)的方式对特定平面的信息可视化,这种方法在医学成像数据方面使用较多。图 4-7展示了对三维 CT 图像数据的直接体绘制和等值面绘制的可视化效果图。其中,图 4-7(a)为直接体绘制,图 4-7(b)为等值面绘制。

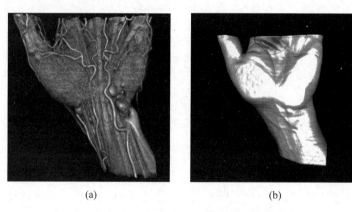

(a)　　　　　　　　　　　(b)

图 4-7　直接体绘制和等值面绘制示意图

经过多年的努力,对标量场可视化的研究已经从最初的关注于效率问题,到更加注重对其内容的分析和交互处理上。如何可视化三维标量场中的不确定信息、选择高效合理的传递函数、比较多个标量场、处理 TB 乃至 PB 量级的标量场数据等都是具有高度挑战性的课题。此外多个空间上重合的标量场组成一个多变量场也是常见的情况,例如医学中 CT、MRI、PET 等多模式成像,科学模拟计算每个网格点上可能有多个不同的标量变量。对多变量标量场的可视化非常值得探索和研究。最新的工作还包括引入信息可视化的方法、分析处理标量场数据的可视化。

## 4.3　向量场可视化方法

所谓向量(vector),也叫矢量,是既有大小也有方向的量,如力、速度等。

假如一个空间中的每一个点的属性都可以以一个向量来代表,那么这个场就是一个向量场。向量场同标量场一样,也分为二维、三维等,但向量场中每个采样点的数据不是温度、压力、密度等标量,而是速度等向量。向量场可视化技术的难点是很难找出在三维空间中表示向量的方法。

### 4.3.1　向量简化为标量

向量简化为标量不是直接对向量进行可视化处理,而是将向量转换为能够反映其物理本质的标量数据,然后对标量数据可视化。例如,向量的大小、单位体积中粒子的密度等。这些标量的可视化可采用常规的可视化技术:等值面抽取和直接体绘制等。

### 4.3.2　箭头表示方法

向量的显示要求同时表示出向量的大小和方向信息,最直接的方法是在向量场中有限的离散点上显示带有箭头的有向线段,用线段的长度表示向量的大小,用箭头表示其方向。这种方法适用于二维向量场,如图4-8所示。对于二维平面上的三维向量,也可用箭头来表示,箭头可指向显示表面或由显示表面指出。也可用这种方法表示定义在体中的三维向量,还可采用光照处理或深度显示以增加真实感。可用向量的颜色表示另一标量信息或另一个变量。但在三维空间中绘制向量,往往给人以杂乱无章的感觉,且难以分辨向量的方向。

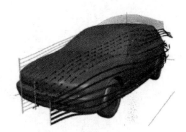

图4-8　箭头表示方法

### 4.3.3　流线、迹线、脉线、时线

向量场中,线上所有质点的瞬时速度都与之相切的线称为场线,速度向量场中的场线称为流线(stream line),在磁场中就称为磁力线。

流线是某一确定瞬时流场中的空间曲线族,每一条曲线上每一点的切线方向,都和该瞬时通过该点的流体速度方向相同。

迹线(path line)是特定流体质点随时间改变位置而形成的轨迹,及一个粒子的运动轨迹。

脉线(streak line)是在某一时间间隔内相继经过空间一固定点的流体质点依次串联起来而成的曲线。在观察流场流动时,可以从流场的某一特定点不断向流体内输入颜色液体(或烟雾),这些液体(或烟雾)质点在流场中构成的曲线即为脉线。对定常流场,脉线就是迹线(迹线是一个粒子的运动轨迹),同时也就是流线;但对非定常场,三者各不相同。脉线是一系列连续释放的粒子组成的线,烟筒中冒出的烟雾是典型的脉线的例子。

时线(time line)是由一系列相邻流体质点在不同瞬时组成的曲线。某一时刻沿一垂直于流动方向的直线同时释放许多小粒子,这些粒子在不同时刻组成的线就是时线。

流线、迹线、脉线、时线是向量场中可视化常用的一些方法。这些方法如果用编程来实现,是比较复杂的。

## 4.4　时间序列数据可视化方法

可视化时序数据时,目标是看到什么已经成为过去、什么发生了变化,以及什么保持不变、相差程度又是多少? 与去年相比,增加了还是减少了? 造成这些增加、减少或不变的原因可能是什么？有没有重复出现的模式，是好还是坏？是预期内的还是出乎意料的？有很多方法可以观察到随着时间推移生成的模式，可以用长度、方向和位置等视觉通道。图 4-9 列出时间序列数据可视化常用方法。

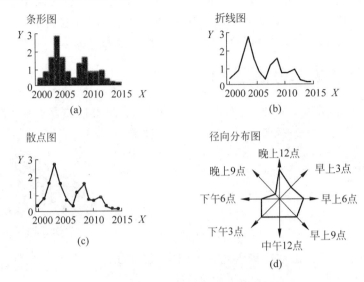

图 4-9　时间序列数据可视化常用方法

　　时间序列数据和分类数据一样，条形图一直以来都是观察数据最直观的方式，只是坐标轴上不再用分类，而是用时间序列数据。条形图通常对于离散的时间点很有用。

　　条形图看起来像是一个连续的整体，然而不容易区分变化，当用连续的线时，会更容易看到坡度。折线图以相同的标尺显示了与条形图一样的数据，但通过方向这一视觉通道直接显现出了变化，使变化趋势更加明显。

　　同样，也可以用散点图。散点图的数据、坐标轴和条形图一样，但视觉通道不同。散点图的重点在每个数值上，趋势不是那么明显。如果数据量不大，可以用线连接起来以显示趋势。

　　径向分布图与折线图类似，按时间规律围绕成一圈。

　　除了以上常用可视化方法外，还有星状图、日历视图、邮票图表法描述在时间上的规律性变化。

## 4.4.1　星状图

　　日常生活中很多事情都是在规律性地重复着。学生们有暑假，人们也常在夏天度假；午餐时间通常很集中，因此街角那些卖肉夹馍的摊位一到中午就经常会排起长队。

　　来自机场的航班数据也显示了类似的循环现象，通常星期六的航班最少，星期五的航班最多，切换到极坐标轴，显示为如图 4-10 所示的星状图（也称雷达图、径向分布图或蛛网图）。从顶部的数据开始，沿顺时针方向看，一个点越接近中心，其数值就越低；离中心越远，数值则越大。

　　因为数据在重复，所以比较每周同一天的数据就有了意义。例如，比较每一个星期一的情况。要弄清那些异常值的日期，最直接的方法就是回到数据中一天天地查看最小值。

　　总体来说，要寻找随时间推移发生的变化，更具体地说是要注意变化的本质。变化很大

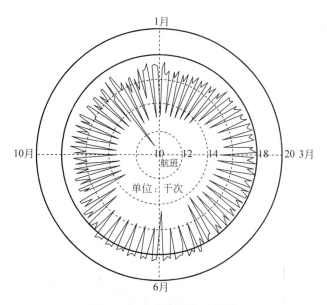

图 4-10 时序数据的星状图

还是很小? 如果很小, 那这些变化还重要吗? 想想产生变化的可能原因, 即使是突发的短暂波动, 也要看看是否有意义。变化本身是有趣的, 但更重要的是, 要知道变化有什么意义。

## 4.4.2 日历视图

人类社会中时间分为年、月、周、日、小时等多个等级。因此, 采用日历表达时间属性, 和识别时间的习惯符合。图 4-11 是一种常用的日历视图, 展示了 2006—2009 年美国道琼斯股票指数变化, 深浅表示涨跌幅度, 可视化结果清晰展现了 2008 年 10 月金融危机爆发前后美国股市的激烈状况。

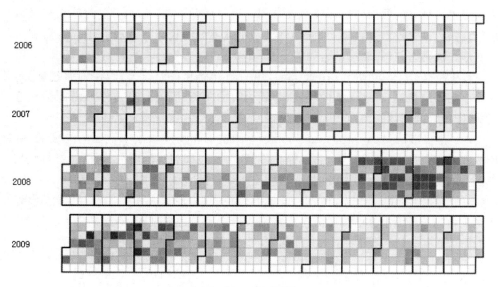

图 4-11 日历视图

### 4.4.3 邮票图表法

当数据空间本身是二维或三维时,直接将时间映射到显示空间会造成数据在视觉空间中的重叠。一种简单的方法可以解决这个问题,即邮票图表法。邮票图表法指基于某种可视化方法将时间序列数据按时间点生成一系列图表,并在一个视图空间内有序地平铺展示。

邮票图表法避免采用动画形式,是高维数据可视化的标准模式之一。邮票图表法既可表示时间序列的全局概貌,又能以缩略图的形式呈现每个图表的细节,由于方法直观、明了,表达数据完全,读者只需要熟悉一个小图数据显示方法,便可以类推到其他小图上。该方法的缺点是缺乏时间上的连续性,难以表达时间上的高密度数据。

## 4.5 地理空间数据可视化方法

人类长期以来通过对地球和周遭自然环境进行观测来研究和了解自己生存的自然空间,科学家们也通过建立数学模型来模拟环境的变化。这些观测和模拟得到的数据通常包含了地理空间中的位置信息,因此自然需要用到地理信息可视化来呈现数据,最常见的是气象数据、GPS 导航、车辆行驶轨迹等。

地图是地理空间信息的载体,可以承载各种类型的复杂信息。大部分地理数据的空间区域属性可以在地球表面(二维曲面)中表示和呈现。将地理信息数据投影到地球表面(二维曲面)的方法称为地图投影。

### 4.5.1 地图投影

地图投影是地理空间数据可视化基础,它将地球球面映射到平面上,将地球表面上的一个点与平面(即地图平面)的某个点建立对应关系,即建立之间的数学转换公式。地图投影作为一个不可展平的曲面即地球表面投影到一个平面的方法,保证了空间信息在区域上的联系与完整。这个投影过程将产生投影变形,而且不同的投影方法具有不同性质和大小的投影变形。通常有三种投影方法,如图 4-12 所示。

(1)圆柱投影(cylindrical projection),用一圆柱筒套在地球上,圆柱轴通过球心,并与地球表面相切或相割,将地面上的经线、纬线均匀的投影到圆柱筒上,然后沿着圆柱母线切开展平,即成为圆柱投影图网,如图 4-12(a)所示。

(2)圆锥投影(conical projection),用一个圆锥面相切或相割于地面的纬度圈,圆锥轴与地轴重合,然后以球心为视点,将地面上的经、纬线投影到圆锥面上,再沿圆锥母线切开展成平面。地图上纬线为同心圆弧,经线为相交于地极的直线,如图 4-12(b)所示。

(3)平面投影(plane projection),又称方位投影,将地球表面上的经、纬线投影到与球面相切或相割的平面上去的投影方法。平面投影大都是透视投影,即以某一点为视点,将球面上的图像直接投影到投影面上去,如图 4-12(c)所示。

### 4.5.2 墨卡托投影

墨卡托投影是最常用的圆柱投影之一,并且通常以赤道为切线,经线以几何方式投影到

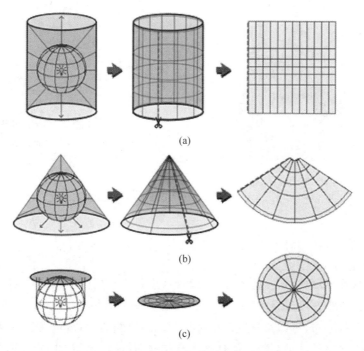

(a)

(b)

(c)

图 4-12　三种投影方法

圆柱面上,而纬线以数学方式进行投影。这种投影方式产生成 90°的经纬网格。将圆柱沿任意一条经线"剪开"可以获得最终的圆柱投影。经线等间距排列,而纬线间的间距越靠近极点越大。此投影是等角投影,并沿直线显示真实的方向。

### 4.5.3　摩尔威德投影

　　摩尔威德投影是经线投影成为椭圆曲线的一种等面积伪圆柱投影。这一投影是德国数学家摩尔威德(K. B. Mollweide,1774—1825)于 1805 年创拟的。该投影用椭圆表示地球,所有和赤道平行的纬线都被投影成平行的直线,所有的经线被平均投影为椭球上的曲线。

　　该投影常用于绘制世界地图。近年来国外许多地图书刊,特别是通俗读物,很多用此投影制作世界地图。这主要是由于该投影具有椭球形感、等面积性质和纬线为平行于赤道的直线等特点,因此适宜于表示具有纬度地带性的各种自然地理现象的世界分布图。

### 4.5.4　地理空间可视化方法

　　地理空间可视化中常用视觉通道有大小(图形标记的大小、宽度),形状(图形标记的形状),亮度,颜色,方向(某个区域中图形标记的朝向),高度(在三维透视空间中投影的点、线和区域的高度),布局(点的排列、图形标记的分布)。图 4-13 和图 4-14 可视化地绘制一个城市的人口密度。图 4-13 采用颜色表示人口密度,图 4-14 采用圆形标记的尺寸大小表示人口密度。

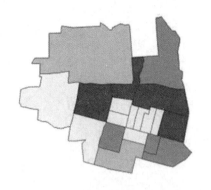

图 4-13　采用颜色可视化方法

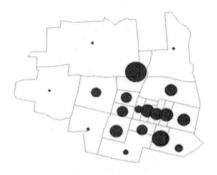

图 4-14　采用圆形标记尺寸大小的可视化方法

### 4.5.5　统计地图

统计地图是统计图的一种,是以地图为底本,用各种几何图形、实物形象或不同线纹、颜色等表明指标的大小及其分布状况的图形。它是统计图形与地图的结合,可以突出说明某些现象在地域上的分布,可以对某些现象进行不同地区间的比较,可以表明现象所处的地理位置及与其他自然条件的关系等。统计地图有点地图、面积地图、线纹地图、颜色地图、象形地图等,具体可分为如下四种。

(1) 线纹或颜色地图:即用不同线纹或颜色在地图上绘制,明显地表明被研究现象的相对指标或平均指标在各地区的分布情况。

(2) 点或面积地图:即用点、方点或圆点在地图上绘制,适用于显示各地区人口密度。

(3) 象形地图:即以大小不同的象形按地区绘制,是地图与象形图的结合,用以表明统计指标数量的大小。

(4) 标针地图:即用细针或小标旗插于地图上的多少,表示各地区内某统计指标数量的大小或变化的情况,特点在于标针可以随形势的变化而转移。

## 4.6　文本与文档可视化方法

文字是传递信息最常用的载体。在当前这个信息爆炸的时代,人们接收信息的速度已经小于信息产生的速度,尤其是文本信息。当大段大段的文字摆在面前,已经很少有人耐心地认真把它读完,经常是先找文中的图片来看。这一方面说明人们对图形的接受程度比枯燥的文字要高很多,另一方面说明人们急需一种更高效的信息接收方式,文本可视化正是解药良方。

文本可视化技术综合了文本分析、数据挖掘、数据可视化、计算机图形学、人机交互、认知科学等学科的理论和方法,是人们理解复杂的文本内容、结构和内在的规律等信息的有效手段。

### 4.6.1 文本可视化的基本流程

文本可视化的基本流程包括三个步骤,即文本分析、可视化呈现、用户认知,如图 4-15 所示。

**1. 文本分析**

文本可视化依赖于自然语言处理,因此词袋模型、命名实体识别、关键词抽取、主题分析、情感分析等是较常用的文本分析技术。

文本分析的过程主要包括:

(1)特征提取,通过分词、抽取、归一化等操作提取出文本词汇及的内容;

(2)利用特征构建向量空间模型(Vector Space Model,VSM)并进行降维,以便将其呈现在低维空间,或者利用主题模型处理特征;

(3)最终以灵活有效的形式表示这些过程处理过的数据,以便进行可视化呈现和用户认知。

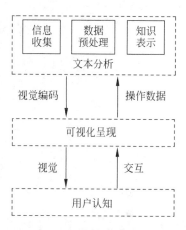

图 4-15 文本可视化的基本流程

**2. 可视化呈现**

文本内容的视觉编码主要涉及尺寸、颜色、形状、方位、文理等;文本间关系的视觉编码主要涉及网络图、维恩图、树状图等。

文本可视化的一个重要任务选择合适的视觉编码呈现文本信息的各种特征,例如词频通常由字体的大小表示,不同的命名实体类别用颜色加以区分。

**3. 用户认知**

用户认知便于用户能够通过可视化有效地发现文本信息的特征和规律,通常会根据使用的场景为系统设置一定程度的交互功能。交互方式类型有高亮(highlighting)、缩放(zooming)、动态转换(animated transitions)、关联更新(brushing and linking)、焦点加上下文(focus+context)等。

## 4.6.2 文本可视化典型案例——词云

如何快速获取文本内容的重点、快速理解文本的大体内容?一种方法就是采用词云实现。词云又叫文字云,是对文本数据中出现频率较高的关键词在视觉上的突出呈现,形成类似云一样的彩色图片,从而一眼就可以领略文本数据的主要表达意思。词云将关键词按照一定的顺序和规律排列,如频度递减、字母顺序等,并以文字的大小代表词语的重要性。越重要的关键词字体越大,颜色越显著。词云广泛用于与报纸、杂志等传统媒体和互联网,甚至 T 恤等实物中。

图 4-16 的方法是基于词频的可视化。将文本看成词汇的集合(词袋模型),用词频(TF-IDF)表现文本特征。关键词简单地按行进行排列,关键词出现的先后顺序与该词在原始文本中出现的顺序有关。词语布局遵循严格的条件,文字间的空隙得以充分利用。

图 4-16　词云

# 4.7　层次数据可视化方法

层次数据表达事物之间的从属和包含关系,这种关系可以是事物本身固有的整体与局部的关系,也可以是人们在认识世界时赋予的类别与子类别的关系或逻辑上的承接关系。典型的层次数据有企业的组织架构、生物物种遗传和变异关系、决策的逻辑层次关系等。

按数据的理解方式的不同,数据层次的构建分自上而下和自下而上两种。以中国的行政划分为例,自上而下的方法是细分的过程:一个国家可分为若干个省(直辖市、特别行政区),省(直辖市、特别行政区)又可以细分为市(区);市(区)还可以再细分到县、镇、乡、村。自下而上的方法是合并的过程:同乡的村合并到乡;乡合并到镇;再到县、市(区)、省(直辖市、特别行政区),最后合并为一个国家。在层次数据可视化中,这两种布局顺序分别称为细分法和聚类法。

层次数据可视化方法的核心是如何表达层次关系的树状结构、如何表达树状结构中的父结点和子结点以及如何表现父子结点、具有相同父结点的兄弟结点之间的关系等。按布局策略,主流的层次数据可视化方法可分为结点链接法、空间填充法两种。

**1. 结点链接法**

结点链接(node-link)是树状结构的直观表达。用结点表达数据个体,父结点和子结点之间用链接(边)表达层次关系。结点链接法包活正交布局、径向布局以及在三维空间中布局等方法。由于结点链接法能够直观地展现数据的层次结构,因此又被称为结构清晰型表达。当树的结点分布不均或树的广度、深度相差较大时,部分结点占位稀疏而另一部分结点密集分布,可能造成空间浪费和视觉混淆。下面主要介绍正交布局和径向布局。

1) 正交布局

在正交布局(网格型布局)中,结点沿水平或竖直方向排列,所有子结点在父结点的同一侧分布,因此父结点和子结点之间的位置关系和坐标轴一致,这种规则的布局方式非常符合人眼阅读的识别习惯。图 4-17 采用正交布局树状结构显示中国部分城市和地区。

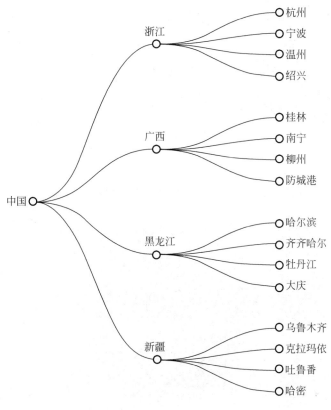

图 4-17　正交布局结点链接

2) 径向布局

为了提高空间利用率,径向布局将根结点置于整个界面的中心,不同层次的结点放在半径不同的同心圆上。结点的半径随着层次深度增加,半径越大则周长越长,结点的布局空间越大,正好可提供越来越多的子结点的绘制空间。图 4-17 和图 4-18 分别是采用正交布局和径向布局的可视化效果,可以看出正交布局的子结点布局比较拥挤,而径向布局的子结点能获得更大的布局空间。

**2. 空间填充法**

空间填充法(space-filling)采用嵌套(nested)的方式表达树状结构,代表性方法有圆填充、矩形树图、Voronoi 树图等。空间填充法能有效利用屏幕空间,因此也称为空间高效型方法。在数据层次信息表达上,空间填充法不如结点链接法结构清晰,处理层次复杂的数据时不易表现非兄弟结点之间的层次关系。

(1) 圆填充图(circle packing)是一种"大圆包小圆"的布局(见图 4-19),所有子结点在父结点的圆内用圆填充,子圆之间互不遮挡。由于圆与圆之间必然存在空隙,圆填充法的有效空间利用率低于下面介绍的矩形填充法,即矩形树图。"填充密度"指被圆覆盖的区域占所有布局空间的比例,填充密度越高布局越紧凑。

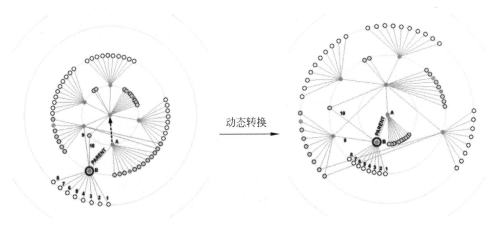

图 4-18　径向布局结点链接

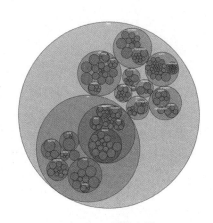

图 4-19　圆填充图

（2）矩形树图（treemap）是一种有效地实现层次结构可视化的图表结构，简称树图。在矩形树图中，各个小矩形的面积表示每个子结点的大小，矩形面积越大，表示子结点在父结点中的占比越大，整个矩形的面积之和表示整个父结点。它直观地以面积表示数值，以颜色表示类目。通过矩形树图及其占比情况，我们可以很清晰地知道数据的全局层级结构和每个层级的详情。

矩形树图有哪些实际的应用场景呢？矩形树图的特点是可以清晰地显示树状层次结构，在展示横跨多个粒度的数据信息时非常方便，从图表中可以直观地看到每一层的每一项占父类别和整体类别的比例。

例如统计全国每个省份每个城市每个县区的人口占比分布、分析超市不同类目各个商品的销售情况，分析公司不同时间段（年-季-月-周-日）的销售业务分布等，无论是不同时间、不同地域还是不同类别的分析，只要涉及多层级分析，矩形树图都是非常适用的。

矩形树图是按照灰度（颜色）来区分不同的大类。在图 4-20 中，不同灰度（或用颜色）分别代表华东、中南、东北、华北、西南、西北地区；在各个地区中，华东地区的商品销售数量是最高的，其次是中南地区；而在最高的华东地区中，办公用品的销售数量是最高的，其次是家具，最后是技术。

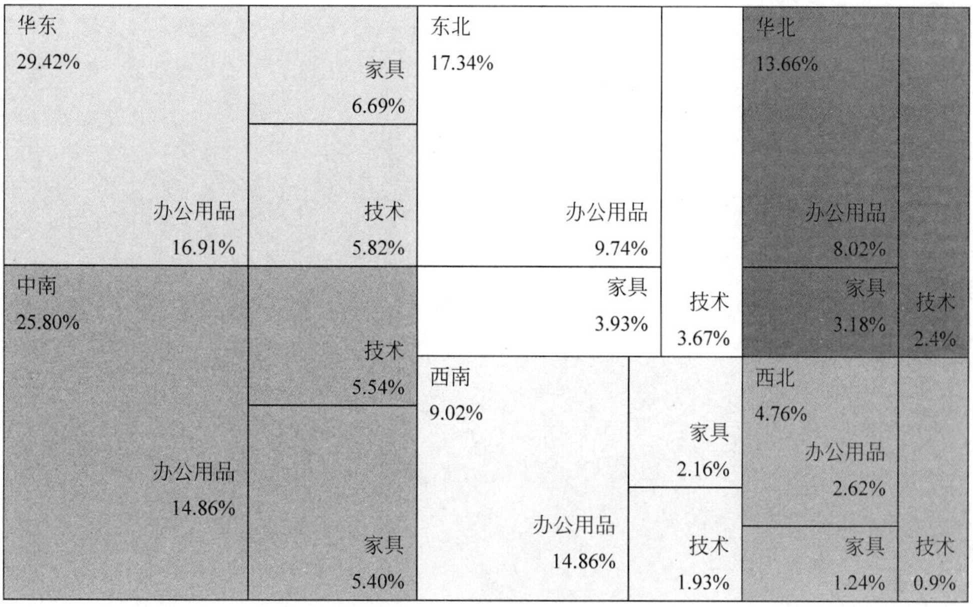

| 华东 29.42% | | 东北 17.34% | | 华北 13.66% | |
|---|---|---|---|---|---|
| | 家具 6.69% | | | | |
| 办公用品 16.91% | 技术 5.82% | 办公用品 9.74% | | 办公用品 8.02% | |
| 中南 25.80% | 技术 5.54% | 家具 3.93% | 技术 3.67% | 家具 3.18% | 技术 2.4% |
| 办公用品 14.86% | 西南 9.02% | | | 西北 4.76% 办公用品 2.62% | |
| | 家具 5.40% | 办公用品 14.86% | 家具 2.16% 技术 1.93% | 家具 1.24% | 技术 0.9% |

图 4-20　矩形树图

# 应用篇

下面介绍实现数据可视化的几个工具选择（工具＋编程语言）。

**1. Excel**

Excel 是最容易上手的图表工具，善于处理快速少量的数据。结合数据透视表、VBA 语言，可制作高大上的可视化分析和仪表板。

用 Excel 制作单表或单图，能快速地展现结果。但是对越是复杂的报表，Excel 无论在模板制作还是数据计算性能上都稍显不足，任何大型的企业也不会用 Excel 作为数据分析的主要工具。

**2. D3.js**

D3.js（简称 D3）是最流行的可视化库之一，它被很多其他的表格插件所使用。它允许绑定任意数据到文档对象模型（DOM），然后将数据驱动转换应用到文档中。它能够帮助用户以 HTML 或 SVG 的形式快速可视化展示，进行交互处理，使合并平稳过渡，在 Web 页面演示动画。它既可以作为一个可视化框架（如 Protovis），也可以作为一个构建页面的框架（如 jQuery）。

**3. Google Charts**

Google Charts 提供了一种非常完美的方式来可视化数据，提供了大量现成的图表类型，从简单的线图表到复杂的分层树地图等。它还内置了动画和用户交互控制。

**4. Gephi**

Gephi 是一款开源免费跨平台基于 JVM 的复杂网络分析软件，其主要用于各种网络和复杂系统、动态和分层图的交互可视化与探测开源工具，可用作探索性数据分析、链接分析、社交网络分析、生物网络分析等。Gephi 是一款信息数据可视化利器。

**5. HighChart.js**

HighChart.js 是由纯 JavaScript 实现的图标库，能够很简单、便捷地在 Web 网站或是 Web 应用程序上创建交互式图表。HighChart.js 支持多种图表类型，如直线图、曲线图、区域图、区域曲线图、柱状图、饼装图、散布图等；兼容当今所有的浏览器，包括 iPhone、IE 和火狐等。

**6. ECharts**

ECharts 是指 Enterprise Charts（商业产品图表库），提供直观、生动、可交互的商业产品常用图表。它是基于 Canvas 的纯 JavaScript 的图表库，可构建出折线图（区域图）、柱状图（条状图）、散点图（气泡图）、K 线图、饼状图（环形图）、地图、力导向图，同时支持任意维度的堆积和多图表混合展现。

### 7. Python 语言

Python 语言最大的优点在于善于处理大批量的数据,性能良好,不会造成宕机,尤其适合繁杂的计算和分析工作。而且,Python 的语法干净易读,可以利用很多模块创建数据图形,比较受 IT 人员的欢迎。

### 8. R 语言

R 语言是绝大多数统计学家最中意的分析软件,开源免费,图形功能很强大。R 语言是专为数据分析而设计的,面向的也是统计学家、数据科学家。

R 语言的使用流程很简单,只需把数据载入到 R 语言里面,写一两行代码就可以创建出数据图形,如热度图,当然还有很多传统的统计图表。

本书后面篇幅主要介绍其中最流行 D3.js 和 Python 语言的数据可视化开发实践。

# 第 5 章

## 可视化工具D3基础

本章介绍 D3 安装和引用,并重点讲解 D3 需要的几个预备知识——脚本语言 JavaScript、(SVG)可缩放矢量图形、文档对象模型(DOM)、Canvas 绘制。

## 5.1 D3 简介和使用

### 5.1.1 D3 简介

D3 的全称是 Data-Driven Documents,顾名思义,可以知道它是一个被数据驱动的文档。从名称看有点抽象,但或许读者见过另一个词——事件驱动(Event-Driven)。事件驱动是指一种由用户的动作(如鼠标或键盘)来决定程序流程的程序设计模型。如果理解了事件驱动,就可以将 Data-Driven 理解为:由数据来决定绘图流程的程序设计模型。说简单一点,D3 其实就是一个 JavaScript 的函数库,使用它主要是用来做数据可视化的。JavaScript 文件的扩展名通常为.js,故 D3 也常称为 D3.js。

D3 提供了各种简单易用的函数,大大简化了 JavaScript 操作数据的难度。由于它本质上是 JavaScript,所以用 JavaScript 也可以实现所有功能,但 D3 能大大减小工作量,尤其是在数据可视化方面,D3 已经将生成可视化的复杂步骤精简到了几个简单的函数,用户只需要输入几个简单的数据,就能够转换为各种绚丽的图形。有过 JavaScript 基础的读者一定很容易理解它。

D3 是一个开源项目,作者是纽约时报的工程师。D3 项目的代码托管于 GitHub(一个开发管理平台,目前已经是全世界最流行的代码托管平台,云集了来自世界各地的优秀工程师)。

D3 现在常用的版本有两个:3.X 和 4.X。

4．X是新出的，网络上的例子和教程不多。3．X经过长期使用，网络上备查的资料很丰富。注意两个版本的代码不兼容，但根据某些规则，3．X的代码可以修改为4．X的代码。熟悉3．X的开发者上手4．X也没有难度。请读者根据自己的需要下载使用。

## 5.1.2　安装引用D3

D3是一个JavaScript函数库，并不需要通常所说的"安装"。它只有一个文件，在HTML中引用即可。

引用D3有如下两种方法。

（1）下载D3.js的文件d3.zip。

D3的官方网站是http://d3js.org/。找到下载缩包d3.zip，解压缩后在HTML文件中包含相关的.js文件即可。其中：

- d3.js：未压缩的文件，调试时用。
- d3.min.js：压缩后的文件，去掉了空格，体积较小，发布时使用。

（2）还可以直接包含网络的链接。这种方法较简单。

① 3．X版的链接为< script src＝"http://d3js.org/d3.v3.min.js" charset＝"utf-8"></script>。

② 4．X版的链接为< script src＝"http://d3js.org/d3.v4.min.js" charset＝"utf-8"></script>。

但使用的时候要保持网络链接有效，不能再断网的情况下使用。

开发D3程序时，使用制作网页常用的工具即可。例如，记事本软件Notepad＋＋、Editplus、Sublime Text等，选择自己喜欢的即可。

浏览器使用IE9以上、Firefox、Chrome等，推荐用Chrome。

## 5.1.3　D3需要的预备知识

使用D3进行数据可视化设计，需要具备以下预备知识。

- HTML：超文本标记语言，用于设定网页的内容。
- CSS：层叠样式表，用于设定网页的样式。
- JavaScript：一种直译式脚本语言，用于设定网页的行为。
- DOM：文档对象模型，用于修改文档的内容和结构。
- SVG：可缩放矢量图形，用于绘制可视化的图形。
- Canvas：HTML5用于绘制标量图（或位图）。

但是，读者不需要很精通这些技术，了解它们是什么，能写两个简单的例子即可。本章为初步入门的读者准备了必要的知识。

## 5.1.4　HTML

HTML是HyperText Markup Language（即超文本标记语言）的缩写，它是通过嵌入标记（标签）来表明文本格式的国际标准。用它编写的文件扩展名是.html或.htm，这种网页文件的内容通常是静态的。

**1. HTML 页面构成**

一个标准的 HTML 页面是由两个部分构成的：< Head ></Head >构成头部,< body >
</body >构成身体部分。

在 HTML 文档中,第一个标记是< html >,这个标记告诉浏览器这是 HTML 文档的开始。</html >标记告诉浏览器这是 HTML 文档的终止。< Head ></Head >标记之间是文本的头信息,在浏览器窗口中,头信息是不被显示的。在< title ></title >标记之间的文本是文档标题,它被显示在浏览器窗口的标题栏。

**注意**：目前 HTML 的标记(tag)不区分大小写,即< title >和< TITLE >或者< TiTlE >是一样的。但最好是用小写标记(tag),因为 W3C 在 HTML 中推荐使用小写。

**2. HTML 元素**

HTML 元素指的是从开始标记(start tag)到结束标记(end tag)的所有代码。如：

```
<p>This is my firstparagraph.</p>
```

这个元素定义了 HTML 文档中的一个段落。这个元素拥有一个开始标记< p >,以及一个结束标记</p >。

元素内容是：

```
This is my firstparagraph
```

**3. HTML 标记**

HTML 文档和 HTML 元素是通过 HTML 标记进行标记的,HTML 标记由开始标记和结束标记组成。开始标记是被括号包围的元素名,结束标记是被括号包围的斜杠和元素名,某些 HTML 元素没有结束标记,如< br/>。

常用的 HTML 标记如下。

标题(heading)是通过< h1 >,< h2 >,…,< h6 >等标记进行定义的。

< h1 >定义最大的标题。< h6 >定义最小的标题。

HTML 段落是通过< p >标记进行定义的。

HTML 链接是通过< a >标记进行定义的。

HTML 图像是通过< img >标记进行定义的。

**4. HTML 属性**

HTML 标记可以拥有属性。属性提供了有关 HTML 元素的更多的信息。属性总是以名称/值对的形式出现,如 background＝"flower. gif"。属性总是在 HTML 元素的开始标记中规定。

例如,设置二级标题的居中效果：

```
<h2 align = "center">Chapter 2 </h2>
```

下面是一个使用基本结构标记文档的 HTML 文档实例 first. html。

```
< html >
  < head >
    < title > HTML 文件标题 </title>
  </head>
  < body background = "flower.gif">
      <! --  HTML 文件内容 -->
      < p > this is a paragraph </p>
      < b > This text is bold </b>
  </body>
</html>
```

这个文件的第一个标记(tag)是< html >,这个标记告诉浏览器这是 HTML 文件的头。文件的最后一个标记是</html>,表示 HTML 文件到此结束。

在< head >和</head>之间的内容,是头信息。头信息是不显示出来的,在浏览器里看不到。但是这并不表示这些信息没有用处。如可以在头信息里加上一些关键词,有助于搜索引擎能够搜索到相应网页。

在< title >和</title>之间的内容是这个文件的标题。可以在浏览器最顶端的标题栏看到这个标题。

在< body >和</body>之间的信息是正文。

<!--和-->是 HTML 文档中的注释符,它们之间的代码不会被解析。

在< b >和</b>之间的文字,用粗体表示。< b >顾名思义,就是 bold 的意思。

HTML 文件看上去和一般文本类似,但是它比一般文本多了标记(tag),如< html >、< b >等,通过这些标记(tag),告诉浏览器如何显示这个文件。

实际上<标记名>数据</标记名>就是 HTML 元素。大多数元素都可以嵌套,例如:

```
< body >
    < p > this is a paragraph </p>
</body>
```

其中,< body >元素的内容是另一个 HTML 元素。HTML 文件是由嵌套的 HTML 元素组成的。

## 5.2　JavaScript 编程基础

JavaScript 简称 JS,是一种可以嵌入到 HTML 页面中的脚本语言,HTML5 提供的很多 API 都可以在 JavaScript 程序中调用,因此学习 JavaScript 编程是阅读本书后面内容的基础。

### 5.2.1　在 HTML 中使用 JavaScript 语言

在 HTML 文件中使用 JavaScript 脚本时,JavaScript 代码需要出现在< Script Language ＝"JavaScript">和</Script >之间。

【例 5-1】 一个简单的在 HTML 文件中使用 JavaScript 脚本实例。

```
< HTML >
< HEAD >
< TITLE >简单的 JavaScript 代码</TITLE >
< Script Language = "JavaScript">
 //下面是 JavaScript 代码
   document.write("这是一个简单的 JavaScript 程序!");
   document.close();
</Script >
</HEAD >
< BODY >
     简单的 JavaScript 脚本
</BODY >
</HTML >
```

在 JavaScript 中,使用//作为注释符。浏览器在解释程序时,将不考虑一行程序中//后面的代码。

另外一种插入 JavaScript 程序的方法是把 JavaScript 代码写到一个 .js 文件当中,然后在 HTML 文件中引用该 .js 文件,方法如下:

```
< script src = " ∗∗∗ .js 文件"></script >
```

使用引用 .js 文件的方法实现例 5-1 的功能。创建 output.js,内容如下:

```
document.write("这是一个简单的 JavaScript 程序!");
document.close();
```

HTML 文件的代码如下:

```
< HTML >
< HEAD >< TITLE >简单的 JavaScript 代码</TITLE ></HEAD >
< BODY >
< Script src = "output.js"></Script >
</BODY >
</HTML >
```

JavaScript 是一种解释性编程语言,其源代码在发往客户端执行之前不需经过编译,而是将文本格式的字符代码发送给客户端由浏览器解释执行。注意与 Java 的区别,Java 的源代码在传递到客户端执行之前,必须经过编译,因而客户端上必须具有相应平台上的解释器,它可以通过解释器实现独立于某个特定的平台编译代码的束缚。

## 5.2.2 JavaScript 的数据类型

JavaScript 包含下面 5 种原始数据类型。

### 1. undefined

undefined 型即为未定义类型,用于不存在或者没有被赋初始值的变量或对象的属性。

如下列语句定义变量 name 为 undefined 型：

```
var name;
```

定义 undefined 型变量后，可在后续的脚本代码中对其进行赋值操作，从而自动获得由其值决定的数据类型。

**2. null**

null 型数据表示空值，作用是表明数据空缺的值，一般在设定已存在的变量（或对象的属性）为空时较为常用。区分 undefined 型和 null 型数据比较麻烦，一般将 undefined 型和 null 型等同对待。

**3. Boolean**

Boolean 型数据表示的是布尔型数据，取值为 true 或 false，分别表示逻辑真和假，且任何时刻都只能使用两种状态中的一种，不能同时出现。例如下列语句分别定义 Boolean 变量 bChooseA 和 bChooseB，并分别赋予初值 true 和 false：

```
var bChooseA = true;
var bChooseB = false;
```

**4. String**

String 型数据表示字符型数据。JavaScript 不区分单个字符和字符串，任何字符或字符串都可以用双引号或单引号引起来。例如下列语句中定义的 String 型变量 nameA 和 nameB 包含相同的内容：

```
var nameA = "Tom";
var nameB = 'Tom';
```

如果字符串本身含有双引号，则应使用单引号将字符串引起来；若字符串本身含有单引号，则应使用双引号将字符串引起来。一般来说，在编写脚本过程中，双引号或单引号的选择在整个 JavaScript 脚本代码中应尽量保持一致，以养成好的编程习惯。

**5. Number**

Number 型数据即为数值型数据，包括整数型和浮点型。整数型数制可以使用十进制、八进制以及十六进制标识；而浮点型为包含小数点的实数，且可用科学计数法来表示。例如：

```
var myDataA = 8;
var myDataB = 6.3;
```

上述代码分别定义值为整数 8 的 Number 型变量 myDataA 和值为浮点数 6.3 的 Number 型变量 myDataB。

JavaScript 脚本语言除了支持上述基本数据类型外，也支持组合类型，如数组和对象等。

在 JavaScript 中,可以使用 var 关键字声明变量,声明变量时不要求指明变量的数据类型。例如:

```
var x;
```

也可以在声明变量时为其赋值,例如:

```
var x = 1;
```

或者不声明变量,而通过使用变量来确定其类型,例如:

```
x = 1;
str = "This is a string";
exist = false;
```

JavaScript 变量名需要遵守下面的规则。

(1) 第一个字符必须是字母、下画线(_)或美元符号($)。

(2) 其他字符可以是下画线、美元符号或任何字母或数字字符。

(3) 变量名称对大小写敏感(也就是说 x 和 X 是不同的变量)。

**提示**:JavaScript 变量在使用前可以不须做声明,采用弱类型变量检查,解释器在运行时检查其数据类型。而 Java 与 C 语言一样,采用强类型变量检查,所有变量在编译之前必须声明,而且不能使用没有赋值的变量。

变量声明时不需显式指定其数据类型既是 JavaScript 脚本语言的优点,也是其缺点,优点是编写脚本代码时不需要指明数据类型,使变量声明过程简单明了;缺点是有可能造成因拼写不当而引起致命的错误。

JavaScript 支持两种类型的注释字符。

(1) //。

//是单行注释符,这种注释符可与要执行的代码处在同一行,也可另起一行。从//开始到行尾均表示注释。

(2) /* … */。

/* … */是多行注释符,…表示注释的内容。这种注释字符可与要执行的代码处在同一行,也可另起一行,甚至用在可执行代码内。对于多行注释,必须使用开始注释符(/*)开始注释,使用结束注释符(*/)结束注释。注释行上不应出现其他注释字符。

## 5.2.3  JavaScript 运算符和表达式

编写 JavaScript 脚本代码过程中,对数据进行运算操作需要用到运算符。表达式则由常量、变量和运算符等组成。

**1. 算术运算符**

算术运算符可以实现数学运行,包括加(+)、减(−)、乘(*)、除(/)和求余(%)等。具体使用方法如下:

```
var a,b,c;
a = b + c;
a = b - c;
a = b * c;
a = b / c;
a = b % c;
```

**2. 赋值运算符**

JavaScript 脚本语言的赋值运算符包含"="" += "" -= "" * = "" / = "" % = "" & = ""^ = "等。

例如：

```
var iNum = 10;
iNum * = 2;
document.write(iNum);          //输出 "20"
```

**3. 关系运算符**

JavaScript 脚本语言中用于比较两个数据的运算符称为比较运算符,包括"=="" != ""＞""＜""<=""＞="等。

**4. 逻辑运算符**

JavaScript 脚本语言的逻辑运算符包括"&&""||"和"!"等,用于两个逻辑型数据之间的操作,返回值的数据类型为布尔型。逻辑运算符的功能如表 5-1 所示。

表 5-1　逻辑运算符的功能

| 逻辑运算符 | 具 体 描 述 |
|---|---|
| && | 逻辑与运算符。例如 a && b,当 a 和 b 都为 true 时等于 true；否则等于 false |
| \|\| | 逻辑或运算符。例如 a \|\| b,当 a 和 b 至少有一个为 true 时等于 true；否则等于 false |
| ! | 逻辑非运算符。例如! a,当 a 等于 true 时,表达式等于 false；否则等于 true |

逻辑运算符一般与比较运算符捆绑使用,用以引入多个控制的条件,以控制 JavaScript 脚本代码的流向。

**5. 位运算符**

位移运算符用于将目标数据(二进制形式)往指定方向移动指定的位数。JavaScript 脚本语言支持"<<"">>"和">>>"等位移运算符,具体如表 5-2 所示。

表 5-2　位运算符

| 位 运 算 符 | 具 体 描 述 | 举　　例 |
|---|---|---|
| ~ | 按位非运算 | ~(-3)结果是 2 |
| & | 按位与运算 | 4&7 结果是 4 |
| \| | 按位或运算 | 4\|7 结果是 7 |
| ^ | 按位异或运算 | 4^7 结果是 3 |
| << | 位左移运算 | 9<<2 结果是 36 |

| 位 运 算 符 | 具 体 描 述 | 举 例 |
|---|---|---|
| >> | 有符号位右移运算,将左边数据表示的二进制值向右移动,忽略被移出的位,左侧空位补符号位(负数补 1,正数补 0) | 9>>2 结果是 2 |
| >>> | 无符号位右移运算,将左边数据表示的二进制值向右移动,忽略被移出的位,左侧空位补 0 | 9>>>2 结果是 2 |

－3 的补码是 11111101,所以～(－3)按位非运算结果是 2。

4&7 结果是 4,因为 00000100 &00000111 的结果是 00000100,所以结果是 4。

9>>2 结果是 2,因为 00001001>>2 是右移 2 位,结果是 000010,所以结果是 2。

### 6. 条件运算符

在 JavaScript 脚本语言中,"?:"运算符用于创建条件分支。较 if…else 语句更加简便,其语法结构如下:

```
(condition)?statementA:statementB;
```

上述语句首先判断条件 condition,若结果为真则执行语句 statementA,否则执行语句 statementB。值得注意的是,由于 JavaScript 脚本解释器将分号";"作为语句的结束符,statementA 和 statementB 语句均必须为单个脚本代码,若使用多个语句则会报错。

考查如下简单的分支语句:

```
var age= prompt("请输入您的年龄(数值):",25);
var contentA = "\n 系统提示:\n 对不起,您未满 18 岁,不能浏览该网站! \n";
var contentB = "\n 系统提示:\n 单击''确定''按钮,注册网上商城开始欢乐之旅!"
(age<18)?alert(contentA):alert(contentB);
```

程序运行后,单击原始页面中"测试"按钮,弹出提示框提示用户输入年龄,并根据输入年龄值弹出不同提示。

效果等同于:

```
if(age<18)  alert(contentA);
else  alert(contentB);
```

### 7. 逗号运算符

使用逗号运算符可以在一条语句中执行多个运算,例如:

```
var iNum1 = 1, iNum = 2, iNum3 = 3;
```

### 8. typeof 运算符

typeof 运算符用于表明操作数的数据类型,返回数值类型为一个字符串。在 JavaScript 脚本语言中,其使用格式如下:

```
var myString = typeof(data);
```

【例 5-2】 演示使用 typeof 运算符返回变量类型的方法,代码如下:

```html
<html>
<body>
  <script type = "text/javascript">
   var temp;
   document.write(typeof temp); //输出 "undefined"
   document.write("<br>");
   temp = "test string";
   document.write(typeof temp); //输出 "String"
   temp = 100;
   document.write("<br>");
   document.write(typeof temp); //输出 " Number"
  </script>
</body>
</html>
```

可以看出,使用关键字 var 定义变量时,若不指定其初始值,则变量的数据类型默认为 undefined。同时,若在程序执行过程中,变量被赋予其他隐性包含特定数据类型的数值时,其数据类型也随之发生更改。

### 9. 其他几个特殊的运算符

还包含其他几个特殊的运算符,具体如表 5-3 所示。

表 5-3  位运算符

| 一元运算符 | 具 体 描 述 |
| --- | --- |
| delete | 删除对以前定义的对象属性或方法的引用。例如:<br><br>`var o = new Object;         //创建 Object 对象 o`<br>`delete o;                   //删除对象 o` |
| void | 出现在任何类型的操作数之前,作用是舍弃运算数的值,返回 undefined 作为表达式的值。例如:<br><br>`var x = 1, y = 2;`<br>`document.write(void(x + y));    //输出: undefined` |
| ++ | 增量运算符。++运算符对操作数加 1,如果是前增量运算符,则返回加 1 后的结果;如果是后增量运算符,则返回操作数的原值,再对操作数执行加 1 操作。例如:<br><br>`var iNum = 10;`<br>`document.write(iNum++);         //输出 "10"`<br>`document.write(++iNum);         //输出 "12"` |
| —— | 减量运算符。它与增量运算符的意义相反,可以出现在操作数的前面(此时叫作前减量运算符),也可以出现在操作数的后面(此时叫作后减量运算符)。——运算符对操作数减 1,如果是前减量运算符,则返回减 1 |

## 5.2.4　JavaScript 控制语句和函数

对于 JavaScript 程序中的执行语句,默认时是按照书写顺序依次执行的,这时称这样的语句是顺序结构的。但是,仅有顺序结构还是不够的,因为有时候需要根据特定的情况,有选择地执行某些语句,这时就需要一种选择结构的语句。另外,有时候还可以在给定条件下往复执行某些语句,这时称这些语句是循环结构语句。有了这三种基本的结构,就能够构建任意复杂的程序了。下面介绍选择结构语句和循环结构语句。

### 1. 选择结构语句

JavaScript 选择结构语句主要有 if 语句、if…else…语句、if…else if…else 语句和 switch 语句。

1) if 语句

JavaScript 的 if 语句的功能跟其他语言的非常相似,都是用来判定给出的条件是否满足,然后根据判断的结果(即真或假)决定是否执行给出的操作。if 语句是一种单选结构,它选择的是做与不做。它是由三部分组成:关键字 if 本身、测试条件真假的表达式(简称为条件表达式)和表达式结果为真(即表达式的值为非零)时要执行的代码。if 语句的语法形式如下所示:

```
if (表达式)
    语句体
```

if 语句的表达式用于判断条件,可以用>(大于)、<(小于)、==(等于)、>=(大于或等于)、<=(小于或等于)来表示其关系。

现在用一个示例程序来演示一下 if 语句的用法。

```
//比较 a 是否大于 0
if (a > 0)
    document.write("大于 0");
```

如果 a 大于 0 则显示出"大于 0"的文字提示,否则不显示。

2) if…else…语句

上面的 if 语句是一种单选结构,也就是说,如果条件为真(即表达式的值为真),那么执行指定的操作;否则就会跳过该操作。而 if…else…语句是一种双选结构,在两种备选动中选择哪一个的问题。if…else…语句由五部分组成:关键字 if、测试条件真假的表达式、表达式结果为真(即表达式的值为非零)时要执行的代码,以及关键字 else 和表达式结果为假(即表达式的值为假)时要执行的代码。if…else…语句的语法形式如下所示:

```
if (表达式)
    语句 1
else
    语句 2
```

if…else…语句的流程图如图 5-1 所示。

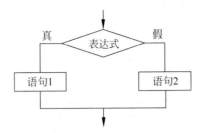

图 5-1　if…else…语句的流程图

对上面的示例程序进行修改,以演示 if…else…语句的使用方法。我们的程序很简单的,如果 a 这个数字大于 0,那么就输出"大于 0"一行信息;否则,输出另一行"小于或等于 0"信息,指出 a 小于或等于 0。代码如下所示:

```
if (a > 0)
    document.write("大于 0");
else
    document.write("小于或等于 0");
```

3) if…else if…else 语句

有时候,需要在多组动作中选择一组执行,这时就会用到多选结构,对于 JavaScript 语言来说就是 if…else if…else 语句。该语句可以利用一系列条件表达式进行检查,并在某个表达式为真的情况下执行相应的代码。需要注意的是,虽然 if…else if…else 语句的备选操作较多,但是有且只有一组操作被执行,该语句的语法形式如下所示:

```
if(表达式 1)
    语句 1;
else if(表达式 2)
    语句 2;
else if(表达式 3)
    语句 3;
…
else if(表达式 n)
    语句 n;
else
    语句 n+1;
```

注意,最后一个 else 子句没有进行条件判断,它实际上处理跟前面所有条件都不匹配的情况,所以 else 子句必须放在最后。if…else if…else 语句的流程图如图 5-2 所示。

下面继续对上面的示例程序进行修改,以演示 if…else if…else 语句的使用方法。具体的代码如下所示:

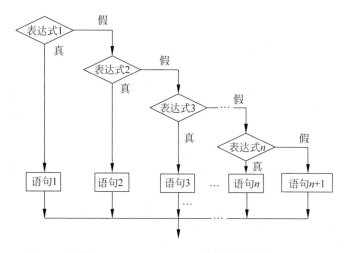

图 5-2 if···else if···else 语句的流程图

```
if (a > 0)
    document.write("大于 0");
else if (a == 0)
    document.write("等于 0");
else
    document.write("小于 0");
```

以上代码区分 a 大于 0、a 等于 0 和 a 小于 0 三种情况,分别输出不同信息。

【例 5-3】 下面是一个显示当前系统日期的 JavaScript 代码,其中使用到 if···else if··· else 语句。

```
< HTML >
< HEAD >< TITLE >简单的 JavaScript 代码</TITLE ></HEAD >
< BODY >
< Script Language = "JavaScript">
    d = new Date();
    document.write("今天是");
    if(d.getDay() == 1) {
        document.write("星期一");
    }
    else if(d.getDay() == 2) {
        document.write("星期二");
    }
    else if(d.getDay() == 3) {
        document.write("星期三");
    }
    else if(d.getDay() == 4) {
        document.write("星期四");
    }
    else if(d.getDay() == 5) {
        document.write("星期五");
    }
```

```
        else if(d.getDay() == 6) {
            document.write("星期六");
        }
        else {
            document.write("星期日");
        }
    </Script>
    </BODY >
    </HTML >
```

Date 对象用于处理时间和日期；getDay()是 Date 对象的方法，它返回表示星期几的数字，星期一则返回 1，星期二则返回 2，……。

**【例 5-4】** 输入学生的成绩 score，按分数输出其等级：score≥90 为优，80≤score＜90 为良，70≤score＜80 为中等，60≤score＜70 为及格，score＜60 为不及格。

```
< HTML >
< HEAD >< TITLE >简单的 JavaScript 代码</TITLE ></HEAD >
< BODY >
< Script Language = "JavaScript">
var MyScore = prompt("请输入成绩");
score = parseInt (MyScore) ;
if (score >= 90)
    document.write("优");
else if (score >= 80)
    document.write("良");
else if (score >= 70)
    document.write("中");
else if (score >= 60)
    document.write("及格");
else
    document.write ("不及格");
</Script >
</BODY >
</HTML >
```

**说明：** 三种选择语句中，条件表达式都是必不可少的组成部分。那么哪些表达式可以作为条件表达式呢？基本上，最常用的条件表达式是关系表达式和逻辑表达式。

4) switch 语句

如果有多个条件，可以使用嵌套的 if 语句来解决，但此种方法会增加程序的复杂度，并降低程序的可读性。使用 switch 语句可实现多选一程序结构，其基本结构如下：

```
switch(表达式) {
    case 值 1:
        语句块 1
        break;
    case 值 2:
        语句块 2
```

```
        break;
    …
case 值 n:
        语句块 n
        break;
default:
        语句块 n + 1
}
```

**说明：**

（1）当 switch 后面括号中表达式的值与某一个 case 分支中常量表达式匹配时，就执行该分支。如果所有的 case 分支中常量表达式都不能与 switch 后面括号中表达式的值匹配，则执行 default 分支。

（2）每一个 case 分支最后都有一个 break 语句，执行此语句会退出 switch 语句，不再执行后面语句。

（3）每个常量表达式的取值必须各不相同，否则将引起歧义。各 case 后面必须是常量，而不能是变量或表达式。

【例 5-5】 将例 5-3 使用 switch 语句实现。

```
< HTML >
< HEAD >< TITLE > switch 语句实现</TITLE ></HEAD >
< BODY >
< Script Language = "JavaScript">
    d = new Date();
    document.write("今天是");
        switch(d.getDay()) {
        case 1:
            document.write("星期一");
            break;
        case 2:
            document.write("星期二");
            break;
        case 3:
            document.write("星期三");
            break;
        case 4:
            document.write("星期四");
            break;
        case 5:
            document.write("星期五");
            break;
        case 6:
            document.write("星期六");
            break;
        default:
            document.write("星期日");
    }
```

```
</Script>
</BODY>
</HTML>
```

### 2. 循环结构语句

程序在一般情况下是按顺序执行的。编程语言提供了各种控制结构,允许更复杂的执行路径。循环语句允许执行一个语句或语句组多次。

1) while 语句

while 语句的语法格式为:

```
while (表达式)
{
    循环体语句
}
```

其作用是:当指定的条件表达式为真时,执行 while 语句中的循环体语句。其流程图如图 5-3 所示。其特点是先判断表达式,后执行语句。while 循环又称为当型循环。

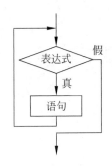

图 5-3   while 语句的流程图

【例 5-6】 用 while 语句来计算 $1+2+3+\cdots+98+99+100$ 的值。

```
<html>
<head>
<title>计算 1 + 2 + 3 + … + 98 + 99 + 100 的值</title>
</head>
<body>
<script language = "JavaScript" type = "text/javascript">
var total = 0;
var i = 1;
while(i < = 100){
    total += i;
    i++;
}
alert(total);
</script>
</body>
</html>
```

2）do…while 语句

do…while 语句的语法格式如下：

```
do
{
    循环体语句
} while (表达式);
```

do…while 语句的执行过程为：先执行一次循环体语句，然后判断表达式，当表达式的值为真时继续执行循环体语句，如此反复，直到表达式的值为假为止，此时循环结束。可以用图 5-4 表示其流程。

**说明**：在循环体相同的情况下，while 语句和 do…while 语句的功能基本相同。二者的区别在于，当循环条件一开始就为假时，do…while 语句中的循环体至少会被执行一次，而while 语句则一次都不执行。

【**例 5-7**】 用 do…while 循环来实现如图 5-5 所示的计算某个区间数字的和。单击"显示结果"按钮出现显示结果的警告框。

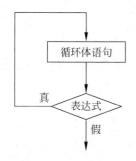

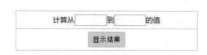

图 5-4　do…while 语句的流程图　　　　图 5-5　计算某个区间数字的和

代码如下：

```
<html>
<head>
<title>计算某个区间数字的和</title>
</head>
<body>
<table style = "width:350px;">
    <tbody>
        <tr>
            <td style = "text-align: center; ">
            计算从< input id = "demo1" size = "4" type = "text" />到
                < input id = "demo2" size = "4" type = "text" />的值
            </td>
        </tr>
        <tr>
            <td style = "text-align: center;">< input id = "calc" type = "button" value = "显
示结果"/></td>
```

```
        </tr>
      </tbody>
  </table>
  <script type="text/javascript">
  document.getElementById("calc").onclick = function(){
      var beginNum = parseInt(document.getElementById("demo1").value);
      var endNum = parseInt(document.getElementById("demo2").value);
      var total = 0;
      if( !isNaN(beginNum) && !isNaN(endNum) && (endNum > beginNum) ){
          for(var i = beginNum; i <= endNum; i++){
              total += i;
          }
          alert(total);
      }else{
          alert("你输入的数字没有意义!");
      }
  }
  </script>
  </body>
  </html>
```

3) for 语句

for 语句是循环结构语句,按照指定的循环次数,循环执行循环体内语句(或语句块),其基本结构如下:

```
for(表达式 1;表达式 2;表达式 3)
{
        循环体语句
}
```

该语句的执行过程如下。

(1) 执行 for 后面的表达式 1。

(2) 判断表达式 2,若表达式 2 的值为真,则执行 for 语句的内嵌语句(即循环体语句),然后执行第(3)步;若表达式 2 的值为假,则循环结束,执行第(5)步。

(3) 执行表达式 3。

(4) 返回继续执行第(2)步。

(5) 循环结束,执行 for 语句的循环体下面的语句。

可以用图 5-6 表示其流程。

【例 5-8】 用 for 语句来计算 $1+2+3\cdots+98+99+100$ 的值。

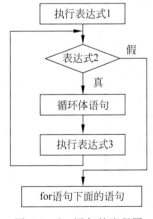

图 5-6  for 语句的流程图

```
<html>
<head>
<title>计算 1 + 2 + 3 ⋯ + 98 + 99 + 100 的值</title>
```

```
</head>
<body>
<script language = "JavaScript" type = "text/javascript">
var total = 0;
for(var i = 1; i < = 100; i++){
    total += i;
}
alert(total);
</script>
</body>
</html>
```

4）continue 语句

continue 语句的一般格式为：

```
continue;
```

该语句只能用在循环结构中。当在循环结构中遇到 continue 语句时，则跳过 continue 语句后的其他语句，结束本次循环，并转去判断循环控制条件，以决定是否进行下一次循环。

5）break 语句

break 语句的一般格式为：

```
break;
```

该语句只能用于以下两种情况。

（1）用在 switch 结构中，当某个 case 分支执行完后，使用 break 语句跳出 switch 结构。

（2）用在循环结构中，用 break 语句来结束循环。如果放在嵌套循环中，则 break 语句只能结束其所在的那层循环。

## 5.2.5 JavaScript 函数

函数（function）由若干条语句组成，用于实现特定的功能。函数包含函数名、若干参数和返回值。一旦定义了函数，就可以在程序中需要实现该功能的位置调用该函数，给程序员共享代码带来了很大方便。在 JavaScript 中，除了提供丰富的内置函数外，还允许用户创建和使用自定义函数。

### 1. 创建自定义函数

可以使用 function 关键字来创建自定义函数，其基本语法结构如下：

```
function 函数名(参数列表)
{
    函数体
}
```

创建一个非常简单的函数 PrintWelcome（），它的功能是打印字符串"欢迎使用

JavaScript",代码如下:

```
function PrintWelcome()
{
    document.write("欢迎使用 JavaScript");
}
```

创建函数 PrintString(),通过参数决定要打印的内容。

```
function PrintString(str)
{
    document.write (str);
}
```

### 2. 调用函数

1) 在 JavaScript 中使用函数名来调用函数

在 JavaScript 中,可以直接使用函数名来调用函数。无论是内置函数还是自定义函数,调用函数的方法都是一致的。

【例 5-9】 调用 PrintWelcome()函数,显示"欢迎使用 JavaScript"字符串,代码如下:

```
< HTML >
< HEAD >< TITLE >欢迎使用 JavaScript </TITLE ></HEAD >
< BODY >
< Script Language = "JavaScript">
    function PrintWelcome()
    {
        document.write("欢迎使用 JavaScript");
    }
    PrintWelcome();
</Script >
</BODY >
</HTML >
```

【例 5-10】 调用 sum()函数,计算并打印 num1 和 num2 之和,代码如下:

```
< HTML >
< HEAD >< TITLE >计算并打印 num1 和 num2 之和</TITLE ></HEAD >
< BODY >
< Script Language = "JavaScript">
    function sum(num1, num2)
    {
        document.write(num1 + num2);
    }
    sum(1, 2);
</Script >
</BODY >
</HTML >
```

2）在 HTML 中使用"javascript："方式调用 JavaScript 函数

在 HTML 中的 a 链接中可以使用"javascript："方式调用 JavaScript 函数，方法如下：

```
<a href = "javascript:函数名(参数列表)"> … </a>
```

【例 5-11】 在 HTML 中使用"javascript："方式调用 JavaScript 函数的例子。

```
<HTML>
<HEAD><TITLE>a 链接中使用"javascript:"方式调用函数</TITLE></HEAD>
<BODY>
<a href = "javascript:alert('您单击了这个超链接')">请点我</a>
</BODY>
</HTML>
<HTML>
<HEAD><TITLE>
```

【例 5-12】 调用 sum( )函数的例子。

```
</TITLE></HEAD>
<BODY>
<Script Language = "JavaScript">
    function sum(num1, num2)
    {
        document.write(num1 + num2);
    }
</Script>
<a href = "javascript:sum(1, 2)">请点我</a>
</BODY>
</HTML>
```

3）与事件结合调用 JavaScript 函数

可以将 JavaScript 函数指定为 JavaScript 事件的处理函数。当触发事件时会自动调用指定的 JavaScript 函数。

**3. 变量的作用域**

在函数中也可以定义变量。在函数中定义的变量被称为局部变量。局部变量只在定义它的函数内部有效，在函数体之外，即使使用同名的变量，也会被看作是另一个变量。

相应地，在函数体之外定义的变量是全局变量。全局变量在定义后的代码中都有效，包括它后面定义的函数体内。如果局部变量和全局变量同名，则在定义局部变量的函数中，只有局部变量是有效的。

【例 5-13】 变量的作用域实例。

```
<HTML>
<HEAD><TITLE>变量的作用域实例</TITLE></HEAD>
<BODY>
<Script Language = "JavaScript">
```

```
    var a = 100;                          //全局变量
    function setNumber() {
        var a = 10;                       //局部变量
        document.write(a);                //打印局部变量 a
    }
    setNumber();
    document.write("<BR>");
    document.write(a);                    //打印全局变量 a
</Script>
</BODY>
</HTML>
```

## 4. 函数的返回值

可以为函数指定一个返回值,返回值可以是任何数据类型。使用 return 语句可以返回函数值并退出函数,语法如下:

```
function 函数名() {
    return 返回值;
}
```

【例 5-14】 return 返回值实例。

```
<HTML>
<HEAD><TITLE>return 返回值</TITLE></HEAD>
<BODY>
<Script Language = "JavaScript">
    function sum(num1, num2)
    {
        return num1 + num2;
    }
    document.write(sum(1, 2));
</Script>
</BODY>
</HTML>
```

如果改成求 m 和 n 两个数字的和,代码如下:

```
<script language = "JavaScript" type = "text/javascript">
function getTotal(m,n){
    var total = 0;
    if(m >= n){
        return false;          // n 必须大于 m,否则无意义
    }
    for(var i = m; i <= n; i++){
        total += i;
    }
    return total;
}
</script>
```

**5. 定义函数库**

JavaScript 函数库是一个 .js 文件,其中包含函数的定义。

【例 5-15】 创建一个函数库 mylib.js,其中包含 2 个函数 PrintString()和 sum(),代码如下:

```
// mylib.js 函数库
function PrintString(str)              // 打印字符串
{
    document.write (str);
}
function sum(num1, num2)              //求和
{
    document.write (num1 + num2);
}
```

在 HTML 文件中引用函数库 .js 文件的方法如下:

```
< script src = "函数库.js 文件"></script>
< script >
        //引用.js 文件中的函数
</script>
```

【例 5-16】 引用函数库 .js 文件。

```
< HTML >
< HEAD >< TITLE >引用函数库.js 文件</TITLE ></HEAD >
< BODY >
< Script src = "mylib.js"></Script >
PrintString("传递参数");
sum(1, 2)
</BODY >
</HTML >
```

**6. JavaScript 内置函数**

1) alert()函数

alert()函数用于弹出一个消息对话框,该对话框包括一个"确定"按钮。alert()函数的语法如下:

```
alert(str);
```

参数 str 是 String 类型的变量或字符串,指定消息对话框的内容。

【例 5-17】 使用 alert()函数弹出一个消息对话框的例子。

```
< HTML >< HEAD >< TITLE >演示 alert()的使用</TITLE ></HEAD >
< BODY >
< Script LANGUAGE = JavaScript >
```

```
    function Clickme()
    {
        alert("请输入用户名");
    }
</Script>
 <p><a href = ♯ onclick = "Clickme()">单击试一下</a></p>
</BODY>
</HTML>
```

单击链接,弹出一个消息对话框如图 5-7 所示。

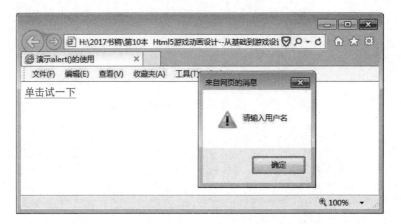

图 5-7　演示 alert()的使用

2) confirm()函数

confirm()函数用于显示一个请求确认对话框,包含一个"确定"按钮和一个"取消"按钮。在程序中,可以根据用户的选择决定执行的操作。confirm()函数的语法如下:

```
confirm(str);
```

3) parseFloat()函数

parseFloat()函数用于将字符串转换成符点数字形式。语法如下:

```
parseFloat(str);
```

其中,参数 str 是待解析的字符串。函数返回解析后的数字。例如:

```
document.write(parseFloat("12.3") + 1);
```

结果如下:

```
13.3
```

4) parseInt()函数

parseInt()函数用于将字符串转换成整型数字形式。语法如下:

```
parseInt(str, radix)
```

其中,参数 str 是待解析的字符串。参数 radix 可选,表示要解析的数字的进制。该值介于 2 和 36 之间。如果省略该参数或其值为 0,则数字将以十进制来解析。函数返回解析后的数字。

5) prompt()函数

prompt()函数指定用于显示可提示用户输入的对话框,该对话框包含一个"确定"按钮、一个"取消"按钮和一个文本框。prompt()函数的语法如下:

```
prompt(text,defaultText);
```

其中,参数 text 指定要在对话框中显示的纯文本,参数 defaultText 指定默认的输入文本。如果用户单击"确定"按钮,则 prompt()函数返回输入字段当前显示的文本;如果用户单击"取消"按钮,则 prompt()函数返回 null。

【例 5-18】 prompt()函数示例。

```
<HTML>
<HEAD><TITLE>演示 prompt()的使用</TITLE></HEAD>
<BODY>
<Script LANGUAGE = JavaScript>
function Input() {
    var MyStr = prompt("请输入您的姓名");
    alert("您的姓名是: " + MyStr);
}
Input();
</Script>
<br/>
</BODY>
</HTML>
```

浏览的结果出现如图 5-8 所示的提示用户输入的对话框。

图 5-8 提示用户输入的对话框

## 5.2.6 JavaScript 类的定义和实例化

严格地说,JavaScript 是基于对象的编程语言,而不是面向对象的编程语言。在面向对象的编程语言(如 Java、C++、C#、PHP 等)中,声明一个类使用 class 关键字。例如:

```
public class Person
{
}
```

但是在 JavaScript 中,没有声明类的关键字,也没有办法对类的访问权限进行控制。JavaScript 使用函数来定义类。

### 1. 类的定义

类定义的语法如下:

```
function className(){
    //具体操作
}
```

例如,定义一个 Person 类:

```
function Person() {
    this.name = " 张三 ";              //定义一个属性 name
    this.sex = " 男 ";                //定义一个属性 sex
    this.say = function(){           //定义一个方法 say()
        document.write("我的名字是 " + this.name + ",性别是 " + this.sex + "。");
    }
}
```

**说明**:this 关键字是指当前的对象。

### 2. 创建对象

创建对象的过程也是类实例化的过程。

在 JavaScript 中,创建对象(即类的实例化)使用 new 关键字。

创建对象语法如下:

```
new className();
```

将上面的 Person 类实例化:

```
var zhangsan = new Person();
zhangsan.say();
```

运行代码,输出如下内容:

```
大家好,我的名字是 张三 ,性别是 男 。
```

定义类时可以设置参数,创建对象时也可以传递相应的参数。

下面将 Person 类重新定义:

```
function Person(name,sex) {
    this.name = name;              //定义一个属性 name
    this.sex = sex;                //定义一个属性 sex
    this.say = function(){         //定义一个方法 say()
        document.write("大家好,我的名字是 " + this.name + " ,性别是 " + this.sex);
    }
}
var zhangsan = new Person("小丽","女");
zhangsan.say();
```

运行代码,输出如下内容:

```
大家好,我的名字是 小丽 ,性别是 女 。
```

当调用该构造函数时,浏览器给新的对象 zhangsan 分配内存,并隐性地将对象传递给函数。this 操作符是指向新对象引用,用于操作这个新对象。例如:

```
this.name = iName;
```

该句使用作为函数参数传递过来的 name 值在构造函数中给该对象 zhangsan 的 name 属性赋值。对象实例的 name 属性被定义和赋值后,就可以访问该对象实例的 name 属性。

**3. 通过对象直接初始化创建对象**

通过直接初始化对象来创建对象与定义对象的构造函数方法不同的是,该方法不需要 new 生成此对象的实例。例如改写 zhangsan 对象:

```
<script>
//直接初始化对象
var zhangsan = {
    name:"张三",
    sex:"男",
    say: function (){          //定义对象的方法
        document.write("大家好,我的名字是 " + this.name + " ,性别是 " + this.sex);
}
zhangsan.say();
</script>
```

可以通过对象直接初始化创建对象是一个"名字/值"对列表,每个"名字/值"对之间用逗号分隔,最后用一个大括号括起来。"名字/值"对表示对象的一个属性或方法,名和值之间用冒号分隔。

上面的 zhangsan 对象,也可以这样来创建:

```
var zhangsan = {}
zhangsan.name = "张三";
zhangsan.sex = "男";
zhangsan.say = function(){
        return "嗨!大家好,我来了。";
    }
```

该方法在只需生成一个对象实例并进行相关操作的情况下使用时,代码紧凑,编程效率高,但致命的是,若要生成若干个对象实例,就必须为生成每个对象实例重复相同的代码结构,代码的重用性比较差,不符合面向对象的编程思路,应尽量避免使用该方法创建自定义对象。

**4. 访问对象的属性和方法**

属性是一个变量,用来表示一个对象的特征,如颜色、大小、重量等;方法是一个函数,用来表示对象的操作,如奔跑、呼吸、跳跃等。

对象的属性和方法统称为对象的成员。

在 JavaScript 中,可以使用".."和"[ ]"来访问对象的属性。

1)使用"."来访问对象属性

语法如下:

```
objectName.propertyName
```

其中,objectName 为对象名称,propertyName 为属性名称。

2)使用"[ ]"来访问对象属性

语法如下:

```
objectName[propertyName]
```

其中,objectName 为对象名称,propertyName 为属性名称。

3)访问对象的方法

在 JavaScript 中,只能使用"."来访问对象的方法。

语法如下:

```
objectName.methodName()
```

其中,objectName 为对象名称,methodName()为函数名称。

**【例 5-19】** 创建一个 Person 对象并访问其成员。

```javascript
function Person() {
    this.name = " 张三 ";              //定义一个属性 name
    this.sex = " 男 ";                //定义一个属性 sex
    this.age = 22;                    //定义一个属性 age
    this.say = function(){            //定义一个方法 say()
        return "我的名字是 " + this.name + ",性别是" + this.sex + ",今年" + this.age +"岁!";
    }
}
var zhangsan = new Person();
alert("姓名: "+ zhangsan.name);       //使用"."来访问对象属性
alert("性别: "+ zhangsan.sex);
alert("年龄: "+ zhangsan["age"]);     //使用"[ ]"来访问对象属性
alert(zhangsan.say());                //使用"."来访问对象方法
```

实际项目开发中,一般使用"．"来访问对象属性;但是在某些情况下,使用"［］"会方便很多,例如,JavaScript 遍历对象属性和方法。

JavaScript 可使用 for…in 语句来遍历对象的属性和方法。for…in 语句循环遍历 JavaScript 对象,每循环一次,都会取得对象的一个属性或方法。

语法如下:

```
for(valueName  in  ObjectName){
    //代码
}
```

其中,valueName 是变量名,保存着属性或方法的名称,每次循环,valueName 的值都会改变。

【例 5-20】 遍历 zhangsan 对象的属性和方法。

代码如下:

```
<HTML>
<HEAD>
    <TITLE>演示访问 zhangsan 对象属性和方法</TITLE>
</HEAD>
<BODY>
<script>
//直接初始化对象
var zhangsan = {}
zhangsan.name = "张三";
zhangsan.sex = "男";
zhangsan.say = function(){
    return "嗨!大家好,我来了。";
}
var strTem = "";                    //临时变量
for(value in zhangsan){
    strTem += value + ': ' + zhangsan[value] + "\n";
}
alert(strTem);
</script>
<br/>
</BODY>
</HTML>
```

运行程序,结果如图 5-9 所示。

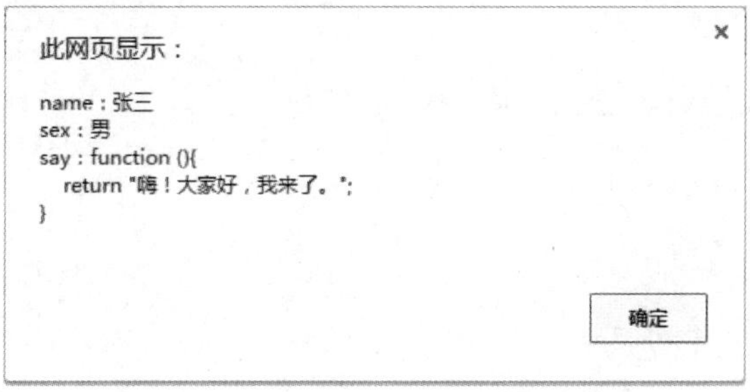

图 5-9  遍历 zhangsan 对象的属性和方法

**5. 向对象添加属性和方法**

JavaScript 可以在定义类时定义属性和方法，也可以在创建对象以后动态添加属性和方法。动态添加属性和方法在其他面向对象的编程语言（C++、Java 等）中是难以实现的，这是 JavaScript 灵活性的体现。

【**例 5-21**】 用 Person 类创建一个对象，向其添加属性和方法。

```
//定义类
function Person(name,sex) {
    this.name = name;              //定义一个属性 name
    this.sex = sex;                //定义一个属性 sex
    this.say = function(){         //定义一个方法 say()
        return "大家好,我的名字是 " + this.name + ",性别是 " + this.sex + " 。";
    }
}
//创建对象
var zhangsan = new Person("张三","男");
zhangsan.say();
//动态添加属性和方法
zhangsan.tel = "029 - 81892332";
zhangsan.run = function(){
    return " 我跑得很快! ";
}
//弹出警告框
alert("姓名: " + zhangsan.name);
alert("姓别: " + zhangsan.sex);
alert(zhangsan.say());
alert("电话: " + zhangsan.tel);
alert(zhangsan.run());
```

可见，JavaScript 动态添加对象实例的属性 tel 和方法 run()的过程十分简单，注意动态添加该属性仅仅在此对象实例 zhangsan 中才存在，而其他对象实例不存在该属性 tel 和方法 run()。

例如：

```
var lisi = new Person("李四","男");
alert(lisi.run());         //出现错误,Uncaught TypeError: lisi.run is not a function
```

## 5.2.7 调试 JavaScript 程序的方法

例如，下面就是一个有错误的 JavaScript 程序。

```
< HTML >
< HEAD >< TITLE >有错误的网页</TITLE ></HEAD >
< BODY >
< Script Language = "JavaScript">
```

```
        windows.alert("hello");
    </Script>
    </BODY>
    </HTML>
```

调试 JavaScript 程序通常包含下面两项任务。

（1）查看程序中变量的值。通常可以使用 document. write()方法或 alert()方法输出变量的值。

（2）定位 JavaScript 程序中的错误。因为 JavaScript 程序多运行于浏览器，所以可以借助各种浏览器的开发人员工具分析和定位 JavaScript 程序中的错误。

① 借助 IE 的开发人员工具定位 JavaScript 程序中的错误。

打开 IE，然后选择"工具"/"F12 开发人员工具"菜单项，或按 F12 键即可打开开发人员工具窗口。浏览前面介绍的有错误的 JavaScript 程序网页，然后在开发人员工具窗口单击"控制台"选项卡，可以看到网页中错误的位置和明细信息，如图 5-10 所示。

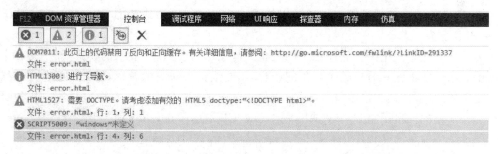

图 5-10　在 IE 的"控制台"选项卡查看网页中错误的信息

② 借助 Chrome 的开发者工具定位 JavaScript 程序中的错误。

打开 Chrome，然后选择"工具"/"开发者工具"菜单项，会在网页内容下面打开开发者工具窗口，这种布局更利于对照网页内容进行调试。例如，浏览前面介绍的有错误的 JavaScript 程序网页，然后在开发者工具窗口单击 Console 选项卡，可以看到网页中错误的位置和明细信息，如图 5-11 所示。

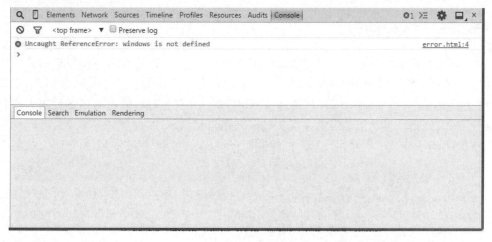

图 5-11　在 Chrome 的"控制台"选项卡查看网页中错误的信息

## 5.3　SVG 基础知识

SVG(Scalable Vector Graphics,可缩放矢量图形)是一个成熟的 W3C 标准,被设计用来在 Web 和移动平台上展示可交互的图形。和 HTML 类似,SVG 也支持 CSS 和 JavaScript。尽管可以使用 HTML 展示数据,但是 SVG 才是数据可视化领域的事实标准。

### 5.3.1　图片存储方式

将图片存储为数据有两种方式。其一为位图,也被称为光栅图,即将图片看成在平面上密集排布的点的集合。每个点发出的光有独立的频率和强度,反映在视觉上,就是颜色和亮度。这些信息有不同的编码方案,在互联网上最常见的就是 RGB。根据需要,编码后的信息可以有不同的位(b)数——位深。位数越高,颜色越清晰,对比度越高,占用的空间也越大。另一项决定位图精细度的是其中点的数量。一个位图文件就是所有构成其的点的数据的集合,文件的大小自然就等于点数乘以位深。常见的位图格式有 JPEG/JPG、GIF、TIFF、PNG、BMP。

第二种方式为矢量图。它用抽象的视角看待图形,记录其中展示的模式,而不是各个点的原始数据。它将图片看成各个对象的组合,用曲线记录对象的轮廓,用某种颜色模式描述对象内部的图案(如用梯度描述渐变色)。如一张合影,被看成各个人物和背景中各种景物的组合。常见的矢量图格式有 WMF、SVG、AI、CDR(CorelDRAW)、PDF、SWF 等。

矢量图中简单的几何图形,只需要几个特征数值就可以确定。如三角形只需要确定三个顶点的坐标,圆只需要确定圆心的坐标和半径,曲线(如正弦曲线、各种螺线等)也只需要几个参数就能够确定。如果用位图记录这些几何图形,则需要包含组成线条的各个像素的数据。除了大大节省空间,矢量图还具有完美的伸缩性。因为记录的是图形的特征,图形的尺寸任意变化时,都只是做相似变换,不会出现模糊和失真。相反,位图的图片放大到超出原有大小时,各个像素点之间出现空缺,即使用某种算法填充,也会出现模糊锯齿等现象,不如矢量图精确。因而矢量图很适合用于记录诸如符号、图标等简单的图形,而位图则适合于没有明显规律的、颜色丰富而细腻的图片。

### 5.3.2　SVG 的概念

SVG 是基于可扩展标记语言(XML)、用于描述二维矢量图形的一种图形格式。SVG 是 W3C(国际互联网标准组织)在 2000 年 8 月制定的一种新的二维矢量图形格式,也是规范中的网络矢量图形标准。SVG 严格遵从 XML 语法,并用文本格式的描述性语言来描述图像内容,因此是一种和图像分辨率无关的矢量图形格式。

下面的例子是一个简单的 SVG 文件的例子。SVG 文件必须使用.svg 作为扩展名来保存:

```
<?xml version = "1.0" standalone = "no"?>
<!DOCTYPE svg PUBLIC " - //W3C//DTD SVG 1.1//EN" "http://www.w3.org/Graphics/SVG/1.1/DTD/
svg11.dtd">
```

```
< svg version = "1.1" xmlns = "http://www.w3.org/2000/svg" width = "100%"  height = "100%" >
    < circle cx = "100" cy = "50" r = "40" stroke = "black"stroke-width = "2" fill = "red"/>
</svg>
```

上述代码中，第一行包含了 XML 声明。standalone 属性规定此 SVG 文件是否是"独立的"，或含有对外部文件的引用。standalone="no"意味着 SVG 文档会引用一个外部文件。在这里是 DTD 文件。

第二和第三行引用了这个外部的 SVG DTD。该 DTD 位于"http://www.w3.org/Graphics/SVG/1.1/DTD/svg11.dtd"。该 DTD 位于 W3C，含有所有允许的 SVG 元素。

SVG 代码以< svg >元素开始，包括开始标签< svg >和结束标签</svg >，这是根元素。< svg >元素的 version 属性可定义所使用的 SVG 版本，xmlns 属性可定义 SVG 命名空间，width 和 height 属性可设置此 SVG 文档的宽度和高度。

SVG 的< circle >子元素用来创建一个圆。其中 cx 和 cy 属性定义圆心的 x 和 y 坐标。如果忽略这两个属性，那么圆心会被设置为(0,0)。r 属性定义圆的半径。stroke 和 stroke-width 属性控制如何显示形状的轮廓，这里是设置圆的轮廓为 2px 宽，黑边框。fill 属性设置形状内的颜色，把填充颜色设置为红色。

结束标签</svg >的作用是结束 SVG 元素和文档本身。

### 5.3.3　SVG 的优势

相比任何基于光栅的格式，SVG 具有多项优势。

(1) SVG 图形是使用数学公式创建的，无须存储每个独立像素的数据，文件大小可能更小，所以 SVG 图形比其他光栅图形的加载速度更快。

(2) 矢量图形可更好地缩放。对于网络上的图像，当位图图像不再是原始大小时，显示图像的程序会猜测使用何种数据来填充新的像素，可能产生失真。矢量图像具有更高的弹性，当图像大小变化时，数据公式可相应地调整。用户可以任意缩放图像显示，而不会破坏图像的清晰度、细节等。

(3) SVG 图像由浏览器渲染，可以以编程方式绘制。SVG 图像可动态地更改，这使它们尤其适合数据驱动的应用程序，如图表。

(4) SVG 图像的源文件是一个文本文件，所以它具有易于访问和搜索引擎友好等特征。

(5) 超级颜色控制。SVG 图像提供一个 1600 万种颜色的调色板，支持 ICC 颜色描述文件标准、RGB、线性填充、渐变和蒙版。

### 5.3.4　向网页添加 SVG XML

创建 SVG XML 之后，可采用多种方式将它包含在 HTML 页面中。

第一种方法是直接将 SVG XML 嵌入到 HTML 文档中。

【例 5-22】　直接将 SVG XML 嵌入 HTML 文档。

代码如下：

```
< html >
    < head >
            < title > Embedded SVG </title >
    </head >
    < body style = "height: 600px;width: 100 % ; padding: 30px;">
            < svg xmlns = "http://www.w3.org/2000/svg" version = "1.1">
                    < circle cx = "100" cy = "50" r = "40" fill = "red"/>
            </svg >
    </body >
</html >
```

此方法可能最简单，但它不支持重用。

第二种方法可以使用.svg 为扩展名保存 SVG XML 文件。当将 SVG 图形保存在.svg 文件中时，可以使用< embed >< object >和< iframe >元素来将它包含在网页中。

使用< embed >元素包含一个 SVG XML 文件的代码如下：

```
< embed  src = "circle.svg"  type = "image/svg + xml"></embed >
```

使用< object >元素包含一个 SVG XML 文件的代码如下：

```
< object  data = "circle.svg"  type = "image/svg + xml"></object >
```

使用< iframe >元素包含一个 SVG XML 文件的代码如下：

```
< iframe  src = "circle1.svg"></iframe >
```

当使用其中一种方法时，可以将同一个 SVG 图形包含在多个页面中，并编辑.svg 源文件来进行更新。

## 5.4  DOM

DOM 指文档对象模型（Document Object Model），是针对结构化文档的一个接口，它允许程序和脚本动态地访问和修改文档。说得简单些，当开发者需要动态地修改网页元素时，要用到它。

### 5.4.1  DOM 结点树

DOM 是以树状结构来描述 HTML 文档的，其被称为结点树。每个 HTML 元素（标签）都是树上的结点。DOM 是这样规定的：整个文档是一个文档结点，每个 HTML 元素是一个元素结点，包含在 HTML 元素中的文本是文本结点，每一个 HTML 属性是一个属性结点，注释属于注释结点。

结点彼此都有等级关系。

HTML 文档中的所有结点组成了一个文档树（或结点树）。HTML 文档中的每个元素、属性、文本等都代表着树中的一个结点。树起始于文档结点,并由此继续伸出枝条,直到处于这棵树最低级别的所有文本结点为止。

请看下面这个 HTML 文档:

```
< html >
    < head >
        < title > DOM Tutorial </title >
    </head >
< body >
    < h1 > DOM Lesson one </h1 >
    < p > Hello world!</p >
    < p > Hello DOM!</p >
</body >
</html >
```

图 5-12 表示一个文档树(结点树)。

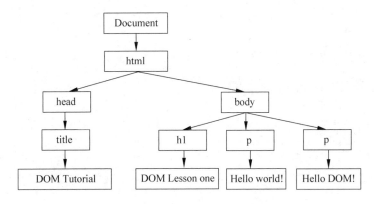

图 5-12 HTML 文档的 DOM 结点树

上面所有的结点彼此间都存在关系。

除文档结点之外的每个结点都有父结点。例如,head 和 body 的父结点是 html 结点,文本结点"Hello world!"的父结点是 p 结点。

大部分元素结点都有子结点。例如,head 结点有一个子结点:title 结点。title 结点也有一个子结点:文本结点"DOM Tutorial"。

当结点分享同一个父结点时,它们就是同辈(兄弟结点)。例如,h1 和 p 是兄弟结点,因为它们的父结点均是 body 结点。

结点也可以拥有后代,后代指某个结点的所有子结点,或者这些子结点的子结点,以此类推。例如,所有的文本结点都是< html >结点的后代,而第一个文本结点是< head >结点的后代。

结点也可以拥有先辈。先辈是某个结点的父结点,或者父结点的父结点,以此类推。例如,所有的文本结点都可把< html >结点作为先辈结点。

## 5.4.2 访问修改 HTML 元素

通过使用 getElementById()和 getElementsByTagName()这两种方法可查找整个

HTML 文档中的任何 HTML 元素。

这两种方法会忽略文档的结构。假如希望查找文档中所有的< p >元素，getElementsByTagName()方法会把它们全部找到，不管< p >元素处于文档中的哪个层次。同时，getElementById()方法也会返回正确的元素，不论它被隐藏在文档结构中的什么位置。

**1. getElementById()方法**

getElementById()方法可通过指定的 ID 来返回元素，语法如下：

```
document.getElementById("ID");
```

**2. getElementsByTagName()方法**

getElementsByTagName()方法会按指定的标签名返回所有的元素（结点列表），语法如下：

```
document.getElementsByTagName("标签名称");
```

下面这个例子会返回文档中所有< p >元素的一个结点列表：

```
document.getElementsByTagName("p");
```

下面这个例子会返回所有< p >元素的一个结点列表，且这些< p >元素必须是 id 为 "main"的元素的后代：

```
document.getElementById("main").getElementsByTagName("p");
```

当使用结点列表时，通常要把此列表保存在一个变量中，就像这样：

```
var x = document.getElementsByTagName("p");
```

现在，变量 x 包含着页面中所有< p >元素的一个列表，并且可以通过它们的索引号来访问这些< p >元素。

可以通过来循环遍历结点列表：

```
< Script Language  = "JavaScript">
var x = document.getElementsByTagName("p");
for (var i = 0;i < x.length;i++)
{
    //do something with each paragraph
    Console.log(x[i].innnerHTML);        //输出每个<p>元素的文本内容
}
</Script >
```

也可以通过索引号来访问某个具体的元素。

要访问第三个< p >元素，可以这么写：

```
var y = x[2];          //索引号从 0 开始
```

这里使用 innerHTML 属性获取元素的文本内容,innerHTML 属性能够被赋值。例如将上述 for 循环改成:

```
for (var i = 0;i < x.length;i++)
{
    x[i].innnerHTML = "Java";        //每个<p>元素的文本内容改为"Java"
}
```

则所有<p>元素的内容均被修改为 Java 了。

在 HTML DOM 中,常用的属性如下。

- innerHTML:元素标签内部的文本,包括 HTML 标签。
- innerText:元素标签内部的文本,但不包括 HTML 标签。
- outerHTML:包括元素标签自身在内的文本,也包括内部的 HTML 标签。
- outerText:包括元素标签自身在内的文本,但不包括 HTML 标签。
- nodeName:结点名称。
- parentNode:父结点。
- childNodes:子结点。
- nextSibling:下一个兄弟结点。
- previousSibling:上一个兄弟结点。
- firstChild:第一个子结点。
- lastChild:最后一个子结点。
- style:元素的样式。

## 5.4.3 添加删除 HTML 元素结点

给文档中添加结点可使用 appendChild()方法,每个元素结点中都有这个方法,能在该元素的末尾添加子结点。为此,首先要创建一个结点,然后才能添加。请看如下代码:

```
var  para = document.createElement("p");              //创建结点 p
para.innerHTML = "Hello";                             //给 p 的内容赋值
var  body = document.getElementByTagName ("body");    //获取 body 结点
body. appendChild (para) ;                            //给 body 结点添加子结点
```

假设希望从文档中删除带有 id 为"maindiv"的结点。首先需要找到带有指定 id 的结点,然后调用其父结点的 removeChild()方法。代码如下:

```
var x = document.getElementById("maindiv");
x.parentNode.removeChild(x);
```

## 5.4.4 DOM 优点和缺点

DOM 的优点主要表现在易用性强。使用 DOM 时,将把 HTML 文档所有的信息都存于内存中,并且遍历简单,支持 XPath,增强了易用性。

DOM 的缺点主要表现在:效率低,解析速度慢,内存占用量过高,对于大文件来说几乎不可能使用。另外,效率低还表现在消耗大量的时间,因为使用 DOM 进行解析时,将为 HTML 文档的每个 element、attribute、processing-instruction 和 comment 都创建一个对象,这样在 DOM 机制中所运用的大量对象的创建和销毁无疑会影响其效率。

## 5.5 Canvas

Canvas 和 SVG 都是 HTML5 用于绘图的元素。Canvas 绘制的是标量图(或位图)、SVG 绘制的是矢量图。Canvas 和 SVG 没有优劣之分,它们分别适用于不同的场合。

Canvas 就是画布,可以进行画任何的线、图形、填充等一系列的操作。Canvas 是 HTML5 出现的新元素,它有自己的属性、方法和事件,其中就有绘图的方法,JavaScript 能够调用 Canvas 绘图方法来进行绘图。另外 Canvas 不仅仅提供简单的二维绘图,也提供了三维的绘图,以及图片处理等一系列的 API 支持。

### 5.5.1 Canvas 元素的定义语法

Canvas 元素的定义语法如下:

```
< canvas id = "xxx" height = … width = …>…</canvas >
```

Canvas 元素的常用属性如下:id 是 Canvas 元素的标识 id;height 是 Canvas 画布的高度,单位为像素;width 是 Canvas 画布的宽度,单位为像素。

例如在 HTML 文件中定义一个 Canvas 画布,id 为 myCanvas,高和宽各为 100 像素,代码如下:

```
< canvas id = "myCanvas" height = 100 width = 100 >
    您的浏览器不支持 Canvas。
</canvas >
```

< canvas >和</canvas >之间的字符串指定当浏览器不支持 Canvas 时显示的字符串。

**注意**:Internet Explorer 9、Firefox、Opera、Chrome 和 Safari 支持 Canvas 元素。Internet Explorer 8 及其之前版本不支持 Canvas 元素。

### 5.5.2 使用 JavaScript 获取网页中的 Canvas 对象

在 JavaScript 中,可以使用 document. getElementById()方法获取网页中的 Canvas 对象,语法如下:

```
document.getElementById(对象 id)
```

例如,获取定义的 myCanvas 对象的代码如下:

```
< canvas id = "myCanvas" height = 100 width = 100 >
    您的浏览器不支持 Canvas。
</canvas >
< script type = "text/javascript">
var c = document.getElementById("myCanvas");
</script >
```

得到的对象 c 即为 myCanvas 对象。要在其中绘图还需要获得 myCanvas 对象的 2d 上下文对象,代码如下:

```
var ctx = c.getContext("2d");        //获得 myCanvas 对象的 2d 上下文对象
```

Canvas 绘制图形都是依靠 Canvas 对象的上下文对象。上下文对象用于定义如何在画布上绘图。顾名思义,2d 上下文支持在画布上绘制 2D 图形、图像和文本。

在实际的绘图中,我们所关注的一般都是设备坐标系,此坐标系以像素为单位,像素指的是屏幕上的亮点。每个像素都有一个坐标点与之对应,左上角的坐标设为 $(0,0)$,向右为 $X$ 轴的正方向,向下为 $Y$ 轴的正方向。一般情况下以 $(x,y)$ 代表屏幕上某个像素的坐标点,其中水平方向以 $X$ 轴的坐标值表示,垂直方向以 $Y$ 轴的坐标值表示。例如,在图 5-13 所示的坐标系统中画一个点,该点的坐标 $(x,y)$ 是 $(4,3)$。

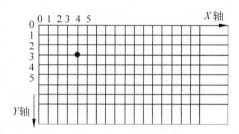

图 5-13　Canvas 坐标的示意图

计算机绘图是在一个事先定义好的坐标系统中进行的,这与日常生活中的绘图方式有着很大的区别。图形的大小、位置等都与绘图区或容器的坐标有关。

### 5.5.3　绘制图形

**1. 绘制直线**

在 JavaScript 中可以使用 Canvas API 绘制直线,具体过程如下。
(1) 在网页中使用 Canvas 元素定义一个 Canvas 画布,用于绘画。语法如下:

```
var c = document.getElementById("myCanvas");        //获取网页中的 Canvas 对象
```

(2) 使用 JavaScript 获取网页中的 Canvas 对象,并获取 Canvas 对象的 2d 上下文 ctx。使用 2d 上下文可以调用 Canvas API 绘制图形。语法如下:

```
var ctx = c.getContext("2d");        //获取 Canvas 对象的上下文
```

(3) 调用 beginPath()方法,指示开始绘图路径,即开始绘图。语法如下:

```
ctx.beginPath();
```

（4）调用 moveTo()方法将坐标移至直线起点。语法如下：

```
ctx.moveTo(x,y);
```

x 和 y 为要移动至的坐标。

（5）调用 lineTo()方法绘制直线。语法如下：

```
ctx.lineTo(x,y);
```

x 和 y 为直线的终点坐标。

（6）调用 stroke()方法，绘制图形的边界轮廓。语法如下：

```
ctx.stroke();
```

**【例 5-23】** 一个通过画线绘制复杂菊花图形的例子。

代码如下：

```html
<!DOCTYPE html>
<html>
<body>
<canvas id="myCanvas" height=1000 width=1000>您的浏览器不支持 Canvas。</canvas>
<script type="text/javascript">
function drawline()
{
    var c = document.getElementById("myCanvas");       //获取网页中的 Canvas 对象
    var ctx = c.getContext("2d");                       //获取 Canvas 对象的上下文
    var dx = 150;
    var dy = 150;
    var s = 100;
    ctx.beginPath();                                    //开始绘图路径
    var x = Math.sin(0);
    var y = Math.cos(0);
    var dig = Math.PI/15 * 11;
    for(var i = 0;i<30;i++){
        var x = Math.sin(i * dig);
        var y = Math.cos(i * dig);
        //用三角函数计算顶点
        ctx.lineTo(dx + x * s,dy + y * s);
    }
    ctx.closePath();
    ctx.stroke();
}
window.addEventListener("load", drawline, true);
</script>
</body>
</html>
```

例 5-23 的结果如图 5-14 所示。

**2. 绘制矩形**

可以通过调用 rect（）、strokeRect（）、fillRect（）和 clearRect() 4 种 API 方法在 Canvas 画布中绘制矩形。其中，前 2 种方法用于绘制矩形边框，调用 fillRect()可以填充指定的矩形区域，调用 clearRect（）可以擦除指定的矩形区域。

图 5-14　Canvas 绘制复杂图形

rect()用于创建矩形。rect()方法的语法如下：

```
rect (x, y, width, height)
```

参数说明如下：x 是矩形的左上角的 X 坐标；y 是矩形的左上角的 Y 坐标；width 是矩形的宽度；height 是矩形的高度。

**【例 5-24】**　使用 rect()方法绘制矩形边框的例子。

代码如下：

```
<canvas id = "myCanvas" height = 500 width = 500>您的浏览器不支持 Canvas。</canvas>
<script type = "text/javascript">
function drawRect()
{
  var c = document.getElementById("myCanvas");    //获取网页中的 Canvas 对象
  var ctx = c.getContext("2d");                   //获取 Canvas 对象的上下文
  ctx.beginPath();                                //开始绘图路径,绘制起始点
  ctx.rect(20,20, 100, 50);
  ctx.stroke();                                   //通过线条绘制轮廓(边框)
}
window.addEventListener("load", drawRect, true);
</script>
```

strokeRect()方法绘制矩形(无填充)。strokeRect()方法的语法如下：

```
strokeRect(x, y, width, height)
```

参数的含义与 rect()方法的参数相同。strokeRect()方法与 rect()方法的区别在于调用 strokeRect()方法时不需要使用 beginPath()和 stroke()方法即可绘图。

fillRect()绘制被填充的矩形。fillRect()方法的语法如下：

```
fillRect(x, y, width, height)
```

参数的含义与 rect()方法的参数相同。

clearRect()清除给定矩形内图像。clearRect()方法的语法如下：

```
clearRect(x, y, width, height)
```

参数的含义与 rect()方法的参数相同。

【例 5-25】 Canvas 绘制一个矩形和一个填充矩形的例子。

代码如下：

```
<! DOCTYPE html>
<html>
<body>
    <canvas id = "demoCanvas" width = "500" height = "500">您的浏览器不支持 Canvas。</canvas>
    <! --- 下面将演示一种绘制矩形的 demo --->
    <script type = "text/javascript">
        var c = document.getElementById("demoCanvas");        //获取网页中的 Canvas 对象
        var context = c.getContext('2d');                     //获取上下文
        context.strokeStyle = "red";                          //指定绘制线样式、颜色
        context.strokeRect(10, 10, 190, 100);                 //绘制矩形线条,内容是空的
        //以下填充矩形
        context.fillStyle = "blue";
        context.fillRect(110,110,100,100);                    //绘制填充矩形
    </script>
</body>
```

### 3. 绘制圆弧

可以调用 arc()方法绘制圆弧,语法如下：

```
arc(centerX, centerY, radius, startingAngle, endingAngle, antiClockwise);
```

参数说明如下：centerX,圆弧圆心的 X 坐标；centerY,圆弧圆心的 Y 坐标；radius,圆弧的半径；l startingAngle,圆弧的起始角度；endingAngle,圆弧的结束角度；antiClockwise,是否按逆时针方向绘图。

例如,使用 arc()方法绘制圆心为(50,50),半径为 100 的圆弧。圆弧的起始角度为 $60°$,圆弧的结束角度为 $180°$。

```
ctx.beginPath();        //开始绘图路径
ctx.arc(50, 50, 100, 1/3 * Math.PI, 1 * Math.PI, false);
ctx.stroke();
```

【例 5-26】 使用 arc()方法画圆的例子。

代码如下：

```
<canvas id = "myCanvas" height = 500 width = 500>您的浏览器不支持 Canvas。</canvas>
<script type = "text/javascript">
function draw()
{
  var c = document.getElementById("myCanvas");        //获取网页中的 Canvas 对象
  var ctx = c.getContext("2d");                        //获取 Canvas 对象的上下文
  var radius = 100;
```

```
    var startingAngle = 0;
    var endingAngle = 2 * Math.PI;
    ctx.beginPath();    //开始绘图路径
    ctx.arc(150, 150, radius, startingAngle, endingAngle, false);
    ctx.stroke();
}
window.addEventListener("load", draw, true);
</script>
```

## 5.5.4 描边和填充

### 1. 描边

通过设置 Canvas 的 2d 上下文对象的 strokeStyle 属性可以指定描边的颜色,通过设置 2d 上下文对象的 lineWidth 属性可以指定描边的宽度。

例如,通过设置描边颜色和宽度,绘制红色线条宽度为 10 的圆。代码如下:

```
ctx.lineWidth = 10;              //描边宽度为 10
ctx.strokeStyle = "red";         //描边颜色为红色
ctx.arc(50, 50, 100, 0, 2 * Math.PI, false);
ctx.stroke();
```

### 2. 填充图形内部

通过设置 Canvas 的 2d 上下文对象的 fillStyle 属性可以指定填充图形内部的颜色。

**【例 5-27】** 填充图形内部的例子。

代码如下:

```
< canvas id = "myCanvas" height = 500 width = 500 >您的浏览器不支持 Canvas。</canvas >
< script type = "text/javascript">
function draw()
{
    var c = document.getElementById("myCanvas");     //获取网页中的 Canvas 对象
    var ctx = c.getContext("2d");                     //获取 Canvas 对象的上下文
    ctx.fillStyle = "yellow";                         //填充图形内部的颜色为黄色
    ctx.fillRect(65,65, 100, 100);                    //矩形的宽度和高度为 100,内部填充黄色
}
window.addEventListener("load", draw, true);
</script >
```

### 3. 透明颜色

在指定颜色时,可以使用 rgba()方法定义透明颜色,格式如下:

```
rgba(r,g,b, alpha)
```

其中,r 表示红色集合,g 表示绿色集合,b 表示蓝色集合。r、g、b 都是十进制数,取值范

围为 0～255。alpha 的取值范围为 0～1,用于指定透明度,0 表示完全透明,1 表示不透明。

【**例 5-28**】 使用透明颜色填充 10 个连串的圆,模拟太阳光照射的光环。

代码如下:

```javascript
<canvas id = "myCanvas" height = 500 width = 500>您的浏览器不支持 Canvas。</canvas>
<script type = "text/javascript">
function draw()
{
    var canvas = document.getElementById("myCanvas");
    if(canvas == null)
         return false;
    var context = canvas.getContext("2d");
     //先绘制画布的底图
    context.fillStyle = "yellow";
    context.fillRect(0,0,400,350);
    //用循环绘制 10 个圆形
    var n = 0;
    for(var i = 0 ;i < 10;i++){
        //开始创建路径,因为圆本质上也是一个路径,这里向 Canvas 说明要开始画了,这是起点
        context.beginPath();
        context.arc(i * 25, i * 25, i * 10, 0, Math.PI * 2, true);
        context.fillStyle = "rgba(255,0,0,0.25)";
        context.fill();          //填充刚才所画的圆形
    }
}
window.addEventListener("load", draw, true);
</script>
```

例 5-28 的结果如图 5-15 所示。

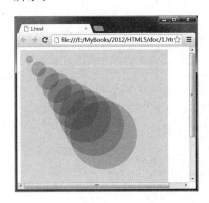

图 5-15　透明颜色填充 10 个连串的圆

## 5.5.5　绘制图像

在画布上绘制图像的 Canvas API 是 drawImage(),语法如下:

```
drawImage(image, x, y)
drawImage(image, x, y, width, height)
drawImage ( image, sourceX, sourceY, sourceWidth, sourceHeight, destX, destY, destWidth,
destHeight)
```

参数说明：image，所要绘制的图像，必须是表示< img >标记或者图像文件的 Image 对象，或者是 Canvas 元素；x 和 y，要绘制的图像的左上角位置；width 和 height，绘制图像的宽度和高度；sourceX 和 sourceY，图像将要被绘制的区域的左上角；sourceWidth，sourceHeight 被绘制的原图像区域；destX 和 destY，所要绘制的图像区域的左上角的画布坐标；destWidth 和 destHeight，图像区域在画布上要绘制成的大小。

【例 5-29】 不同形式显示一本图书的封面。

代码如下：

```
< canvas id = "myCanvas" height = 1000 width = 1000 >您的浏览器不支持 Canvas。</canvas >
< script type = "text/javascript">
function draw()
{
  var c = document.getElementById("myCanvas");       //获取网页中的 Canvas 对象
  var ctx = c.getContext("2d");                      //获取 Canvas 对象的上下文
  var imageObj = new Image();                        //创建图像对象
  imageObj.src = "cover.jpg";
  imageObj.onload = function(){
      ctx.drawImage(imageObj, 0, 0);                 //原图大小显示
      ctx.drawImage(imageObj, 250, 0, 120, 160);     //原图一半大小显示
      //从原图(0,100)位置开始截取中间一块宽 240 * 高 160 的区域,原大小显示在屏幕(400,0)处
      ctx.drawImage(imageObj, 0, 100, 240, 160, 400, 0, 240, 160);
      };
}
window.addEventListener("load", draw, true);
</script >
```

例 5-29 的结果如图 5-16 所示。

图 5-16 不同形式显示一本图书的封面

在绘制图形时,如果画布上已经有图形,就涉及一个问题:两个图形如何组合。可以通过 Canvas 的 2d 上下文对象的 globalCompositeOperation 属性来设置组合方式。globalCompositeOperation 属性的可选值如表 5-4 所示。

表 5-4　globalCompositeOperation 属性的可选值

| 可 选 值 | 描　述 |
|---|---|
| source-over | 默认值,新图形会覆盖在原有内容之上 |
| destination-over | 在原有内容之下绘制新图形 |
| source-in | 新图形会仅仅出现与原有内容重叠的部分,其他区域都变成透明的 |
| destination-in | 原有内容中与新图形重叠的部分会被保留,其他区域都变成透明的 |
| source-out | 只有新图形中与原有内容不重叠的部分会被绘制出来 |
| destination-out | 原有内容中与新图形不重叠的部分会被保留 |
| source-atop | 新图形中与原有内容重叠的部分会被绘制,并覆盖于原有内容之上 |
| destination-atop | 原有内容中与新内容重叠的部分会被保留,并会在原有内容之下绘制新图形 |
| lighter | 两图形中重叠部分做加色处理 |
| darker | 两图形中重叠的部分做减色处理 |
| xor | 重叠的部分会变透明 |
| copy | 只有新图形会被保留,其他部分都被清除掉 |

**【例 5-30】**　一个矩形和圆的重叠效果。

代码如下:

```
< canvas id = "myCanvas" height = 500 width = 500 >您的浏览器不支持 Canvas。</canvas >
< script type = "text/javascript">
function draw()
{
  var c = document.getElementById("myCanvas");          //获取网页中的 Canvas 对象
  var ctx = c.getContext("2d");                         //获取 Canvas 对象的上下文
  ctx.fillStyle = "blue";
  ctx.fillRect(0,0, 100, 100);                          //填充蓝色的矩形
  ctx.fillStyle = "red";
  ctx.globalCompositeOperation = "source - over";
  var centerX = 100;
  var centerY = 100;
  var radius = 50;
  var startingAngle = 0;
  var endingAngle = 2 * Math.PI;
  ctx.beginPath();                                      //开始绘图路径
  ctx.arc(centerX, centerY, radius, startingAngle, endingAngle, false);  //绘制圆
  ctx.fill();
}
window.addEventListener("load", draw, true);
</script >
```

例 5-30 中蓝色正方形先画,红色圆形后画,source-over 取值效果如图 5-17 所示。其余取值效果如图 5-18 所示。

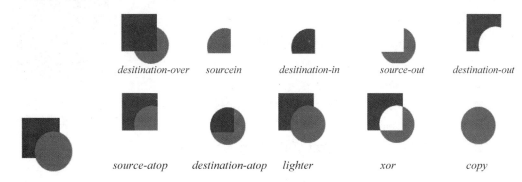

图 5-17  source-over　　　　　　　图 5-18　globalCompositeOperation 属性的不同值效果
　　　　取值效果

## 5.5.6　图形的操作

### 1. 保存和恢复绘图状态

调用 Context.save() 方法可以保存当前的绘图状态。Canvas 状态是以堆(stack)的方式保存绘图状态。绘图状态包括:

- 当前应用的操作(如移动、旋转、缩放或变形,具体方法将在本节稍后介绍)。
- strokeStyle、fillStyle、globalAlpha、lineWidth、lineCap、lineJoin、miterLimit、shadowOffsetX、shadowOffsetY、shadowBlur、shadowColor、globalCompositeOperation 等属性的值。
- 当前的裁切路径(clipping path)。

调用 Context.restoe() 方法可以从堆中弹出之前保存的绘图状态。Context.save() 方法和 Context.restoe() 方法都没有参数。

【例 5-31】 保存和恢复绘图状态。

```
< canvas id = "myCanvas" height = 500 width = 500 > </canvas >
< script type = "text/javascript">
function draw() {
var ctx = document.getElementById('myCanvas').getContext('2d');
ctx.fillStyle = 'red'
ctx.fillRect(0,0,150,150);              //使用红色填充矩形
ctx.save();                             //保存当前的绘图状态
ctx.fillStyle = 'green'
ctx.fillRect(45,45,60,60);              //使用绿色填充矩形
ctx.restore();                          //恢复再之前保存的绘图状态,即 ctx.fillStyle = 'red'
ctx.fillRect(60,60,30,30);              //使用红色填充矩形
}
window.addEventListener("load", draw, true);
</script >
```

例 5-31 的结果如图 5-19 所示。

**2. 图形的变换**

1）平移 translate(x,y)

参数 x 是坐标原点向 X 轴方向平移的位移,参数 y 是坐标原点
向 Y 轴方向平移的位移。

2）缩放 scale(x,y)

参数 x 是 X 轴缩放比例,参数 y 是 Y 轴缩放比例。

图 5-19　保存和恢复
绘图状态

3）旋转 rotate(angle)

参数 angle 是坐标轴旋转的角度（角度变化模型和画圆的模型一样）。

4）变形 setTransform()

可以调用 setTransform()方法对绘制的 Canvas 图形进行变形,语法如下:

```
context.setTransform(m11, m12, m21, m22, dx, dy);
```

假定点(x,y)经过变形后变成了(X,Y),则变形的转换公式如下:

$$X = m11 * x + m21 * y + dx$$
$$Y = m12 * x + m22 * y + dy$$

**【例 5-32】**　图形的变换例子。

代码如下:

```
<canvas id = "myCanvas" height = 250 width = 250>您的浏览器不支持 Canvas。</canvas>
<script type = "text/javascript">
function draw(){
  var canvas = document.getElementById("myCanvas");    //获取网页中的 Canvas 对象
  var context = canvas.getContext("2d");               //获取 Canvas 对象的上下文
  context.save();                                      //保存了当前 context 的状态
  context.fillStyle = "♯EEEEFF";
  context.fillRect(0, 0, 400, 300);
  context.fillStyle = "rgba(255,0,0,0.1)";
  context.fillRect(0, 0, 100, 100);                    //正方形
  //平移 1,缩放 2,旋转 3
  context.translate(100, 100);                         //坐标原点平移(100, 100)
  context.scale(0.5, 0.5);                             //x,y 轴是原来一半
  context.rotate(Math.PI / 4);                         //旋转 45°
  context.fillRect(0, 0, 100, 100);                    //平移、缩放、旋转后的正方形
  context.restore();                                   //恢复之前保存的绘图状态
  context.beginPath();                                 //开始绘图路径
  context.arc(200, 50, 50, 0,  2 * Math.PI, false);    //绘制圆
  context.stroke();
  context.fill();
}
window.addEventListener("load", draw, true);
</script>
```

例 5-32 的结果如图 5-20 所示。

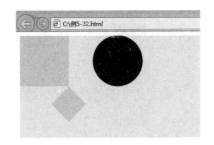

图 5-20　图形的变换

## 5.6　CSS 语法基础

CSS 即层叠样式表(Cascading Style Sheet)。在网页制作时采用层叠样式表技术,可以有效地对页面的布局、字体、颜色、背景和其他效果实现更加精确的控制。CSS3 是 CSS 技术的升级版本,CSS3 语言开发是朝着模块化发展的,更多新的模块也被加入进来。这些模块包括盒子模型、列表模块、超链接方式、语言模块、背景和边框、文字特效、多栏布局等。

使用 CSS 的好处是用户只需要一次性定义文字的显示样式,就可以在各个网页中统一使用,这样既避免了用户的重复劳动,也可以使系统的界面风格统一。

### 5.6.1　CSS 基本语句

CSS 一般由若干条样式规则组成,以告诉浏览器应怎样去显示一个文档。而每条样式规则都可以看作是一条 CSS 的基本语句。

一条 CSS 的基本语句的结构如下:

```
选择器{
    属性名:值;
    属性名:值;
    …
}
```

例如:

```
div{
width:100px;
font - size:16pt;
color:red
}
```

上述代码中,width 设置宽度,把< div >元素宽度设置为 100px。font-size 设置字体大小,把字体设置成 16pt;而 color 设置文字的颜色,颜色是红色。

基本语句都包含一个选择器(selector),用于指定在 HTML 文档中哪种 HTML 标记元素(例如< body >、< p >或< h3 >)套用花括号内的属性设置。每个属性带一个值,共同地描述这个选择器应该如何显示在浏览器中。

### 5.6.2 在 HTML 文档中应用 CSS 样式

**1. 内部样式表**

在网页中可以使用< style >元素定义一个内部样式表,指定该网页内元素的 CSS 样式。

【例 5-33】 使用内部样式表。

代码如下:

```
< HTML >
 < HEAD >
   < STYLE type = "text/css">
     A {color: red}
     P {background - color: yellow; color:white}
   </STYLE >
 </HEAD >
 < BODY >
   < A href = "http://www.zut.edu.cn">CSS 示例</A>
   <P>你注意到这一段文字的颜色和背景颜色了吗?</P>
</BODY > </HTML >
```

**2. 样式表文件**

一个网站包含很多网页,通常这些网页都使用相同的样式,如果在每个网页中重复定义样式表,显然是很麻烦的。可以定义一个样式表文件,样式表文件的扩展名为 . css,例如 style. css。然后在所有网页中引用样式表文件,应用其中定义的样式表。

在 HTML 文档中可以使用< link >元素引用外部样式表。

【例 5-34】 演示外部样式表的使用。

创建一个 style. css 文件,内容如下:

```
A {color: red}
P {background - color: blue; color:white}
```

引用 style. css 的 HTML 文档的代码如下:

```
< HTML >
 < HEAD >
   < link rel = "stylesheet" type = "text/css" href = "style.css" />
 </HEAD >
 < BODY >
   < A href = " http://www.zut.edu.cn ">CSS 示例</A>
   <P>你注意到这一段文字的颜色和背景颜色了吗?</P>
</BODY > </HTML >
```

### 5.6.3 CSS 选择器

在 CSS 中选择器用于选择需要添加样式的元素。选择器主要有如下三种。

**1. 标记选择器**

一个完整的 HTML 页面是由很多不同的标记元素组成,例如< body >、< p >或< h3 >。而标记选择器,则决定标记元素所采用的 CSS 样式。

例如,在 style.css 文件中对< p >标记样式的声明如下:

```
p{
font - size:12px;
background:♯900;
color:090;
}
```

则页面中所有< p >标记的背景都是♯900(红色),文字大小均是 12px,颜色为♯090(绿色),在后期维护中,如果想改变整个网站中< p >标记背景的颜色,只需要修改 background 属性就可以了。

**2. 类别选择器**

在定义 HTML 元素时,可以使用 class 属性指定元素的类别。在 CSS 中可以使用.class 选择器选择指定类别的 HTML 元素,方法如下:

```
.类名
{
    属性:值;…属性:值;
}
```

在 HTML 中,标记元素可以定义一个 class 的属性。代码如下:

```
< div class = "demoDiv">这个区域字体颜色为红色</div>
< p class = "demoDiv">这个段落字体颜色为红色</p>
```

CSS 的类别选择器根据类名来选择,前面以".."来标志,如:

```
.demoDiv{
    color:♯FF0000;
}
```

最后,用浏览器浏览,发现所有 class 为 demoDiv 的元素都应用了这个样式,包括页面中的< div >元素和< p >元素。

**3. id 选择器**

使用 id 选择器可以根据 HTML 元素的 id 选取 HTML 元素,所谓 id,相当于 HTML 文档中的元素的"身份证",以保证其在一个 HTML 文档中具有唯一性。这给使用 JavaScript 等脚本编写语言的应用带来了方便。要将一个 id 包括在样式定义中,需要"♯"作为 id 名称的前缀。例如,将 id="highlight"的元素设置背景为黄色的代码如下:

```
♯ highlight{background - color:yellow;}
```

# 第 **6** 章

## D3开发入门

近年来可视化越来越流行，许多报纸杂志、门户网站、新闻、媒体都大量使用可视化技术，使得复杂的数据和文字变得十分容易理解，有一句谚语"一张图片价值于一千个字"，的确是名副其实。各种数据可视化工具也如井喷式地发展，D3 正是其中的佼佼者。本章开始进入 D3 开发。

## 6.1 D3 入门实例

### 1. HTML 中输出 Hello World

在 HTML 中输出两行文字 Hello World 的代码如下：

```html
<html>
  <head>
      <meta charset = "utf - 8">
      <title>HelloWorld</title>
  </head>
    <body>
      <p>Hello World 1</p>
      <p>Hello World 2</p>
    </body>
</html>
```

在浏览器中输出两行文字：

```
Hello World 1
Hello World 2
```

### 2. 用 JavaScript 来改变 Hello World

对于上面输出的内容,如果想用 JavaScript 改变这两行文字为"I like D3.",代码如下:

```html
<html>
  <head>
        <meta charset = "utf - 8">
        <title> HelloWorld </title>
  </head>
    <body>
    <p> Hello World 1 </p>
    <p> Hello World 2 </p>
    <script>
        var paras = document.getElementsByTagName("p");
        for (var i = 0; i < paras.length; i++) {
            var paragraph = paras.item(i);
            paragraph.innerHTML = "I like D3.";        //修改<p>元素的文本内容为"I like D3."
        }
    </script>
    </body>
</html>
```

浏览器中输出两行文字变为:

```
I like D3.
I like D3.
```

### 3. 用 D3 来更改 Hello World

使用 D3 来修改这两行文字内容,只需添加两行代码即可。其中一行是引用 D3.js 源文件。代码如下:

```html
<html>
  <head>
        <meta charset = "utf - 8">
        <title> HelloWorld </title>
        <script src = "http://d3js.org/d3.v3.min.js" charset = "utf - 8"></script>
  </head>
    <body>
        <p> Hello World 1 </p>
        <p> Hello World 2 </p>
        <script>
            d3.select("body").selectAll("p").text("I like D3.");
        </script>
    </body>
</html>
```

上述代码也实现同样的功能,但是却显得十分简洁。其实 D3.js 中的所有功能在 JavaScript 中都能实现,它仅仅是一个函数库而已。D3 所做的事就是减轻工作量,以及使代码十分简单易懂。

改变段落的颜色和字体大小，稍微修改代码如下：

```
//选择<body>中所有的<p>元素，其文本内容设置为"I like D3."，选择集保存在变量 p 中
var p = d3.select("body").selectAll("p").text("I like D3.");
//修改段落的颜色和字体大小
p.style("color","red")
 .style("font-size","72px");
```

上面的代码是先将选中的元素赋值给变量 p，然后通过变量 p 来改变段落的样式，这样可以使代码更整洁。

另外发现 D3 能够连续不断地调用函数，形如：

```
d3.select().selectAll().text()
```

称为链式语法。它和 JQuery 的语法很像，常用 JQuery 的读者一定会感到很亲切。例如选择< body >中所有的< p >元素，可采用如下方式：

```
d3.select ("body").selectAll("p");
```

前面的程序中还涉及一个概念：选择集。

使用 d3.select()或 d3.selectAll()选择元素后返回的对象（元素集），就是选择集。下面学习选择集与数据绑定。

# 6.2　选择集与数据绑定

选择集（selection）是 D3 中的核心对象，用来封装一组从当前 HTML 文档中选中的元素。选择集和绑定数据通常是一起使用的。

## 6.2.1　选择元素

在 D3 中，用于选择元素的函数有如下两个。

d3.select()：是选择所有匹配元素的第一个元素。

d3.selectAll()：是选择匹配元素的全部元素。

这两个函数返回的结果称为**选择集**（selection）。例如：

```
var body = d3.select("body");           //选择文档中的<body>元素
var p1 = body.select("p");              //选择<body>中的第一个<p>元素
var p = body.selectAll("p");            //选择<body>中的所有<p>元素
var svg = body.select("svg");           //选择<body>中的<svg>元素
var rects = svg.selectAll("rect");      //选择<svg>中所有的<rect>元素
```

**1. select()：选中单个元素**

select()方法用来创建最多只包含一个 HTML 元素的选择集。如果当前文档中没有匹

配的元素,则建立一个空选择集;如果当前文档中有多个匹配的元素,也只用第一个匹配元素建立选择集。

有两种方法调用 select()。

(1) 使用 CSS 选择符指定匹配条件。

最常用的调用方法是传入一个 CSS 选择符字符串:

```
d3.select(selector)
```

例如:

```
var p2 = body.select("♯myid");        //选择 id 名称为"myid"的元素
```

(2) 将 DOM 对象转化为选择集对象。

有时需要将一个 DOM 对象转化为一个选择集对象,这时可以直接向 select()方法传入这个 DOM 对象:

```
d3.select(node)
```

一种常见的应用场景是在事件回调函数中,将 this 转化成选择集对象:d3.select(this),因为这时 this 指向触发事件的 DOM 元素。

**2. selectAll():选中多个元素**

selectAll()方法用来创建可包含多个 DOM 元素的选择集。如果当前文档中没有匹配的元素,则建立一个空选择集;如果当前文档中有多个匹配的元素,则使用所有匹配元素建立选择集。

和 select()方法一样,也有两种方式调用 selectAll()方法。

(1) 使用 CSS 选择符指定匹配条件。

最常用的调用方法是传入一个 CSS 选择符字符串:

```
d3.selectAll(selector)
```

(2) 将一组 DOM 对象转化为选择集对象。

如果已经获得了一组 DOM 对象,可以直接将其转化为选择集对象:

```
d3.selectAll(nodes)
```

如在事件回调函数中,使用 d3.select(this.childNodes)创建选择集。

**3. 选择元素实例**

下面通过实例学习选择元素。在< body >中有三个段落元素:

```
< html >
    < head >
        < title > HelloWorld </title>
```

```
        < script src = "http://d3js.org/d3.v3.min.js" charset = "utf - 8"></script>
    </head>
    < body >
        < p > Apple </p>
        < p > Pear </p>
        < p > Banana </p>
    </body>
< html >
```

1) 选择第一个<p>元素

使用 select 方法,参数传入"p"即可,如此返回的是第一个<p>元素。代码如下:

```
var body = d3.select("body");          //选择文档中的<body>元素
var p1 = body.select("p");             //选择<body>中第一个<p>元素
p1.style("color","red");               //设置为红色属性
```

页面运行后,可见 Apple 为红色效果。

2) 选择三个<p>元素

使用 selectAll()方法选择< body >中所有的<p>元素。代码如下:

```
var body = d3.select("body");          //选择文档中的<body>元素
var p = body.selectAll("p");           //选择<body>中所有的<p>元素
p.style("color","red");                //设置为红色属性
```

页面运行后,可见三个<p>元素为红色效果。

3) 选择第二个<p>元素

有多种方法,一种比较简单的方法是给第二个元素添加一个 id 号。代码如下:

```
< p id = "myid"> Pear </p>
```

然后,使用 select 选择元素,注意参数中 id 名称前要加♯号。代码如下:

```
var body = d3.select("body");          //选择文档中的<body>元素
var p2 = body.select("♯myid");         //选择 id 名称为"myid"的元素
p2.style("color","red");               //设置为红色属性
```

页面运行后,可见 Pear 为红色效果。

4) 选择后两个<p>元素

在 HTML 页面中给后两个元素添加 class 类别。代码如下:

```
< p class = "myclass"> Pear </p>
< p class = "myclass"> Banana </p>
```

由于需要选择多个元素,要用 selectAll()方法。注意,class 名称前要加一个点。代码
如下:

```
var body = d3.select("body");          //选择文档中的<body>元素
var p = body.selectAll(".myclass");    //选择有"myclass"类别的两个<p>元素
p.style("color","red");
```

select()和 selectAll()的参数,其实是符合 CSS 选择器的规则的,即用"♯"表示 id,用
"."表示 class 类别。

## 6.2.2 设置和获取属性

选择集提供了众多的方法(D3 也称之为操作符,operator)来设置属性、样式、文本内容
以及监听 DOM 事件等操作。从这个角度看,D3 的选择集对象类似于 jQuery 中的 $ 对象。
有趣的是,D3 的选择集对象和 jQuery 对象一样,也具有链式调用的能力。绝大多数的选择
集操作符返回的结果还是一个选择集(可能和最初的选择集内容不一样),这使得调用可以
持续下去,像一条流水线,这称为链式语法。

D3 提供多种设置选择集对象属性的方法用法如下。

**1. attr()操作符**

attr()操作符用来设置或获取选择集中各元素的属性。语法如下:

```
selection.attr(name[,value])
```

attr()操作符有两个参数:name,指定要操作的属性名称,必选;value,指明要为该属
性设置的新值或访问器函数,可选。

(1) 读取属性当前值。

如果没有指定参数 value,那么 attr()将返回选择集中第一个元素指定属性的当前值。

(2) 为属性设置新值。

参数 value 可以是一个具体值,这时 attr()将选择集中所有元素的指定属性值统一设置
为该新值。

【例 6-1】 下面例子将第一行的所有列元素的背景色设置为黄色。

代码如下:

```
<!DOCTYPE html>
<html>
    <head>
        <meta charset = "UTF-8" content = "">
        <title>core - selection.selectAll(selector)</title>
    </head>
    <script type = "text/javascript" src = "http://d3js.org/d3.v3.min.js"></script>
    <div style = "width:300px;height:100px;">
        <table border = "1" style = "border-collapse:collapse">
            <tr>
                <td>苹果</td>
                <td>香蕉</td>
                <td>西瓜</td>
```

```
            </tr>
            <tr>
                <td>桃子</td>
                <td id = "test">草莓</td>
                <td>菠萝</td>
            </tr>
        </table>
        <p>
        <table border = "2" style = "border-collapse:collapse">
            <tr>
                <td>可乐</td>
                <td>牛奶</td>
            </tr>
            <tr>
                <td>绿茶</td>
                <td class = "test">啤酒</td>
            </tr>
        </table>
    </div>
    <script>
        //选择第一行的所有列,设置选中元素的背景色为黄色
        d3.select("tr").selectAll("td").attr("style","background:yellow")
    </script>
```

浏览器中输出结果如图 6-1 所示。

图 6-1　attr()操作符设置选中元素的背景色

**2. html()操作符**

html()操作符设置或获取选择集中元素的 HTML 内容,相当于 DOM 的 innerHTML 属性,因此设置这个值将完全替换选择集中每一个元素的全部内容(包括内部标签)。语法如下:

```
selection.html([value])
```

参数 value 是可选的,用来替换当前内容。

(1) 读取 HTML 内容。

如果没有指定参数 value,那么 html()操作符将返回选择集中第一个元素的 HTML 内容。代码如下:

```
// HTML 中的元素,标签里包含着标签
<p>This<span>is</span> a paragraph</p>
//选择<p>元素后,调用 html ()函数,将返回值在控制台中输出
console.log(d3.select("p").html());
```

输出结果为 Thisis a paragraph,包含其中的 span 标签。

（2）设置 HTML 内容。

如果参数 value 是一个具体值,那么 html()操作符将选择集中所有元素的 HTML 内容统一设置为该值。

### 3. text()操作符

text()操作符设置或获取选择集中各元素的文本内容,因此设置这个值将完全替换选择集中每一个元素的文本内容。语法如下:

```
selection.text([value])
```

参数 value 是可选的,用来替换当前内容。

（1）读取文本内容。

如果没有指定参数 value,那么 text()操作符将返回选择集中第一个元素的文本内容。代码如下:

```
// HTML 中的元素,标签里包含着标签
<p>This<span>is</span> a paragraph</p>
//选择<p>元素后,调用 text()函数,将返回值在控制台中输出
console.log(d3.select("p").text());
```

输出结果为 This is a paragraph,不包含其中的 span 标签。

（2）设置文本内容。

如果参数 value 是一个具体值,那么 text()操作符将选择集中所有元素的文本内容统一设置为该值。代码如下:

```
var s = d3.selectAll("div");   //选中所有<div>元素创建选择集对象:s
s.text("demo");                //使用选择集对象的 text()方法设置这些<div>元素的文本内容
```

### 4. style()操作符

style()操作符用来设置或获取选择集中各元素的 CSS 样式。语法如下:

```
selection.style(name[,value[,priority]])
```

style()操作符有三个参数：name,样式名称字符串,必选；value,指定样式新的值,可选；priority,优先级,可以是 null 或字符串"important",可选。

（1）读取样式当前值。

如果没有指定参数 value,那么 style()将返回选择集中第一个元素样式。请注意,这时

只返回第一个元素的样式。

(2) 为样式设置新值。

如果参数 value 是一个具体值,那么 style()将选择集中所有元素的样式统一设置为该值。当 value 为 null 值时,将清除该样式值。代码如下:

```
d3.select("p"). style ("color","red"). style ("font-size","30px")
```

则元素< p >会添加如下 style 属性:

```
< p  style = "color : red;  font-size : 30px; ">This < span > is </span> a paragraph </p>
```

如果有多个样式需要同时设置,可以直接传入一个 JSON 对象:

```
selection. style({"color ": " red", "font-size": "30px"})
```

## 6.2.3　插入和删除元素

插入元素涉及的操作符有两个:append()和 insert()。

### 1. append 操作符

append()操作符向选择集末尾插入一个新元素。语法如下:

```
selection. append (name)
```

参数 name 可以是一个 HTML 元素标签名。

假设在< body >中有三个段落元素:

```
< body >
< p > Apple </p>
< p id = "#myid">Pear </p>
< p > Banana </p>
</body >
```

在< body >的末尾添加一个< p >元素如下:

```
var body = d3.select("body");
    body.append("p")
        .text("hello");
```

运行结果为:

```
Apple
Pear
Banana
hello
```

**2. insert()操作符**

insert()操作符向选择集中在指定元素之前插入一个新元素。语法如下：

```
selection.insert(name[,before])
```

和 append()一样,参数 name 可以是一个 HTML 元素标签名。位置参数 before 指定一个用来定位的元素。当省略位置参数 before 时,新创建的元素将插入到最后,等效于append()。

insert()返回的是一个选择集,其内容是插入后这些元素。

在<body>中 id 为 myid 的元素前添加一个段落元素。代码如下：

```
var body = d3.select("body");
body.insert("p","#myid")
        .text("insert p element");        //链式语法
```

上述代码已经指定了 Pear 段落的 id 为 myid。

运行结果为：

```
Apple
insert p element
Pear
Banana
```

**3. remove()操作符**

remove()操作符将选择集中的全部元素从当前 HTML 文档中移除。语法如下：

```
selection.remove()
```

需要指出的是,remove()操作符并没有销毁这些移除的元素,而仅仅是将它们从当前文档中移除。另外,当前 D3 没有提供专门的 API 将这些移除的元素重新加到 HTML 文档中。如果需要这个功能可以使用 append()或 insert()操作符。

【例6-2】 插入和删除元素的示例代码。

```
<html>
<head>
    <meta charset = "utf-8">
    <title>插入和删除元素</title>
</head>
</style>
<body>
    <p>Apple</p>
    <p id = "myid">Pear</p>
    <p>Banana</p>
```

```
< script src = "http://d3js.org/d3.v3.min.js" charset = "utf - 8"></script>
< script >
var body = d3.select("body");
//插入元素
body.append("p")
    .text("append p element");
body.insert("p","#myid")
    .text("insert p element");
//删除元素
var p = body.select("#myid");
p.remove();
</script>
</body>
</html>
```

运行结果为：

```
Apple
insert p element
Banana
append p element
```

## 6.2.4　绑定数据

D3 有一个很独特的功能：能将数据绑定到 DOM 上，也就是绑定到文档上。数据绑定（data-join）是 D3 的核心内容，是 D3 之所以被称为 Data-Driven 的原因。它主要是为了解决两个问题：

- 如何根据数据添加元素。
- 当数据发生更新时，如何修改元素。

D3 中是通过以下两个函数来绑定数据到元素上。

datum()：绑定一个数据到选择集上。

data()：绑定一个数组到选择集上，数组的各项值分别与选择集的各元素绑定。

相对而言，data()比较常用。

假设现在 HTML 文件中有三个段落元素< p >如下。

```
< p > Apple </p>
< p > Pear </p>
< p > Banana </p>
```

接下来分别使用 datum()和 data()将数据绑定到上面三个段落元素< p >上。

**1. datum()**

【例 6-3】　假设有一字符串"China"，要将此字符串分别与三个段落元素绑定。代码如下：

```
<html>
  <head>
        <meta charset = "utf - 8">
        <title>选择元素和绑定数据</title>
  </head>
  <body>
    <p>Apple</p>
    <p>Pear</p>
    <p>Banana</p>
    <script src = "http://d3js.org/d3.v3.min.js" charset = "utf - 8"></script>
        <script>
        var str = "China";
        var body = d3.select("body");
        var p = body.selectAll("p");
        //使用 datum 绑定单个数据
        p.datum(str); //绑定数据后使用此数据来修改三个段落元素的内容
        p.text(function(d, i){
            return "第 " + (i + 1) + " 个元素绑定的数据是 " + d;
        });
    </script>
  </body>
</html>
```

运行结果为：

```
第 1 个元素绑定的数据是 China
第 2 个元素绑定的数据是 China
第 3 个元素绑定的数据是 China
```

在上面的代码中,用到了一个匿名函数 function(d, i)。当选择集需要使用被绑定的数据时常需要这么使用。其一般包含两个参数：d 代表数据,也就是与某元素绑定的数据；i 代表索引,代表数据的索引号,从 0 开始。

例如,上述例子中第 1 个元素 apple(索引号 0)绑定的数据是 China,第 2 个元素 Pear(索引号 1)绑定的数据是 China,第 3 个元素 Banana(索引号 2)绑定的数据是 China。

**2. data()**

假设有一个数组 dataset,要分别将数组的各元素绑定到三个段落元素上。代码如下：

```
var dataset = ["I like dogs","I like cats","I like snakes"];
```

绑定之后,其对应关系的要求为：

- <p>Apple</p>与 I like dogs 绑定。
- <p>Pear</p>与 I like cats 绑定。
- <p>Banana</p>与 I like snakes 绑定。

可以调用 data()绑定数据,并替换三个段落元素的字符串为被绑定的数组字符串：

```
var body = d3.select("body");
var p = body.selectAll("p");
p.data(dataset)
  .text(function(d, i){
      return d;
  });
```

运行结果为：

```
I like dogs
I like cats
I like snakes
```

这段代码也用到了一个匿名函数 function(d，i)，其对应的情况如下。

当 i == 0 时，d 为"I like dogs"。

当 i == 1 时，d 为"I like cats"。

当 i == 2 时，d 为"I like snakes"。

此时，三个段落元素与数组 dataset 的三个字符串是一一对应的，因此在函数 function(d，i)中直接 return d 即可。结果是三个段落的文字分别变成数组的三个字符串。

如果只选择其中一个元素进行操作，假设只修改<p>Banana</p>，可以给第三个<p>元素赋予一个 id，即：

```
<p id = "p3"> Banana </p>
```

再选择此元素进行操作即可。

```
var sp = d3.select("body").select("#p3");      //选择元素
sp.text("I like snakes")                       //进行操作
```

对于已经绑定了数据的选择集，还有一种选择元素的方法，那就是灵活运用 function(d，i)。我们已经知道参数 i 是代表索引号的，于是便可以用条件判定语句来指定执行的元素。

例如：

```
if(条件){                    //用条件指定元素
    d3.select(this).text()  //获取当前元素的文本
}
```

这样获取当前元素的文本；也可以直接用 JavaScript 的 this. innerHTML 或 this. innerText 来获取当前元素的文本。

【例 6-4】 对有三个<p>段落的 HTML 文档仅仅替换最后一个<p>段落文本为"I like snakes"。

代码如下：

```
< html >
  < head >
        < meta charset = "utf - 8">
        < title >选择元素和绑定数据</title>
  </head >
  < body >
    < p > Apple </p >
    < p > Pear </p >
    < p > Banana </p >
    < script src = "http://d3js.org/d3.v3.min.js" charset = "utf - 8"></script >
    < script >
        var dataset = ["I like dogs","I like cats","I like snakes"];
        p.data(dataset)                            //使用data绑定数组
          .text(function(d, i){
              if(i == 2)                           //用条件指定元素即最后一个<p>段落
                  return  d;
              else
                  return  this.innerText;          //不修改内容,返回原来的文本
          });
    </script >
  </body >
</html >
```

运行结果为：

```
Apple
Pear
I like snakes
```

## 6.3  enter-update-exit 模型

enter、update、exit 是 D3 中三个非常重要的概念，它处理的是当选择集和数据的数量关系不确定的情况。

**1. 什么是 enter、update、exit**

假设，在 HTML 文档的< body >中有三个< p >元素与数组[3,6,9]绑定，则可以将数组中的每一项分别与一个< p >元素绑定在一起。但是，有一个问题：**当数组的长度与元素数量不一致（数组长度>元素数量或数组长度<元素数量）时呢？** 这时候就需要理解 enter、update、exit 的概念。

如果数组为[3,6,9,12,15]，将此数组绑定到三个< p >元素的选择集上。可以想象，会有两个数据没有元素与之对应，这时候 D3 会建立两个空的元素与数据对应，这一部分就称为 **enter**。而有元素与数据对应的部分称为 **update**。如果数组仅为[3]，则会有两个元素没有数据绑定，那么没有数据绑定的部分被称为 **exit**。示意图如图 6-2 所示。

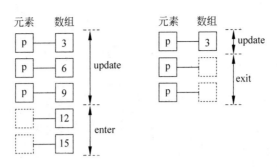

图 6-2　enter-update-exit 模型

例如：

```
var dataset = [ 3 , 6 , 9 , 12 , 15 ];
svg.selectAll("rect")           //选择 svg 内所有的矩形
    .data(dataset)              //绑定数组
    .enter()                    //指定选择集的 enter 部分
    .append("rect")             //添加足够数量的矩形元素
```

假如在 SVG 里没有 rect 元素，即元素数量为 0。有一数组 dataset，将数组与元素数量为 0 的选择集绑定后，选择其 Enter 部分（请仔细看图 6-2），然后添加（append）元素，也就是添加足够的元素，使得每一个数据都有元素与之对应。

**2. update 和 enter 的使用**

当对应的元素不足（绑定数据数量>对应元素）时，需要添加元素。

**【例 6-5】**　对有三个<p>段落的 HTML 文档，要绑定一个长度大于 3 的数组到<p>的选择集上，然后分别处理 update 和 enter 两部分。

```
<html>
  <head>
        <meta charset = "utf-8">
        <title> update 和 enter 的使用</title>
  </head>
  <body>
    <p> Apple </p>
    <p> Pear </p>
    <p> Banana </p>
    <script src = "http://d3js.org/d3.v3.min.js" charset = "utf-8"></script>
    <script>
    var dataset = [ 3 , 6 , 9 , 12 , 15 ];
    var p = d3.select("body").selectAll("p");       //选择<body>中的<p>元素
    var update = p.data(dataset);                    //获取 update 部分
    var enter = update.enter();                      //获取 enter 部分

    //update 部分的处理：更新属性值
    update.text(function(d){
```

```
            return "update " + d;
        });
    //enter 部分的处理：添加元素后赋予属性值
    enter.append("p")
        .text(function(d){
            return "enter " + d;
        });
    </script>
    </body>
</html>
```

运行结果为：

```
update 3
update 6
update 9
enter 12
enter 15
```

**注意**：update 部分的处理办法一般是更新属性值。而 enter 部分的处理办法一般是添加元素后，再赋予属性值。

enter 的使用最为多见。因为用 D3 做数据可视化时，有需要的数据，且数据量巨大，而 HTML 却中很少有与之对应数量的元素，所以要特别熟练 enter 的使用方法。

**3. update 和 exit 的使用**

当对应的元素过多时（绑定数据数量<对应元素），需要删掉多余的元素。

【**例 6-6**】 对有三个<p>段落的 HTML 文档，要绑定一个长度小于 3 的数组到<p>的选择集上，然后分别处理 update 和 exit 两部分。

```
<html>
  <head>
        <meta charset = "utf-8">
        <title>update 和 exit 的使用</title>
  </head>
  <body>
  <p>Apple</p>
  <p>Pear</p>
  <p>Banana</p>
  <script src = "http://d3js.org/d3.v3.min.js" charset = "utf-8"></script>
  <script>
  var dataset = [ 3 , 6 ];
  var p = d3.select("body").selectAll("p");          //选择<body>中的<p>元素
  var update = p.data(dataset);                       //获取 update 部分
  var exit = update.exit();                           //获取 exit 部分

  //update 部分的处理：更新属性值
```

```
    update.text(function(d){
        return "update " + d;
    });
    //exit 部分的处理：修改<p>元素的属性
    exit.text(function(d){
            return "exit";
    });
    </script>
    </body>
</html>
```

运行结果为：

```
update 3
update 6
exit
```

实际上，exit 部分的处理通常是删除元素：

```
exit.remove();
```

exit 部分删除以后，页面中将不会有多余的<p>元素，剩下来每一个<p>元素都有数据与之对应。

**4. 数据更新时的处理模板**

如果不知道数组的长度，如何为 update、enter、exit 提供处理方案呢？其实，数组长度和元素数量的大小并不重要。在多数可视化中，无论哪一边大，updated 所代表的元素都该"更新"，enter 所代表的元素都该"添加"，exit 所代表的元素都该"删除"。因此，这种数据绑定允许开发者在不知道新数据长度的情况下更新图形。

将这类问题的处理方案总结为一个模板，代码如下：

```
var dataset = [ 10 , 20 ,30 ];
var p = d3.select("body").selectAll("p");          //选择<body>中的<p>元素
var update = p.data(dataset);                       //获取 update 部分
var enter = update.enter();                         //获取 enter 部分
var exit = update.exit();                           //获取 exit 部分

//update 部分的处理：更新属性值
update.text(function(d){
    return   d;
});
//enter 部分的处理：添加元素后赋予属性值
enter.append("p")
    .text(function(d){
        return   d;
});
```

```
//exit 部分的处理：修改<p>元素的属性
exit.remove();
  </script>
 </body>
</html>
```

此时，无论网页中的<p>元素是多余的还是不足的，最终的结果必定是一个<p>元素对应数封组中的一项，没有多余的。

# 6.4 获取外部数据

D3 支持从外部读取数据（loading external resource）进行图形交互，支持的格式有CSV、TXT、HTML、TSV、XML 文本文件和 JSON 数据，下面列出了它的读取外部资源的方法。

d3.text：请求一个 TXT 文件。

d3.json：请求一个 JSON。

d3.html：请求一个 HTML 文本片段。

d3.xml：请求一个 XML 文本片段。

d3.csv：请求一个 CSV（Comma-Separated Values，逗号分隔值）文件。

d3.tsv：请求一个 TSV（Tab-Separated Values，Tab 分隔值）文件。

## 6.4.1 JSON 数据

### 1. JSON 格式

JSON（JavaScript Object Notation）就是 JavaScript 对象标记，是一种轻量级的数据交换格式。它基于 ECMAScript（W3C 制定的 JavaScript 规范）的一个子集，采用完全独立于编程语言的文本格式来存储和表示数据。简洁和清晰的层次结构使得 JSON 成为理想的数据交换语言。JSON 易于人阅读和编写，同时也易于机器解析和生成，并有效地提升网络传输效率。

简单地说，JSON 就是 JavaScript 中的对象和数组，通过这两种结构可以表示各种复杂的结构。

（1）对象在 JavaScript 中表示为"｛｝"括起来的内容，形式为"名称/值对"｛key：value，key：value，…｝的结构，在面向对象的语言中，key 为对象的属性，value 为对应的属性值，"对象.key"获取属性值，这个属性值的类型可以是数字、字符串、数组、对象。示例如下：

```
{"firstName":"Brett","lastName":"McLaughlin","email":"aaaa",,"age":"43"}
```

（2）数组在 js 中是中括号"［］"括起来的内容，形式为［元素，元素，元素，…］，取值方式使用索引获取，元素的类型可以是数字、字符串、数组、对象。

例如，希望表示多个人员信息的列表。如果使用 JSON，只需将多个带花括号的对象组合在一起。

```json
{
    "people":[
            {"firstName":"Brett","lastName":"McLaughlin","email":"aaaa"},
            {"firstName":"Jason","lastName":"Hunter","email":"bbbb"},
            {"firstName":"Elliotte","lastName":"Harold","email":"cccc"}
            ]
}
```

在这个示例中,只有一个名为 people 的变量,值是包含三个元素的数组,每个元素是一个人的信息,其中包含名、姓和电子邮件地址。

**2. JSON 格式与 XML 的区别**

XML 和 JSON 都使用结构化方法来标记数据,下面来做一个简单的比较。用 XML 表示中国部分省市数据如下:

```xml
<?xml version = "1.0" encoding = "utf - 8"?>
<country>
    <name>中国</name>
    <province>
        <name>黑龙江</name>
        <cities>
            <city>哈尔滨</city>
            <city>大庆</city>
        </cities>
    </province>
    <province>
        <name>广东</name>
        <cities>
            <city>广州</city>
            <city>深圳</city>
            <city>珠海</city>
        </cities>
    </province>
    <province>
        <name>台湾</name>
        <cities>
            <city>台北</city>
            <city>高雄</city>
        </cities>
    </province>
</country>
```

用 JSON(chinacity.json)表示如下:

```json
{
    "name": "中国",
    "province":
```

```
[{
    "name": "黑龙江",
    "cities": {
        "city": ["哈尔滨", "大庆"]
    }
}, {
    "name": "广东",
    "cities": {
        "city": ["广州", "深圳", "珠海"]
    }
}, {
    "name": "台湾",
    "cities": {
        "city": ["台北", "高雄"]
    }
}]
}
```

可以看到，JSON 简单的语法格式和清晰的层次结构明显要比 XML 容易阅读，并且在数据交换方面，由于 JSON 所使用的字符要比 XML 少得多，可以大大节约传输数据所占用的带宽。

**3. 读取 JSON 格式数据**

由于 D3 读取 JSON 数据是不能本地读取的，所以需要自己去建一个 Web 服务器，然后将 JSON 文件放到 Web 服务器的文件夹下。

```html
<! DOCTYPE html>
<head>
    <meta http-equiv = "Content-Type" content = "text/html; charset = utf-8" />
    <title>读取 JSON 数据</title>
    <script type = "text/javascript" src = "http://d3js.org/d3.v3.min.js"></script>
</head>
<body>
    <div id = "borderdiv">读取 JSON 数据</div>
    <script>
        d3.json("chinacity.json ",function(error,data)    //读取 JSON 文件
        {
            console.log(error, data)
        });
    </script>
</body>
</html>
```

同时，需要将读取 JSON 数据代码文件 test. html 也放置在服务器目录下，使用 Web URL(类似 http://localhost/test. html)进行测试。读取的 data 的内容如图 6-3 所示。

```
null ▼{name: "中国", province: Array(3)} 🅘
       name: "中国"
     ▼province: Array(3)
       ▶0: {name: "黑龙江", cities: {…}}
       ▶1: {name: "广东", cities: {…}}
       ▶2: {name: "台湾", cities: {…}}
        length: 3
       ▶__proto__: Array(0)
    ▶__proto__: Object
```

图 6-3　data 的内容

## 6.4.2　CSV 数据

CSV 表格文件是以逗号作为单元分隔符的，其他还有以制表符 Tab 作为单元分隔符的 TSV 文件，还有人为定义的其他分隔符的表格文件。本节将说明在 D3 中如何读取它们。

**1. CSV 和 TSV 表格文件**

1）CSV 表格文件

data.csv 存放数据，第一行为变量名称。格式如下：

```
title,value
标签 1,100
标签 2,200
标签 3,300
…
```

2）TSV 表格文件

它和 CSV 文件仅仅是分隔符不一致。它的格式如下：

```
title    value
标签 1    100
标签 2    200
标签 3    300
```

**2. 读取 CSV 文件**

读取 CSV 文件，要使用它的 d3.csv(filename,[function(error,data){}])方法，可将 CSV 文件中数据读到程序中。

例如，下面的代码读取 dada.csv 文件中的数据，并将结果格式化后保存到 dataset 数组里面。注意，要测试这个功能，需要将代码放置在服务器目录下，使用 WebURL（类似 http://localhost/test.html）进行测试。

```
d3.csv("data.csv", function(error, csv){
    if(error)
        console.log(error);
    var dataset = [];
    var xMark = [];
    csv.forEach(function(d)
    {
        dataset.push(parseFloat(d.value));
```

```
        xMark.push(d.title);
    });
    …其他事件处理代码…
});
```

可以看出 CSV 中的每个元素都有一个对象,每个对象里都有 title 、value 两个成员变量。

读取外部数据时,因为是异步执行的,需要将数据处理以及数据应用代码放置在数据结果处理函数中,否则可能因为异步数据导致代码执行时数据还没有读到,因此引发不可测的后果。从 CSV 读取数据并显示在折线图上,示例代码如下:

```
//读取 CSV 文件
d3.csv("data.csv",function(error,csv)
{
    var dataset = [];
    var xMark = [];
    csv.forEach(function(d)
    {
        dataset.push(parseFloat(d.value));
        xMark.push(d.title);
    });
    var chart = new magicdataLine(10,10);
    chart.title = "从 CSV 文件中读取的数据";
    chart.dataset = [dataset];
    chart.xMarks = xMark;
    chart.lineNames = ["系列 1"];
    chart.draw();
});
```

代码非常简单,D3 在后台将数据读取和处理工作全部完成了,我们只需要读取数据并转换成我们想要的类型即可。上述程序运行结果如图 6-4 所示。

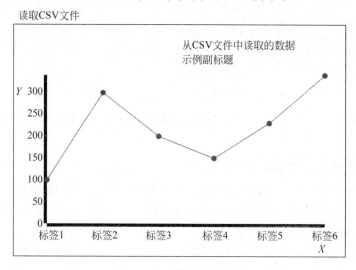

图 6-4　从 CSV 读取数据并显示在折线图上

### 3. 读取 TSV 文件

在 D3 中读取 TSV 文件的方法和读取 CSV 文件是一样的,只要更改一下函数名即可。方法如下:

```
d3.tsv("table.tsv",function(error,tsvdata){
    console.log(tsvdata);
    var str = d3.tsv.format( tsvdata );      //转换为字符串
    console.log(str.length);
    console.log(str);
});
```

读取 CSV 和 TSV 惊人地相似。其实它们本质上都是一个函数,它们在 D3.js 源码中的定义如下:

```
d3.csv = d3.dsv(",", "text/csv");
d3.tsv = d3.dsv("   ", "text/tab-separated-values");
```

可以看到,它们其实都是 d3.dsv 函数。dsv 其实可以读取以任意字符或字符串作为分隔符的表格文件。接下来我们来试试用 dsv 函数读取以分号作为分隔符的表格文件。

分号作为分隔符的 table.dsv 文件:

```
title; value
标签 1; 100
标签 2; 200
标签 3; 300
...
```

读取代码如下:

```
var dsv = d3.dsv(";", "text/plain");
dsv("table.dsv",function(error,dsvdata){
    if(error)
        console.log(error);
    console.log(dsvdata);
});
```

先用"d3.dsv(";", "text/plain");"定义分隔符为分号,再按照读取 CSV 和 TSV 文件一样的方法读取即可。

### 4. 读取 CSV 文件时乱码的解决方法

使用 d3.csv 读取 CSV 文件时,如果 CSV 文件使用的是 UTF-8 编码则不会有问题。便是如果 CSV 文件使用国内常用的 GB 2312 和 GB 18030 两种编码保存,用 d3.csv 读取时会在可视化的时候出现乱码。

前面知道使用 d3.csv 和 d3.tsv 两个函数实质上都是 d3.dsv 函数,即:

```
d3.csv = d3.dsv(",", "text/csv");
d3.tsv = d3.dsv("    ", "text/tab-separated-values");
```

在 d3.dsv 的第二个参数中，其实可以添加文字编码，方法如下：

```
var csv = d3.dsv(",", "text/csv;charset=gb2312");
var tsv = d3.dsv("    ", "text/tab-separated-values;charset=gb2312");
```

自定义 csv() 和 tsv() 读取函数，方法如下：

```
csv("xxx.csv",function(error,csvdata){

}
tsv("xxx.tsv",function(error,tsvdata){

}
```

这样乱码的问题即可解决。

# 第 **7** 章

## 绘制基本图形

本章介绍使用 SVG 格式创建图形的基础知识,介绍如何使用 SVG 内置的图形元素(如线、矩形、圆等)创建基本形状,并讲解 D3 中如何使用图形生成器在 HTML 页面中生成 SVG 图形。

## 7.1 颜色

颜色是作图不可少的概念,常用的标准有 RGB 和 HSL,D3 提供了创建颜色对象的方法,能够相互转换和插值。

### 7.1.1 RGB

RGB 色彩模式是通过对红、绿、蓝三个颜色通道相互叠加来得到各式各样的颜色。三个通道的值的范围都为 0~255,因此总共能表示 16 777 216(256×256×256)种,即一千六百多万种,几乎包括了人类所能识别的所有颜色,是最广泛也是最容易理解的颜色系统之一。

D3 中,RGB 颜色的创建、调整明暗、转换为 HSL 等方法的说明如下。

(1) d3.rgb(r, g, b):输入 r、g、b 值来创建颜色,范围都为[0, 255]。

(2) d3.rgb(color):输入相应的字符串来创建颜色。举例如下。

① RGB 的十进制值:"rgb(255, 255, 255)"。

② HSL 的十进制值:"hsl(120, 0.5, 0.5)"。

③ RGB 的十六进制值:"#ffeeaa"。

④ RGB 的十六进制值的缩写形式:"#fea"。

⑤ 颜色名称:"red""white"。

（3）rgb. brighter（[k]）：颜色变得更明亮。RGB 各通道的值乘以 0.7 ^(-k)。如果 k 省略，k 的值为 1。只有当某通道的值的范围为[30,255]时，才会进行相应的计算。

（4）rgb. darker（[k]）：颜色变得更暗。RGB 各通道的值乘以 0.7 ^ k。

（5）rgb. hsl（）：返回该颜色对应的 HSL 值。

（6）rgb. toString（）：以字符串形式返回该颜色值，如" ♯ffeeaa"。

需要注意的是，brighter（）和 darker（）并不会改变当前颜色本身，而是返回一个新的颜色，新的颜色的值发生了相应的变化。请看以下代码。

```
var color1 = d3.rgb(40,80,0);
var color2 = d3.rgb("red");
var color3 = d3.rgb("rgb(0,255,255)");
//将 color1 的颜色变亮,返回值的颜色为 r: 81, g: 163, b:0
console.log(color1.brighter(2));
//原颜色值不变,依然是 r: 40, g: 80, b:0
console.log(color1);
//将 color2 的颜色变亮,返回值的颜色为 r: 124, g: 0, b:0
console.log(color2.darker(2));
//原颜色值不变,依然是 r: 255, g: 0, b:0
console.log(color2);
//输出 color3 颜色的 HSL 值,h: 180, s: 1, l: 0.5
console.log(color3.hsl());
//输出 ♯00ffff
console.log(color3.toString());
```

函数 brighter（）、darker（）、hsl（）返回的都是对象，不是字符串，前两个函数返回的是 RGB 对象，最后一个函数返回的是 HSL 对象。

## 7.1.2　HSL

HSL 色彩模式是通过对色相（hue）、饱和度（saturation）、明度（lightness）三个通道的相互叠加来得到各种颜色的。其中，色相的范围为 0°～360°，饱和度的范围为 0～1，明度的范围为 0～1。色相的取值是一个角度，每个角度可以代表一种颜色，需要记住的是 0°或 360°代表红色，120°代表绿色，240°代表蓝色。饱和度的数值越大，颜色越鲜艳，灰色越少。明度值用于控制色彩的明暗变化，值越大，越明亮，越接近于白色；值越小，越暗，越接近黑色。

HSL 颜色的创建和使用方法与 RGB 颜色几乎是一样的，只是颜色各通道的值不同而已。

- d3. hsl（h，s，l）：根据 h、s、l 的值来创建 HSL 颜色。
- d3. hsl（color）：根据字符串来创建 HSL 颜色。
- hsl. brighter（[k]）：变得更亮。
- hsl. darker（[k]）：变得更暗。
- hsl. rgb（）：返回对应的 RGB 颜色。
- hsl. toString（）：以 RGB 字符串形式输出该颜色。

对于 HSL 颜色来说，brighter（）和 darker（）很好理解，即更改该颜色的明度值。请看以下代码。

```
var hsl = d3.hsl(120,1.0,0.5);
console.log( hsl.brighter() );          //返回的对象中 h:120, s:1.0, l:0.714
console.log( hsl.darker() );            //返回的对象中 h:120, s:1.0, l:0.35
console.log( hsl.rgb() );               //返回的对象中 r:0, g:255, b:0
console.log( hsl.toString() );          //输出 #00ff00
```

RGB 颜色和 HSL 颜色是可以互相转换的。一般来说,编程人员喜欢使用 RGB 颜色,比较好理解。美术人员更喜欢使用 HSL 颜色,方便调整饱和度与亮度。

## 7.1.3　插值

常常会有这种需求,要得到两个颜色值之间的值,这时就要用到插值(interpolation)。D3 提供了 d3.interpolateRgb()来处理 RGB 颜色之间的插值运算,d3.interpolateHsl()来处理 HSL 颜色之间的运算。更方便的是使用 d3.interpolate(),它会自动判断调用哪一个函数。d3.interpolate()也可以处理数值、字符串等之间的插值。请看下面的例子。

```
var a = d3.rgb(255,0,0);                //红色
var b = d3.rgb(0,255,0);                //绿色
var compute = d3.interpolate(a,b);
console.log( compute(0) );              //输出 #ff0000
console.log( compute(0.2) );            //输出 #cc3300
console.log( compute(0.5) );            //输出 #808000
console.log( compute(1) );              //输出 #00ff00
console.log( compute(2) );              //输出 #00ff00
console.log( compute(-1) );             //输出 #ff0000
```

这段代码里,先定义了两个颜色:红色和绿色。然后调用 d3.interpolate(a, b),会返回一个函数,函数保存在 compute 里。这时候,compute 就是一个函数,它接收一个数值,数值为 0 时,返回红色;数值为 1 时,返回绿色。数值为 0~1 的值时,返回位于红色和绿色之间的颜色。如果输入值超出 1,则返回的是绿色;如果数值小于 0,则返回红色,这是根据调用 d3.interpolate(a,b)的时候,传入参数的顺序决定的。

## 7.2　SVG

SVG(Scalable Vector Graphics,可缩放矢量图形)是用于描述二维矢量图形的一种图形格式。它由万维网联盟制定,是一个开放标准。与基于位图的图形不同,SVG 在一个数据数组中存储每个像素的颜色定义。如今,网络上使用的最常见的位图图形格式包括 JPEG、GIF 和 PNG,每种格式各具有优缺点。本节将介绍 SVG 格式如何使用。

### 7.2.1　创建基本形状

对于 SVG 图形,需要使用 XML 标记来创建形状,包括矩形、圆形、椭圆形、线条和路径

等。表 7-1 给出了这些创建 SVG 图形的 XML 元素。

表 7-1 创建 SVG 图形的 XML 元素

| 元　　素 | 描　　述 |
|---|---|
| line | 创建一条简单的直线 |
| polyline | 定义由多条线定义构成的形状 |
| rect | 创建一个矩形 |
| circle | 创建一个圆形 |
| ellipse | 创建一个椭圆 |
| polygon | 创建一个多边形 |
| path | 支持任意路径的定义 |
| g | 创建一个分组 |

### 1. line 元素

line 元素是基本的绘图元素,它可创建一条简单的直线。

【例 7-1】 创建一条红色水平线。

```
<svg xmlns = "http://www.w3.org/2000/svg" version = '1.1'  width = "100%" height = "100%">
    <line x1 = '25' y1 = "150" x2 = '300' y2 = '150'  style = 'stroke:red;stroke-width:10'/>
</svg>
```

SVG 标记具有宽度和高度属性,用于定义绘制的画布区域。在本例中,画布设置为占据所有可用空间。

该示例还使用了 style 样式标记。SVG 图形支持使用多种方法设置其内容的样式。SVG 的默认样式是没有描边,并且是黑色填充。可以使用下面列举的一些常见的 SVG 样式/属性来美化图形。

(1) 填充(fill)——颜色值。颜色值可以被指定为:
- 命名的颜色,如 green。
- 十六进制值,如 #3388aa 或 38A。
- RGB 值,如 RGB(10,150,20)。
- RGB 与 Alpha 透明度,如 RGBA(10,150,20,0.5)。

(2) 线条描边(stroke)——颜色值。

(3) 线条描边宽度(stroke-width)——数字(通常以像素为单位)。

(4) 不透明度(opacity)——0.0(完全透明)和 1.0(完全不透明)之间的数值。

要创建一个直线,可以定义相对于画布的开始和结束的 x 和 y 坐标。x1 和 y1 属性是开始坐标,x2 和 y2 属性是结束坐标。要更改线的方向,只需更改这些坐标。例如,通过修改上例 7-1,可以生成一条斜线。

```
<svg xmlns = "http://www.w3.org/2000/svg"  version = '1.1'  width = "100%" height = "100%">
    <line x1 = "0" y1 = "0" x2 = "200" y2 = "200"  style = 'stroke:red;stroke-width:10'/>
</svg>
```

### 2. polyline 元素

多直线图形是一个由多个直线组成的图形。

**【例 7-2】** 创建一个类似一组楼梯的图形。

```
< svg xmlns = "http://www.w3.org/2000/svg"  version = '1.1'  width = "100%" height = "100%" >
    < polyline points = "0,40 40,40 40,80 80,80 80,120 120,120 120,160"
                                    style = "fill:white;stroke:red;stroke - width:4"/>
</svg>
```

运行代码会生成如图 7-1 所示的图形。

要创建一个多直线图形,可以使用 points 属性并定义由逗号分隔的 x 和 y 坐标对。在本例中,第一个点定义为(0,40)。但是,单独一组点无法在屏幕上显示任何东西,因为这仅告诉 SVG 渲染器从何处开始。在最低限度上,需要两组点:一个开始点和一个结束点(例如 points="0,40 40,40")。

与简单的直线图形一样,这些直线不需要完全水平或垂直。如果更改例 7-2 中的值,可以生成不规则的线形状。

```
< svg xmlns = "http://www.w3.org/2000/svg"  width = "100%" height = "100%" version = '1.1'>
    < polyline points = "20,20 40,25 60,40 80,120 120,140 200,180"
                                    style = "fill:white;stroke:red;stroke - width:3"/>
</svg>
```

运行代码会生成如图 7-2 所示的图形。

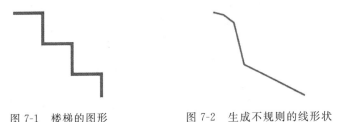

图 7-1　楼梯的图形　　　　图 7-2　生成不规则的线形状

### 3. rect 元素

创建一个矩形非常简单,只需定义宽度和高度,如例 7-3 所示。

**【例 7-3】** 创建一个宽度为 300、高度为 100 的矩形。

```
< svg xmlns = http://www.w3.org/2000/svg  width = "100%" height = "100%" version = '1.1'>
    < rect width = "300" height = "100"   style = "fill:red"/>
</svg>
```

运行代码会生成矩形。也可以使用 rect 元素创建一个正方形,正方形就是高和宽相等的矩形。

### 4. circle 元素

要创建一个圆,可以定义圆心的 x、y 坐标和一个半径,如例 7-4 所示。

【例 7-4】 创建圆心坐标为 (100,50)、半径为 40 的圆。

```
< svg xmlns = "http://www.w3.org/2000/svg" version = "1.1">
    < circle cx = "100" cy = "50" r = "40" fill = "red"/>
</svg>
```

运行代码会生成一个圆。cx 和 cy 属性定义圆心相对于绘图画布的位置。

**5. ellipse 元素**

椭圆基本上是一个圆,其中的代码定义了两个半径,cx 和 cy 属性定义了相对于画布的中心坐标。但是对于椭圆,需要使用 rx 和 ry 属性为 X 轴定义一个半径,为 Y 轴定义一个半径。

【例 7-5】 创建一个椭圆,圆心位于 (300,80),X 轴半径为 100,Y 轴半径为 50。

```
< svg xmlns = "http://www.w3.org/2000/svg" version = "1.1">
    < ellipse cx = "300" cy = "80" rx = "100" ry = "50" style = "fill:red;"/>
</svg>
```

运行代码会生成如图 7-3 所示的图形。

**6. polygon 元素**

多边形至少包含 3 条边。

【例 7-6】 创建一个简单的三角形。

```
< svg xmlns = "http://www.w3.org/2000/svg" version = "1.1">
    < polygon points = "200,10 250,190 160,210" style = "fill:red;stroke:black;stroke-width:
1"/>
</svg>
```

可使用 points 属性定义几对 x 和 y 坐标来创建多边形。可以通过添加 x 和 y 对,创建具有任意多条边的多边形。甚至可以使用 polygon 标记创建复杂的形状。

【例 7-7】 创建一个星形。

```
< svg xmlns = "http://www.w3.org/2000/svg"  version = "1.1">
    < polygon  points = "100,10 40,180 190,60 10,60 160,180 100,10"
            style = "fill:red;stroke:black;stroke-width:1"/>
</svg>
```

运行代码会生成如图 7-4 所示的图形。

图 7-3 生成椭圆

图 7-4 生成星形

### 7. path 元素

path 元素是所有 SVG 绘图元素中最复杂的,它可以使用一组专门的命令来创建任意图形。path 元素支持表 7-2 中的命令。

表 7-2　path 元素支持的命令

| 命　令 | 描　述 |
|---|---|
| M | 移动到 |
| L | 连线到 |
| H | 水平连线到 |
| V | 垂直连线到 |
| C | 使用曲线连接到 |
| S | 使用平滑曲线连接到 |
| Q | 使用二次贝塞尔曲线连接到 |
| T | 使用平滑的二次贝塞尔曲线连接到 |
| A | 使用椭圆曲线连接到 |
| Z | 将路径封闭到 |

能以大写或小写形式使用这些命令。当命令为大写时,应使用绝对坐标位置。当命令为小写时,应使用相对坐标位置。可以使用 path 元素创建任何简单的形状,path 元素的形状被一个属性 d 所定义。以下示例演示 path 元素所支持命令的基本使用。

【例 7-8】　使用 path 元素创建一个基本的三角形。

```
< svg  xmlns = "http://www.w3.org/2000/svg"  version = "1.1">
   < path  d = "M150 0 L75 200 L225 200 Z"  style = "fill:red"/>
</svg >
```

运行代码会生成如图 7-5 所示的图形。

这组命令使用 d 属性定义。在本例中,"移动到"命令(M150 0)中定义从(150,0)坐标处开始绘制。然后再使用"连线到"命令(L75 200)绘制一条直斜线连接到左下角(75,200)坐标的位置。接下来,使用另一个"连线到"命令(L225 200)绘制另一条直线到右侧(225,200)坐标的位置。最后,使用"封闭到"命令封闭图形(Z)。Z命令没有提供任何坐标,因为要封闭所在的路径,即绘制一条从当前位置到图形起点(在本例中为(150,0))的直线。

图 7-5　使用 path 元素创建的三角形

path 元素的真正强大之处是创建自定义形状的能力。例 7-9来自万维网联盟(W3C)文档 SVG 1.1(第二版)。

【例 7-9】　使用 path 元素创建自定义形状。

```
< svg xmlns = "http://www.w3.org/2000/svg" version = "1.1">
      < path d = "M300,200 h - 150 a150,150 0 1,0 150, - 150 z"
               fill = "red" stroke = "blue" stroke - width = "5"/>
      < path d = "M275,175 v - 150 a150,150 0 0,0 - 150,150 z"
               fill = "yellow" stroke = "blue" stroke - width = "5"/>
```

```
< path d = "M600,350 l 50, -25
          a25,25 -30 0,1 50, -25 l 50, -25
          a25,50 -30 0,1 50, -25 l 50, -25
          a25,75 -30 0,1 50, -25 l 50, -25
          a25,100 -30 0,1 50, -25 l 50, -25"
          fill = "none" stroke = "red" stroke - width = "5"/>
</svg >
```

运行代码会生成如图 7-6 所示的图形。

使用 path 元素，可以创建复杂的图形，如图表和波浪线。请注意，例 7-9 使用了多个 path 元素。当创建图形时，SVG 标记中可以包含多个绘图元素。

图 7-6　使用 path 元素创建自定义形状

## 7.2.2　过滤器和渐变

SVG 图形可以使用基本 CSS 样式，SVG 图形还支持使用过滤器和渐变。本节将介绍如何向 SVG 图形应用过滤器和渐变。

### 1. 过滤器

可以使用过滤器向 SVG 图形应用特殊的效果。filter 元素用来定义 SVG 的过滤器（滤镜）。SVG 支持以下过滤器。

- feBlend。
- feColorMatrix。
- feComponentTransfer。
- feComposite。
- feConvolveMatrix。
- feDiffuseLighting。
- feDisplacementMap。
- feFlood。
- feGaussianBlur。
- feImage。
- feMerge。
- feMorphology。
- feOffset。
- feSpecularLighting。
- feTile。
- feTurbulence。
- feDistantLight。
- fePointLight。
- feSpotLight。

【例 7-10】 创建一种应用过滤器到矩形上的投影效果。

```
< svg xmlns = "http://www.w3.org/2000/svg" version = "1.1">
      < defs >
                < filter id = "f1" x = "0" y = "0"
                       width = "200 % " height = "200 % ">
                     < feOffset result = "offOut" in = "SourceAlpha"
                          dx = "20" dy = "20"/>
                     < feGaussianBlur result = "blurOut"
                           in = "offOut" stdDeviation = "10"/>
                     < feBlend in = "SourceGraphic"
                           in2 = "blurOut" mode = "normal"/>
                </ filter >
      </ defs >
       < rect width = "90" height = "90" stroke = "green"
              stroke - width = "3" fill = "yellow" filter = "url( # f1)"/>
</svg >
```

运行代码会生成如图 7-7 所示的图形。

filter 元素必须嵌套在 defs 元素内定义。defs 是 definitions 的缩写，它允许对诸如过滤器、渐变等特殊元素进行定义。例 7-10 中的过滤器定义了一个 id 属性值是"f1"。filter 元素本身拥有定义过滤器的 x 和 y 坐标及宽度和高度的属性。在 filter 元素中，可以使用想要的过滤器元素并将其属性设置为想要的值。

图 7-7　一个矩形的投影效果

定义过滤器之后，使用 filter 属性将它与一个特定图形关联，如矩形 rect 元素中所示，将 filter 属性的 url 值设置为过滤器的 id 属性值。

**2. 渐变**

渐变是从一种颜色到另一种颜色逐渐过渡。渐变具有两种基本形式：线性渐变和径向渐变。线性渐变（linear gradient）是一系列颜色沿着一条直线过渡；而径向渐变（radial gradient）的每个渐变点表示一个圆形路径，从中心点向外扩散。两种渐变的设置方式大致相同。以下示例展示了应用于一个椭圆形的线性渐变和径向渐变。

【例 7-11】 创建一个具有线性渐变的椭圆。

```
< svg xmlns = "http://www.w3.org/2000/svg" version = "1.1">
      < defs >
        < linearGradient id = "grad1" x1 = "0 % " y1 = "0 % "
                x2 = "100 % " y2 = "0 % ">
        < stop offset = "0 % "
                  style = "stop - color:rgb(255,255,0);stop - opacity:1"/>
        < stop offset = "100 % "
                  style = "stop - color:rgb(255,0,0);stop - opacity:1"/>
        </ linearGradient >
      </defs >
      < ellipse cx = "200" cy = "70" rx = "85" ry = "55"
                  fill = "url( # grad1)"/>
</svg >
```

线性渐变通过对 $x_1$、$y_1$、$x_2$、$y_2$ 的设置，定义线性渐变的方向。stop 元素拥有两个必要属性：①offset 确定哪个点，值为 0%～100%；②stop-color 被指定在 style 中，但也可以指定它为独立属性，确定点对应的颜色。运行代码会生成如图 7-8 所示的图形。

【例 7-12】　创建一个具有径向渐变的椭圆。

```
< svg xmlns = "http://www.w3.org/2000/svg" version = "1.1">
        < defs >
            < radialGradient id = "grad1" cx = "50%" cy = "50%"
                    r = "50%" fx = "50%" fy = "50%">
            < stop offset = "0%"
                    style = "stop - color:rgb(255,255,255);stop - opacity:0"/>
            < stop offset = "100%"
                    style = "stop - color:rgb(255,0,0);stop - opacity:1"/>
            </radialGradient >
        </defs>
        < ellipse cx = "200" cy = "70" rx = "85" ry = "55"
                fill = "url( #grad1)"/>
</svg >
```

径向渐变的 cx、cy、r 定义渐变圆，默认圆心为焦点。如果要改变焦点，则需要设置 fx、fy 属性。运行代码会生成如图 7-9 所示的图形。

图 7-8　具有线性渐变的椭圆　　　　图 7-9　具有径向渐变的椭圆

像过滤器一样，渐变在 defs 元素内定义。每个渐变定义一个 id。渐变属性（如颜色）可使用 stop 元素在渐变标记内设置。要将渐变应用于图形，可以将图形的 fill 属性的 url 值设置为想要的渐变的 id。

### 7.2.3　SVG 生成文本

除了基本形状，还可以使用 SVG 生成文本。

【例 7-13】　使用 SVG 生成文本。

```
< svg xmlns = "http://www.w3.org/2000/svg" version = "1.1">
    < text   x = "0" y = "15" fill = "red">I love SVG </text >
</svg >
```

运行代码会生成如图 7-10 所示的图形。

此示例使用了一个 text 元素来创建句子 I love SVG。可以沿多个轴甚至沿多条路径显示文本。

**I love SVG**

图 7-10　SVG 文本

**【例 7-14】** 沿一条弧形路径显示文本。

```
< svg xmlns = "http://www.w3.org/2000/svg" version = "1.1"
 xmlns:xlink = "http://www.w3.org/1999/xlink">
        < defs >
                   < path id = "path1" d = "M75,20 a1,1 0 0,0 100,0"/>
        </defs >
        < text x = "10" y = "100" style = "fill:red;">
                   < textPath xlink:href = "#path1">I love SVG I love SVG </textPath>
        </text >
</svg >
```

运行代码会生成如图 7-11 所示的图形。

在例 7-14 中,向 SVG 标记添加了一个额外的 XML 命名空间 xlink。用户显示文本的弧形路径在 defs 元素内创建,所以该路径不会在图形中实际渲染出来。要显示的文本嵌套在一个 textPath 元素内, 该元素使用 xlink 命名空间引用想要的路径的 id。

图 7-11 弧形路径
上的文本

与其他 SVG 图形一样,也可以向文本应用过滤器和渐变。例 7-15 向一些文本应用了一个过滤器和一种渐变。

**【例 7-15】** 创建具有过滤器和渐变的文本。

```
< svg xmlns = "http://www.w3.org/2000/svg" version = "1.1"
xmlns:xlink = "http://www.w3.org/1999/xlink">
        < defs >
                   < radialGradient id = "grad1" cx = "50%" cy = "50%"
                           r = "50%" fx = "50%" fy = "50%">
                       < stop offset = "0%"
                             style = "stop - color:red; stop - opacity:0"/>
                       < stop offset = "100%"
                             style = "stop - color:rgb(0,0,0);stop - opacity:1"/>
                   </radialGradient >
                   < filter id = "f1" x = "0" y = "0"
                             width = "200%" height = "200%">
                       < feOffset result = "offOut"
                             in = "SourceAlpha" dx = "20" dy = "20"/>
                       < feGaussianBlur result = "blurOut"
                             in = "offOut" stdDeviation = "10"/>
                       < feBlend in = "SourceGraphic"
                             in2 = "blurOut" mode = "normal"/>
                   </filter >
        </defs >
        < text x = "10" y = "100" style = "fill:url(#grad1); font - size: 30px;"
                   filter = "url(#f1)">
                   I love SVG I love SVG
        </text >
</svg >
```

运行代码会生成如图 7-12 所示的图形。

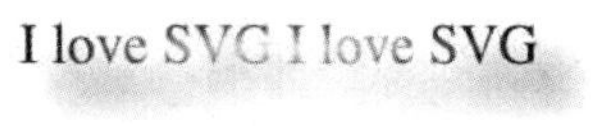

I love SVG I love SVG

图 7-12　具有过滤器和渐变的文本

# 7.3　图形生成器

在 SVG 中,path 元素可以绘制任何形状的图形,包括矩形、圆形、椭圆、折线、多边形、直线、曲线等。path 元素的形状被一个属性 d 所定义,d 属性包含一系列的命令。形式如下。

```
< svg >
    <! -- 可以使用 path 元素画任意图形 -->
    < path d = " … "></path>
</svg >
```

使用 path 可以画出任何形状。但是如果没有编辑器进行交互地绘制,要手工写出这些数值绘制基本是不可能的。

在绘制 SVG 的图形时,D3 并不直接在 SVG 画布上生成图形,D3 包含了很多方便的方法,根据输入的数据产生相关的 SVG 路径信息,这就是一系列的 SVG 图形生成器,或者说是一系列的 SVG 图形生成函数。

## 7.3.1　直线生成器

直线(线段)是可视化的基本元素,在 D3 的 3.X 版中,D3 的直线生成器是 d3.svg.line()。在 D3 的 4.X 版中,D3 的直线生成器是 d3.line()。

直线生成器 line()生成的是直线,两点确定一条直线,所以 line 需要指定 x、y 的坐标,在 D3 中称为访问器,也叫访问函数。

- line.x():设置或获取 X 轴访问器。
- line.y():设置或获取 Y 轴访问器。

可以使用 x()、y()访问器函数告诉直线生成器如何访问数据。

同时还可以指定插值模式(曲线模式),就是两点之间采用什么样的策略确定插值点,有 step、basis、linear(默认插值)等。直线生成器默认的插值模式是线性插值,所以看到一些直线段将我们提供的各个点连接起来。

总之就是在定义直线生成器的时候,会在里面定义生成直线所需要的一些属性。下面学习它的具体用法。

【例 7-16】　直线生成器用法。

```
< svg id = 's1' xmlns = "http://www.w3.org/2000/svg" version = '1.1' width = 650 height = 600 >画布</svg >
```

```
<script type = "text/javascript" src = "http://d3js.org/d3.v3.min.js"></script>
<script>
    var data = [[30, 30], [330, 30],[330, 330], [630, 330]],
    canvas = d3.select('#s1'),                //id 为 s1 的 SVG 元素
    //创建直线生成器
    lineGenerator = d3.svg.line()             //4.X 是 d3.line()
                     .x(function(d) {          //获取每个结点的 x 坐标
                         return d[0]
                     })
                     .y(function(d) {          //获取每个结点的 y 坐标
                         return d[1];
                     });
```

创建直线生成器后，就可以将数据转换为 SVG 的路径信息，如将上面的 data 数据转换为"M30,30L330,30L330,330L630,330"，生成一条折线。

```
    canvas.append('path')                     //在 SVG 上添加折线
      .attr('stroke', '#333')
      .attr('stroke-width', '2')
      .attr('fill', 'none')
      .attr('d', lineGenerator(data));        //设置路径信息
</script>
```

运行结果如图 7-13 所示。

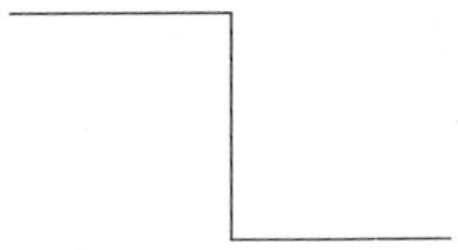

有时，可能需要将一条路径切割成一段一段的多条路径，这时就需要用到 defined( )方法，假定输入的数据为[[30, 30], [330, 30],[−1, −1],[330, 330], [630, 330]]，需要在[−1, −1]处将折线切割成两条线段，则只需要用 defined()方法进行判定即可，代码如下：

图 7-13　直线生成器生成一条折线

```
var data2 = [[30, 30], [330, 30],[-1, -1],[330, 330], [630, 330]];
//在返回值为 false 的位置进行切割,并且当前数据不再计入路径中
var line2 = lineGenerator.defined(function(d, i, index) {
                        return d[0] > 0 && d[1] > 0;
            })(data2);
//将图形添加到画布中
canvas.append('path')
            .attr('stroke', 'green')
            .attr('stroke-width', '2')
            .attr('fill', 'none')
            .attr('d', line2);
```

执行上面的方法后，折线将变为两节线段，如图 7-14 所示。

给定一系列的点，d3.svg.line()(4.X 是 d3.line)除了可以将这些点转换为折线路径外，还可以利用 D3 的插值模式（曲线模式），将这些点转换为各类曲线，并能调节这些曲线的参数，改变曲线的形态，如图 7-15 所示。

图 7-14　折线将变为两节线段

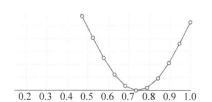

图 7-15　使用曲线模式

假定页面中已存在如下 DOM 元素：

```
< div class = "panel panel - default"  style = "margin - top: 30px;">
    < div class = "panel - heading">
        < strong  id = "canvasTitle"> SVG 画布</strong >
    </div >
    < div class = "panel - body" style = "padding:0px;">
        < svg id = "s1" width = "100 % " height = "400">
        </svg >
    </div >
</div >
```

为了方便比较，把所有的曲线形态一一列举出来，并逐一替换。

```
var data = [[30, 230], [130, 150],[230, 180], [330, 330], [430, 250], [530, 280], [630,
180], [680, 250]],
canvas = d3.select('#s1'),                  //获取画布
canvasTitle = d3.select('#canvasTitle'),          //获取标题区域
lineGenerator = d3.line()
                .x(function(d) {  return d[0] })
                .y(function(d) {  return d[1]; });
var colors = d3.schemeCategory20,                //获取颜色组合
len = colors.length,
//获取相关的曲线形态
curves = ['curveBasis', 'curveBasisClosed', 'curveBasisOpen', 'curveBundle', 'curveCardinal',
        'curveCardinalClosed', 'curveCardinalOpen', 'curveCatmullRom', 'curveCatmullRomClosed',
        'curveCatmullRomOpen', 'curveLinear','curveLinearClosed', 'curveMonotoneX',
        'curveMonotoneY', 'curveNatural', 'curveStep', 'curveStepAfter', 'curveStepBefore'];
//添加折线,用于比较
canvas.append('path')
        .attr('stroke', '#ccc')
        .attr('stroke - width', '2')
        .attr('fill', 'none')
        .attr('d', lineGenerator(data));
//创建曲线函数
function createLine(color, lineData, time, title) {
    setTimeout(function() {
```

```
            canvasTitle.text(title);
            canvas.selectAll('path.curve').remove();
            canvas.append('path')
                    .classed('curve', true)
                    .attr('stroke', color)
                    .attr('stroke-width', '2')
                    .attr('fill', 'none')
                    .attr('d', lineData);
        }, time);
    }
    //依次播放曲线的添加动画
    for(var i = 0; i < curves.length; i++) {
        var lines = lineGenerator.curve(d3[curves[i]])(data)
        createLine(colors[i], lines, 3000 * i, curves[i]);
    }
```

最后的效果如图 7-16 所示。

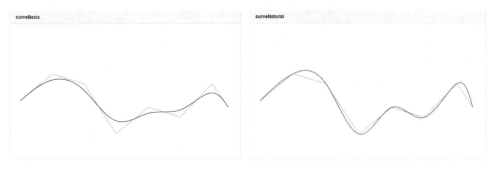

图 7-16　各种曲线形态不断变换

## 7.3.2　区域生成器

在 SVG 中，可以使用 path 元素生成任意的区域。为了简化 d 属性的编写，可以使用 svg.area()方法创建一个区域生成器对象：

```
d3.svg.area()
```

区域生成器是一个函数，它要求调用者传入一个数组，数组的每一项应当是一个包含 x、y 坐标的数组，第一个值代表 x，第二个值代表 y，这代表上面那条线上的坐标点，如：

```
var area = d3.svg.area();
var d = area([[100,20],[200,150],[300,70],[400,60]]);
```

第二条线和第一条线有相同的点数。默认情况下，第二条线上每个数据点的 x 和第一条线对应点的 x 坐标一样，y 坐标则保持为 0。

**【例 7-17】** 区域生成器用法。

```
< html >
    < head >
        < meta charset = "UTF - 8" content = "">
        < title >区域生成器</title>
    </head>
    < body >
        < svg id = 's1' xmlns = "http://www.w3.org/2000/svg" version = '1.1' width = 650 height
= 600 > </svg>
        < script type = "text/javascript" src = "http://d3js.org/d3.v3.min.js"></script>
        < script >
         canvas = d3.select('♯s1'),          //id 为 s1 的 SVG 元素
         //创建区域生成器
         area = d3.svg.area()               //4.X 是 d3.area()
         var d =  area([[100,20],[200,150],[300,70],[400,60]]);
         canvas.append('path')              //在 SVG 上添加区域
            .attr('stroke', '♯333')
            .attr('stroke - width', '2')
            .attr('fill', ' steelblue ')
            .attr('d', d);                  //设置路径信息
        </script>
    </body>
</html>
```

由图 7-17 的示例效果可看到第二条线（水平横线）在上面，这是因为对于 SVG 坐标系，原点在左上角。

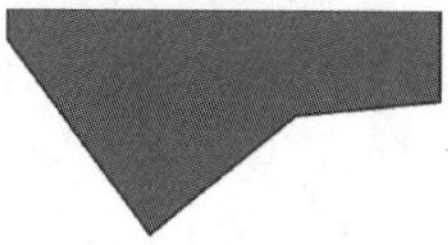

区域生成器和直线生成器一样，可以使用访问器定制对用户数据的读取。

图 7-17　区域生成器
生成的区域

- area.x()：获取或设置 x 坐标的访问器。
- area.y()：获取或设置 y 坐标的访问器。
- area.x0()：获取或设置 x0 坐标（基线）的访问器。
- area.y0()：获取或设置 y0 坐标（基线）的访问器。
- area.x1()：获取或设置 x1 坐标（背线）的访问器。
- area.y1()：获取或设置 y1 坐标（背线）的访问器。

由于区域由两条线（基线、背线）构成，所以多出了一组 x1()、y1()访问器。数量很多但不需要全用。

区域生成器其实就是在坐标轴上，以 x 为自变量，y0、y1 是因变量，由 y0 和 y1 围成的区域，所以区域生成器的属性就需要定义 x 访问函数、y0 访问函数、y1 访问函数。如果没有 y1 访问函数，在例 7-17 中默认 y1(function(d) { return 0; })而已。

```
var area = d3.svg.area()
    .x(function(d) { return d[0]; })
    .y0(function(d) { return d[1]; })
    .y1(function(d){ return d[1] * 1.2 })      //默认.y1(function(d) { return 0; })
```

```
        .interpolate("basis");                  //采用 basis 曲线形态
var d = area([[100,20],[200,150],[300,70],[400,60]]);
canvas.append('path')                           //在 SVG 上添加区域
    .attr('stroke', '♯333')
    .attr('stroke - width', '2')
    .attr('fill', ' steelblue ')
    .attr('d', d);                              //设置路径信息
```

最后的效果如图 7-18 所示。

### 7.3.3　弧生成器

我们对图 7-19 的饼状图不陌生，一个圆被分成多份，用不同的颜色表示不同的数据。每个数据的大小决定了其在整个圆所占弧度的大小。

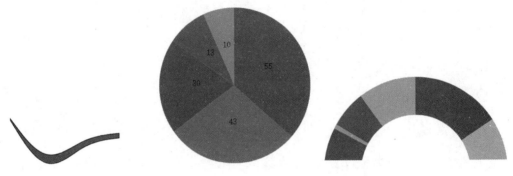

图 7-18　区域生成器生成的区域　　　　　　　图 7-19　饼状图

在 SVG 中，可以使用 path 元素生成圆、圆环或扇形。为了简化 d 属性的编写，可以使用 svg.arc() 方法创建一个弧生成器：

```
d3.svg.arc()
```

弧生成器要求数组中的每一项为一个 JSON 对象，有以下属性。

- startAngle：弧的起始角度，以弧度为单位。
- endAngle：弧的终止角度，以弧度为单位。
- innerRadius：内圆半径。
- outerRadius：外圆半径。

【例 7-18】　弧生成器生成饼状图。

需要做可视化的饼状图，有如下数据：

```
var dataset = [108 , 72 , 90 , 90 ];
```

这样的值是不能直接绘图的。例如绘制饼状图的一部分，需要知道一段弧的起始角度和终止角度，这些值都不存在于数组 dataset 中。因此需要计算出适合于作图的数据，这个过程称为数据转换。

```
var dataset = [ {startAngle:0,endAngle:Math.PI * 0.6},
                {startAngle:Math.PI * 0.6,endAngle:Math.PI * 1},
                {startAngle:Math.PI * 1,endAngle:Math.PI * 1.5},
                {startAngle:Math.PI * 1.5,endAngle:Math.PI * 2},];
var piedata = dataset;
```

piedata 就是需要的数据。4 个整数被转换成了 4 个对象,每个对象都有变量起始角度(startAngle)和终止角度(endAngle)。这些都是绘图需要的数据。

绘制饼状图要用到弧生成器,它能够生成弧的路径,因为饼状图的每一部分都是一段弧。

```
var outerRadius = 150;              //外半径
var innerRadius = 0;                //内半径,为 0 则中间没有空白
var arc = d3.svg.arc()             //弧生成器
    .innerRadius(innerRadius)       //设置内半径
    .outerRadius(outerRadius);      //设置外半径
```

弧生成器返回的结果赋值给 arc。此时,arc 可以当作一个函数使用,把 piedata 作为参数传入,即可得到路径值(<path>里的 d 值)。

接下来,可以在 SVG 中添加图形元素了。先在<svg>里添加足够数量(5)个分组元素(g),每一个分组用于存放一段弧的相关元素,并设置 transform 属性将这个分组移动到适合查看的位置。

```
var arcs = svg.selectAll("g")
    .data(piedata)
    .enter()
    .append("g")
    .attr("transform","translate(" + (width/2) + "," + (width/2) + ")");
```

接下来对每个<g>元素,添加<path>。

```
arcs.append("path")
    .attr("fill",function(d,i){
        return color(i);           //color 是一个颜色比例尺
    })
    .attr("d",function(d){
        return arc(d);             //调用弧生成器,得到路径值
    });
```

因为 arcs 是同时选择了 5 个<g>元素的选择集,所以调用 append("path")后,每个<g>中都有<path>。路径值的属性名称是 d,调用弧生成器后返回的值赋值给它。要注意,arc(d)的参数 d 是被绑定的数据。

另外,color 是一个颜色比例尺,它能根据传入的索引号获取相应的颜色值,定义如下。

```
var color = d3.scale.category10();      //有 10 种颜色的颜色比例尺
```

然后在每一个弧线中心添加文本。

```
arcs.append("text")
    .attr("transform",function(d){
        return "translate(" + arc.centroid(d) + ")";
    })
    .attr("text - anchor","middle")
    .text(function(d){
        return d.data;
    });
```

arc.centroid(d)能算出弧线的中心。要注意,text()里返回的是 d.data,而不是 d。因为被绑定的数据是对象,里面有 d.startAngle、d.endAngle、d.data 等,其中 d.data 才是转换前的整数的值。

完整代码如下:

```
<html>
  <head>
        <meta charset = "utf - 8">
        <title>弧生成器生成饼状图</title>
  </head>
    <body>
        <script src = "http://d3js.org/d3.v3.min.js" charset = "utf - 8"></script>
        <script>
        var width = 400;
        var height = 400;
        var dataset = [ {startAngle:0,endAngle:Math.PI * 0.6},
                        {startAngle:Math.PI * 0.6,endAngle:Math.PI * 1},
                        {startAngle:Math.PI * 1,endAngle:Math.PI * 1.5},
                        {startAngle:Math.PI * 1.5,endAngle:Math.PI * 2},];
        var svg = d3.select("body")              //选择<body>
                    .append("svg")               //在<body>中添加<svg>
                    .attr("width", width)        //设定<svg>的宽度属性
                    .attr("height", height);     //设定<svg>的高度属性
        var piedata = dataset;
        var outerRadius = 150;                   //外半径
        var innerRadius = 0;                     //内半径,为 0 则中间没有空白
        var arc = d3.svg.arc()                   //弧生成器
                    .innerRadius(innerRadius)    //设置内半径
                    .outerRadius(outerRadius);   //设置外半径
        var color = d3.scale.category10();
        var arcs = svg.selectAll("g")
                      .data(piedata)
                      .enter()
                      .append("g")               //<svg>里添加足够数量(4)个分组
                      .attr("transform","translate(" + (width/2) +"," + (width/2) +")");
                                                 //移到<svg>中央
        arcs.append("path")
            .attr("fill",function(d,i){
```

```
                return color(i);
            })
            .attr("d",function(d){
                return arc(d);
            });
        arcs.append("text")
            .attr("transform",function(d){
                return "translate(" + arc.centroid(d) + ")";
            })
            .attr("text-anchor","middle")
            .text(function(d){
                return Math.floor((d.endAngle-d.startAngle) * 180/Math.PI) + "度";
            });
        console.log(dataset);
        console.log(piedata);
        </script>
    </body>
</html>
```

最后的效果如图 7-20 所示。

如果知道 startAngle 和 endAngle,可以按以上方法作图。但是一般不会知道,只会知道更原始的数据,如 10、15、20。要将其转换成 startAngle 和 endAngle,才能使用弧生成器来绘制。实际上 D3 提供了用于进行这种数据转换的方法,称为布局。布局的内容将在第 10 章进行详细介绍。

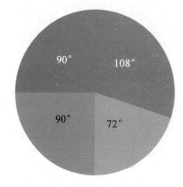

图 7-20 弧生成器生成的饼状图

## 7.3.4 弦生成器

弦生成器(chord generator)根据两段弧来绘制弦,共有 5 个访问器,分别为 source()、target()、radius()、startAngle()、endAngle(),默认都返回与函数名称相同的变量。如果都使用默认的访问器,则要绘制一段弧,其数据组成应该形如:

```
{source:{ startAngle:0.2, endAngle():Math.PI * 0.6, radius:100},
target:{startAngle:Math.PI * 0.6,endAngle:Math.PI * 1, radius:120}}
```

其中,source 为起始弧,target 为终止弧,而 startAngle、endAngle、radius 分别是弧的起始角度、终止角度和半径;也可以更改访问器,使变量具有别的名称或使用常量。

【例 7-19】 弦生成器生成弦图。

```
<html>
    <head>
        <meta charset = "utf-8">
        <title>弧生成器生成弦图</title>
```

```
    </head>
      <body>
        <script src = "http://d3js.org/d3.v3.min.js" charset = "utf-8"></script>
        <script>
        var width = 500;                         //SVG 绘制区域的宽度
        var height = 500;                        //SVG 绘制区域的高度
        var dataset = { source:{ startAngle: 0.2 , endAngle: Math.PI * 0.3 , radius: 100 },
                target:{ startAngle: Math.PI * 1.0 , endAngle: Math.PI * 1.6 , radius:100 }};
        var svg = d3.select("body")              //选择<body>
                    .append("svg")               //在<body>中添加<svg>
                    .attr("width", width)        //设定<svg>的宽度属性
                    .attr("height", height);     //设定<svg>的高度属性
        var chord = d3.svg.chord ();             //弦生成器
        //添加路径
        svg.append("path")
            .attr("d", chord (dataset))          //设置路径信息
            .attr("transform","translate(200,200)")
            .attr('stroke', '♯333')
            .attr('stroke-width', '2')
            .attr('fill', 'steelblue ')
        </script>
      </body>
</html>
```

运行效果如图 7-21 所示。

## 7.3.5　对角线生成器

弦生成器用于将两段弧连接起来,而对角线生成器(diagonal generator)用于将两个点连接起来,连接线是三次贝赛尔曲线。该生成器使用 d3.svg.diagonal()创建,有两个访问器 source()和 target(),还有一个投影函数 projection(),用于将坐标进行投影。

图 7-21　弧生成器生成的弧图

现有如下数据:

```
var dataset = { source:{ x: 400 , y: 100 },
            target:{ x: 300 , y: 200 }};
```

source 是起点,target 是终点,其分别包含的是 x 坐标和 y 坐标。下面要将这两个点用三次贝赛尔曲线连接起来。先定义一个对角线生成器,访问器都使用默认的,然后添加<path>元素,再使用生成器得到所需要的对角线路径。代码如下:

```
//创建一个对角线生成器
var diagonal = d3.svg.diagonal();
//添加路径
svg.append("path")
        .attr("d",diagonal(dataset) )
        .attr("fill","none")
        .attr("stroke","black")
        .attr("stroke-width",3);
```

运行效果如图 7-22 所示。

使用 projection()可以定制具有投影的生成器。投影用于将坐标进行变换,定义之后,起点和终点坐标都会首先调用该投影进行坐标转换,然后再生成路径。例如有以下生成器:

```
//创建一个对角线生成器
var diagonal = d3.svg.diagonal()
                            .projection(function(d){
                                var x = d.x * 1.5;
                                var y = d.y * 1.5;
                                return [x,y];
                            });
```

这样,对于每个起点和终点坐标,x 坐标和 y 坐标都会放大 1.5 倍,起点坐标变为(600,150),终点坐标变为(450,300)。但是,原数据并不会更改,只是在绘制的时候使用投影后的坐标。

### 7.3.6 符号生成器

符号生成器(symbol generator)能够生成三角形、十字架、菱形、圆形等符号,相关方法如下。

symbol.size([size])设定或获取符号的大小,值是符号宽度或高度像素数的平方。例如设定为 100,则是一个宽度为 10,高度也为 10 的符号。默认是 64。

symbol.type([type])设定或获取符号的类型。

d3.svg.symbolTypes 设定支持的符号类型。D3 提供了 7 种不同的符号:circle、cross、diamond、square、star、triangle、wye(如图 7-23 所示),对应 d3.symbols[n]中 n 代表的 0、1、2、3、4、5、6。

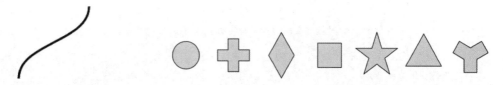

图 7-22　对角线生成器生成的贝赛尔曲线　　　　　　　图 7-23　D3 提供 7 种符号

【例 7-20】　符号生成器生成符号。

```
<html>
  <head>
      <title>符号生成器生成符号</title>
  </head>
    <body>
      <script src = "http://d3js.org/d3.v3.min.js" charset = "utf - 8"></script>
      <script>
      var width = 500;                    //SVG 绘制区域的宽度
      var height = 500;                   //SVG 绘制区域的高度
```

```
        var svg = d3.select("body")              //选择<body>
                .append("svg")                    //在<body>中添加<svg>
                .attr("width", width)             //设定<svg>的宽度属性
                .attr("height", height);          //设定<svg>的高度属性
        var n = 20;                               //数组长度
        var dataset = [];                         //数组
        //给数组添加元素
        for(var i = 0;i<n;i++){
            dataset.push( {
                size: Math.random() * 30 + 200, //符号的大小
                //符号的类型
                type: d3.svg.symbolTypes[ Math.floor( Math.random() * d3.svg.symbolTypes.
length )]
            } );
        }
        console.log(dataset);
        //创建一个符号生成器
        var symbol = d3.svg.symbol()
                        .size(function(d){ return d.size; })
                        .type(function(d){ return d.type; });
        var color = d3.scale.category20b();
        //添加路径
        svg.selectAll()
            .data(dataset)
            .enter()
            .append("path")
            .attr("d",function(d){ return symbol(d); }) //symbol(d)的返回值是一个字符串
            .attr("transform",function(d,i){
                var x = 100 + i%5 * 20;
                var y = 100 + Math.floor(i/5) * 20;
                return "translate(" + x + "," + y + ")";
            })
            .attr("fill",function(d,i){ return color(i); });
    </script>
    </body>
</html>
```

symbol(d)的返回值是一个字符串,构成一个符号。如图 7-24 所示,共 20 个符号,每行符号的位置是通过设定属性 transform 确定的。

图 7-24　符号生成器生成的符号

# 7.4　绘制柱状图

柱状图是一种最简单的可视化图表，主要由矩形、文字标签、坐标轴组成。为简单起见，本例只绘制柱状图的矩形部分（见图 7-25），用以讲解如何使用 D3 在 SVG 画布中绘图。

图 7-25　SVG 画布中绘制柱状图

```html
<html>
<script src = "http://d3js.org/d3.v3.min.js" charset = "utf-8"></script>
<body>
<script>
        var width = 600;
        var height = 600;
        var svg = d3.select("body").append("svg")
                           .attr("width",width)
                           .attr("height",height);
        var dataset = [ 30 , 20 , 45 , 12 , 21 ];
        svg.selectAll("rect")
           .data(dataset)
           .enter()
           .append("rect")
           .attr("x",10)
           .attr("y",function(d,i){
                return i * 30;
           })
           .attr("width",function(d,i){
                return d * 10;
           })
           .attr("height",28)
           .attr("fill","red");
</script>
</body>
</html>
```

这样就绘制了一个柱状图。运行效果如图 7-25 所示。

分析一下上面的代码：

```
var width = 600;
var height = 600;
```

上述代码定义两个变量,分别表示 SVG 绘制区域的宽和高。

```
var svg = d3.select("body").append("svg")
                        .attr("width",width)
                        .attr("height",height);
```

上述代码选择 body 后,在 body 里插入 svg。用 attr()给 svg 加入属性。用 attr()加入属性的效果类似于在 HTML 中给< a >元素加入属性 href。

```
var dataset = [ 30 , 20 , 45 , 12 , 21 ];        //要使用的数据
svg.selectAll("rect")
    .data(dataset)                               //表示要将数据绑定这个 svg 上
    .enter()
    .append("rect")                              //追加元素 rect
    .attr("x",10)
    .attr("y",function(d,i){
        return i * 30;
    })
```

上述代码 svg.selectAll("rect")表示在 svg 中选择全部的 rect 元素,可是实际上这时候 svg 中还不存在 rect 元素。这是 D3 一个比较特殊的地方,即它可以选择一个空集。

上述代码中 enter()表示当所需要的元素(这里为 rect)比绑定的数据集合的元素(这里为 dataset)少时,D3 主动添加元素,使得元素与数据集合的数量一样多,这非常重要。

```
.attr("x",10)
.attr("y",function(d,i){
    return i * 30;
})
.attr("width",function(d,i){
    return d * 10;                  //设置矩形宽度,表示数据
})
.attr("height",28)
.attr("fill","red");
```

上述代码设定矩形 rect 元素的各项属性,如位置、长短、颜色等。

## 7.5 绘制折线图

绘制一个折线图(line chart),绘图使用到线段生成器。模拟商场销售数据如表 7-3 所示。

表 7-3　商场销售数据

| 月份 | 1 | 2 | 3 | 4 | 5 | 6 | 7 | 8 | 9 | 10 | 11 | 12 |
| --- | --- | --- | --- | --- | --- | --- | --- | --- | --- | --- | --- | --- |
| 金额/万元 | 350 | 230 | 478 | 550 | 180 | 98 | 100 | 220 | 65 | 110 | 320 | 165 |

程序中设计如下数组：

```
var dataset = [
    {x: 1, y: 350}, {x: 2, y: 230}, {x: 3, y: 478},
    {x: 4, y: 550}, {x: 5, y: 180}, {x: 6, y: 98},
    {x: 7, y: 100}, {x: 8, y: 220}, {x: 9, y: 65},
    {x:1 0, y: 110}, {x: 11, y: 320}, {x: 12, y: 165},
];
```

其中，x 代表月份，y 代表销售额。

由于 D3 绘图使用像素坐标，而 x 坐标值过小，所以所有坐标值放大 50 倍。由于 D3 的坐标系左上角为 (0,0)，现把坐标系原点定到 (0,600) 处，所以转换 y 为 600－y，从而实现日常生活中的折线图效果，如图 7-26 所示。

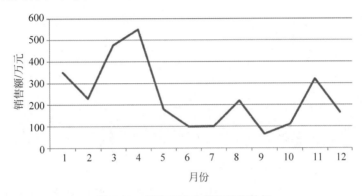

图 7-26　折线图显示商场销售数据

代码如下：

```
<html>
<script src = "http://d3js.org/d3.v3.min.js" charset = "utf - 8"></script>
<body>
<script>
var width = 620;
var height = 620;
var svg = d3.select("body").append("svg")
            .attr("width",width)
            .attr("height",height);
//模拟数据
var dataset = [
    {x: 1, y: 350}, {x: 2, y: 230}, {x: 3, y: 478},
    {x: 4, y: 550}, {x: 5, y: 180}, {x: 6, y: 98},
    {x: 7, y: 100}, {x: 8, y: 220}, {x: 9, y: 65},
    {x:1 0, y: 110}, {x: 11, y: 320}, {x: 12, y: 165},
];
//添加折线
var line = d3.svg.line()
    .x(function(d) {
```

```
            return d.x * 50;
        })
        .y(function(d) {
            return 600 - d.y;
        })
        //选择线条的类型
        .interpolate('linear');
//添加 path 元素,并通过 line()计算出值来赋值
svg.append('path')
        .attr('stroke', '#333')
        .attr('stroke-width', '2')
        .attr('d', line(dataset))
        .attr('fill','none');
svg.append('path')
        .attr('stroke', 'red')
        .attr('stroke-width', '4')
        .attr('d', 'M0,600L600,600');
svg.append('path')
        .attr('stroke', 'red')
        .attr('stroke-width', '4')
        .attr('d', 'M0,0L0,600');
</script>
</body>
</html>
```

绘制图表时直接用数值的大小来代表像素个数不是一种好方法,第 8 章会提出解决此问题的比例尺;而且本例坐标轴实现比较麻烦,D3 提供了简单好用的坐标轴,这些将在第 8 章介绍。

# 第 **8** 章

# 比例尺和坐标轴

比例尺是 D3 中一个很重要的概念,第 7 章直接用数值的大小来代表像素个数不是一种好方法,本章就要解决此问题。坐标轴是和比例尺配套使用的,它需要以一个比例尺作为参数,通过 D3 提供的各种比例尺,就能制作出适应于各种需要的坐标轴。

本章内容以 D3 3.X 为基准。4.X 的比例尺命名规则与 3.X 不同,但是用法大部分一样,可以参考本章的内容。

## 8.1 比例尺

### 8.1.1 什么是比例尺

如果制作了一个柱状图,当时有一个数组:

```
var dataset = [ 250 , 210 , 170 , 130 , 90 ];
```

绘图时,直接使用 250 给矩形的宽度赋值,即矩形的宽度就是 250 像素。此方式非常具有局限性,有时数值过大或过小,例如:

```
var dataset_1 = [ 2.5 , 2.1 , 1.7 , 1.3 , 0.9 ];
var dataset_2 = [ 2500, 2100, 1700, 1300, 900 ];
```

对以上两个数组,绝不可能用 2.5 像素来代表矩形的宽度,那样根本看不见;也不可能用 2500 像素来代表矩形的宽度,因为画布没有那么长。于是,需要一种计算关系,能够将某一区域的值映射到另一区域,其大小关系不变。这就是比例尺(scale)。如输入是 1,输出是 100;输入是 5,输出是 10 000,那么这其中的映射关系就是所定义的比例尺。

比例尺很像数学中的函数。例如,对于一个一元二次函数,有 $x$ 和 $y$ 两个未知数,当 $x$ 的值确定时,$y$ 的值也就确定了。在数学中,$x$ 的范围被称为定义域,$y$ 的范围被称为值域。D3 中的比例尺也有输入域(定义域)和输出域(值域),分别被称为 domain 和 range。开发者需要指定 domain 和 range 的范围,如此即可得到一个计算关系。

D3 中有各种比例尺函数,有连续性的,也有非连续性(离散)的。定义域是连续的情况,如 0~2 的所有值,称为连续的值;定义域类似 0、1、2 这样独立的值,称为离散的值。在 D3 中将比例尺分成两类:①定量比例尺(连续的定义域),如线性比例尺、量化比例尺、时间比例尺等;②序数比例尺(定义域不连续),如序数比例尺、颜色比例尺等。本节对于常用比例尺进行一一介绍。

## 8.1.2 线性比例尺

线性比例尺(linear scale)能将一个连续的区间,映射到另一区间。使用 d3.scale.linear() (4.X 版本为 d3.scaleLinear())创建一个线性比例尺,而 domain() 是输入域(定义域),range() 是输出域(值域),相当于将 domain 中的数据集映射到 range 的数据集中。映射关系如图 8-1 所示。

```
scale = d3.scale.linear().
        domain([1,5]).
        range([0,100])
```

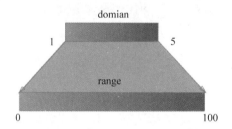

图 8-1　线性比例尺的数据映射

通过例子来研究这个比例尺的输入和输出。

```
scale(1)        //输出 0
scale(4)        //输出 75
scale(5)        //输出 100
```

以上输入都是使用 domain() 区域里的数据,其实使用 domain() 区域外的数据也是允许的。例如:

```
scale(-1)       //输出 -50
scale(10)       //输出 225
```

可见比例尺仅仅定义了一个映射规则,映射的输入值并不局限于 domain() 中的输入域。

要解决柱状图宽度的问题，就需要线性比例尺。假设有以下数组：

```
var dataset = [1.2, 2.3, 0.9, 1.5, 3.3];
```

现要求将 dataset 中最小的值映射成 0；将最大的值映射成 300。代码如下：

```
var min = d3.min(dataset);
var max = d3.max(dataset);
var linear = d3.scale.linear()
        .domain([min, max])
        .range([0, 300]);
linear(0.9);        //返回 0
linear(2.3);        //返回 175
linear(3.3);        //返回 300
```

其中，d3.scale.linear() 返回一个线性比例尺。domain() 和 range() 分别设定比例尺的输入域和输出域。在这里还用到了两个函数，它们经常与比例尺一起出现：

```
d3.max()
d3.min()
```

这两个函数能够求数组的最大值和最小值，是 D3 提供的。按照以上代码，比例尺的输入域 domain 为[0.9,3.3]，比例尺的输出域 range 为[0,300]。

因此，当输入 0.9 时，返回 0；当输入 3.3 时，返回 300。当输入 2.3 时，返回 175，这是按照线性函数的规则计算的。

### 8.1.3 序数比例尺

序数比例尺(ordinal scale)并不是一个连续性的比例尺，输入域和输出域都使用离散的数据。使用 d3.scale.ordinal()(D3 4.X 版本为 d3.scaleOrdinal())创造一个序数比例尺，代码如下：

```
scale = d3.scaleOrdinal()
        .domain(['jack', 'rose', 'john'])
        .range([10, 20, 30])
```

映射关系如图 8-2 所示。

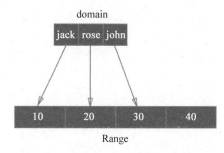

图 8-2 序数比例尺的映射关系

看一下输入与输出：

```
scale('jack')        //输出 10
scale('rose')        //输出 20
scale('john')        //输出 30
```

当输入不是 domain()中的数据集时：

```
scale('tom')         //输出 10
scale('bob')         //输出 20
```

可见输入不相关的数据依然可以输出值。所以在使用时，要注意输入数据的正确性。从上面的映射关系中可以看出，domain()和 range()的数据是一一对应的，对于 domain()和 range()的数据个数不一致，图 8-3 说明了这个问题。

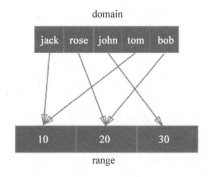

图 8-3  domain()和 range()的数据个数不一致情况

domain()的值按照顺序循环依次对应 range()的值。

序数比例尺用于输入域和输出域不连续的情况。例如如下两个数组：

```
var index = [0, 1, 2, 3, 4];
var color = ["red", "blue", "green", "yellow", "black"];
```

希望 0 对应颜色 red，1 对应 blue，依此类推。但是，这些值都是离散的，用线性比例尺不适合，需要用到序数比例尺。代码如下：

```
var ordinal = d3.scale.ordinal()
        .domain(index)
        .range(color);
ordinal(0);          //返回 red
ordinal(2);          //返回 green
ordinal(4);          //返回 black
```

## 8.1.4  量化比例尺

量化比例尺(quantize scale)也属于连续性比例尺。其定义域是连续的，而输出域是离散的。输出范围为离散值的线性比例尺，适用于把数据分类的情形。

使用 d3. scale. quantize ()(D3 4. X 版本为 d3. scaleQuantize())创造一个序数比例尺。
代码如下：

```
scale = d3.scale.quantize()
        .domain([0, 10])
        .range(['small', 'medium', 'long'])
```

映射关系如图 8-4 所示。定义域被分隔成 3 段，每段对应输出域(值域)的一个值。$[0, 3.3)$
对应 small，$[3.3, 6.6)$对应 medium，$[6.6, 10]$对应 long。

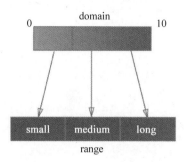

图 8-4 量化比例尺映射关系

看一下输入与输出：

```
scale(1)          //输出 small
scale(5.5)        //输出 medium
scale(8)          //输出 long
```

而对于 domain()域外的情况：

```
scale(-10)        //输出 small
scale(10)         //输出 long
```

就是对于 domain()域的两侧的延展。

## 8.1.5 时间比例尺

时间比例尺(time scale)类似于线性比例尺，只不过输入域变成了一个时间轴。

```
scale = d3.scaleTime()
        .domain([new Date(2017, 0, 1, 0), new Date(2017, 0, 1, 2)])
        .range([0,100])
```

输入与输出：

```
scale(new Date(2017, 0, 1, 0))      //输出 0
scale(new Date(2017, 0, 1, 1))      //输出 50
```

时间比例尺较多用在根据时间顺序变化的数据上。另外，还有一个 d3. scaleUtc()比例尺是依据世界标准时间(UTC)来计算的。

## 8.1.6 颜色比例尺

D3 提供了一些颜色比例尺,如 d3. scale. category10()、d3. scale. category20()、d3. scale. category20b()和 d3. scale. category20c(),其中 10 就是 10 种颜色,20 就是 20 种颜色。使用这些能够输出 10～20 种颜色的预设序数比例尺,非常方便。

```
//定义一个序数颜色比例尺
color = d3.scale.ordinal(d3. scale.category10())
```

在 D3 4.X 版本颜色比例尺为:

```
d3.schemeCategory10
d3.schemeCategory20
d3.schemeCategory20b
d3.schemeCategory20c
//定义一个序数颜色比例尺
color = d3.scale.ordinal(d3.schemeCategory10)
```

## 8.1.7 其他比例尺

除了线性比例尺和序数比例尺,D3 还内置了另外几个比例尺。
- d3. scale. sqrt:平方根比例尺。
- d3. scale. pow:幂比例尺,适合值以指数级变化的数据集。
- d3. scale. log:对数比例尺。
- d3. scale. quantile:分位比例尺,与 d3. scale. quantize 量化比例尺类似,但输入值域是独立的值,适合已经对数据分类的情形。

## 8.1.8 invert()与 invertExtent()方法

上述各种使用比例尺的例子都相当于一个正序的过程,从 domain 的数据集映射到 range 数据集中,那么有没有逆序从 range 的数据集映射到 domain 数据集呢? D3 中提供了 invert()以及 invertExtent()方法可以实现这个过程。

```
scale = d3.scale.linear().domain([1,5]).range([0,100])
scale.invert(50)            //输出 3
scale2 = d3.scale.quantize().domain([0,10]).range(['small', 'big'])
scale2.invertExtent('small') //输出[0,5]
```

不过,值得注意的是,这两种方法只针对连续性比例尺有效,即 domain()域为连续性数据的比例尺。

## 8.1.9 给柱状图添加比例尺

【例 8-1】 给柱状图添加比例尺。
假如数据如下:

```
var dataset = [ 2.5 , 2.1 , 1.7 , 1.3 , 0.9 ];
```

该数据直接作为像素数据不适合绘制，可采用比例尺缩放数据。

```
var linear = d3.scale.linear()
        .domain([0, d3.max(dataset)])
        .range([0, 250]);
var rectHeight = 25;                //每个矩形所占的像素高度(包括空白)
var svg = d3.select("body")         //选择文档中的<body>元素
        .append("svg")              //添加一个 svg 元素
        .attr("width", 300)         //设定宽度
        .attr("height",300);        //设定高度
svg.selectAll("rect")
    .data(dataset)
    .enter()
    .append("rect")
    .attr("x",20)
    .attr("y",function(d,i){
        return i * rectHeight;
    })
    .attr("width",function(d){
        return linear(d);           //在这里用比例尺
    })
    .attr("height",rectHeight - 2)
    .attr("fill","steelblue");
```

如此一来，所有的数值都按照同一个线性比例尺的关系来计算宽度，因此数值之间的大
小关系不变。

```
var dataset = [ 2.5 , 2.1 , 1.7 , 1.3 , 0.9 ];
var dataset = [ 250 , 210 , 170 , 130 , 90 ];
```

以上两个数据集运行效果相同，如图 8-5 所示。可见第一个数据集本来无法使用像素
个数来表示，使用比例尺后可以有效解决。

图 8-5　给柱状图添加比例尺

# 8.2　坐标轴

坐标轴是可视化图表中经常出现的一种图形，由一些线段和刻度组成。

在 SVG 画布的预定义元素里，有如下六种基本图形。

- 矩形< rect >。
- 圆形< circle >。
- 椭圆< ellipse >。
- 线段< line >。
- 折线< polyline >。
- 多边形< polygon >。

另外,还有一种比较特殊,也是功能最强的元素:路径< path >。画布中的所有图形都是由以上七种元素组成的。坐标轴在 SVG 中是没有现成的图形元素的,因此,需要用其他元素组合成坐标轴。为此,D3 提供了一个坐标轴的组件 d3.svg.axis()生成坐标轴,如此在 SVG 画布中绘制坐标轴变得像添加一个普通元素一样简单,如图 8-6 所示。

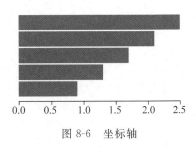

图 8-6    坐标轴

实际上 D3 提供了坐标轴的组件就是组合了< path >、< line >、< text >元素生成坐标轴的,其中坐标轴的主直线由< path >元素绘制,刻度由< line >元素绘制,刻度文字由< text >元素绘制,只不过制作细节被 D3 隐藏了。

## 8.2.1    添加坐标轴

### 1. 定义坐标轴

生成坐标轴需要用到比例尺,它们二者是经常一起使用的。d3.svg.axis()是 D3 中坐标轴的组件,能够在 SVG 中生成组成坐标轴的元素。其中方法如下。

- scale():指定比例尺。
- orient():指定刻度和数字的朝向,orient 有四个参数(left、right、top、bottom),默认值为 bottom。其中 top 表示横坐标的刻度标注位于坐标轴上方;bottom 表示横坐标的刻度标注位于坐标轴下方;left 表示纵坐标的刻度标注位于坐标轴左边;right 表示纵坐标的刻度标注位于坐标轴右边。改变方向只能改变刻度标注的位置,并不能改变坐标轴线本身的位置。
- ticks():指定坐标轴的分割数(刻度的数量)。例如设定为 5,则刻度的数量总共有 6 个,分段数为 5。若没有指定参数,则默认为 10。

在如下数据 dataset 和比例尺 linear 的基础上,添加一个坐标轴的组件。

```
var dataset = [ 2.5 , 2.1 , 1.7 , 1.3 , 0.9];        //数据
//定义比例尺
var linear = d3.scale.linear()
     .domain([0, d3.max(dataset)])
     .range([0, 250]);
var axis = d3.svg.axis()                              //生成坐标轴
     .scale(linear)                                   //指定比例尺
     .orient("bottom")                                //指定刻度的方向
     .ticks(5);                                       //指定刻度的数量
```

代码第 1 行：定义数组。

第 2~5 行：定义比例尺，其中使用了数组 dataset。

第 6~9 行：定义坐标轴，其中使用了线性比例尺 linear，并指定在坐标轴的下方显示刻度，刻度的数量总共有 6 个。

**2. 在 SVG 中添加坐标轴**

定义了坐标轴之后，只需要在 SVG 中添加一个分组元素<g>，再将坐标轴的其他元素添加到这个<g>里即可。代码如下：

```
svg.append("g")
    .call(axis);
```

**3. 设定坐标轴的样式和位置**

默认的坐标轴样式不太美观，下面提供一个常见的样式：

```
<style>
.axis path,
.axis line{
    fill: none;
    stroke: black;
    shape-rendering: crispEdges;
}
.axis text {
    font-family: sans-serif;
    font-size: 11px;
}
</style>
```

上述代码分别定义了类 axis 下的 path、line、text 元素的样式。

接下来，只需要将坐标轴的类设定为 axis 即可。坐标轴的位置可以通过 transform 属性来设定。

```
svg.append("g")
   .attr("class","axis")
   .attr("transform","translate(20,130)")     //平移到(20,130)
   .call(axis);                            //绘制坐标轴,调用之后坐标轴就会显示在相应的 svg 中
```

**【例 8-2】** 绘制带有水平和垂直坐标轴的柱状图。

由于需要水平坐标轴和垂直坐标轴，所以定义 xaxis 和 yaxis 两个坐标轴，并有各自的比例尺 xlinear 和 ylinear。水平坐标轴 xaxis 指定刻度的方向.orient("bottom")，垂直坐标轴 yaxis 指定刻度的方向.orient("left")。完整程序如下：

```
<html>
<head>
    <meta charset="utf-8">
    <title>有水平坐标轴和垂直坐标轴的柱状图</title>
```

```
</head>
<style>
.axis path,
.axis line{
    fill: none;
    stroke: black;
    shape - rendering: crispEdges;
}
.axis text {
    font - family: sans - serif;
    font - size: 11px;
}
</style>
<body>
<script src = "http://d3js.org/d3.v3.min.js" charset = "utf - 8"></script>
<script>
        var width = 300;                        //画布的宽度
        var height = 300;                       //画布的高度
        var svg = d3.select("body")             //选择文档中的<body>元素
            .append("svg")                      //添加一个<svg>元素
            .attr("width", width)               //设定宽度
            .attr("height", height);            //设定高度
        var dataset = [ 2.5 , 2.1 , 1.7 , 1.3 , 0.9 ];
        var xlinear = d3.scale.linear()         //水平坐标轴的比例尺
            .domain([0, d3.max(dataset)])
            .range([0, 250]);
        var ylinear = d3.scale.linear()         //垂直坐标轴的比例尺
            .domain([0, 5])
            .range([0, 125]);
        //绘制柱状图
        var rectHeight = 25;                    //每个矩形所占的像素高度(包括空白)
        svg.selectAll("rect")
            .data(dataset)
            .enter()
            .append("rect")
            .attr("x",20)
            .attr("y",function(d,i){
                return i * rectHeight + 5;      //每个矩形的 y 坐标
            })
            .attr("width",function(d){          //注意这里
                return xlinear(d);
            })
            .attr("height",rectHeight - 1)
            .attr("fill","steelblue");
        //绘制水平和垂直坐标轴
        var xaxis = d3.svg.axis().scale(xlinear)    //指定比例尺
            .orient("bottom")                       //指定刻度的方向
            .ticks(5);                              //指定刻度的数量
        var yaxis = d3.svg.axis().scale(ylinear)    //指定比例尺
            .orient("left")                         //指定刻度的方向
```

```
                        .ticks(5);                      //指定刻度的数量
          svg.append("g")
              .attr("class","axis")
              .attr("transform","translate(20,130)")
              .call(xaxis);                             //绘制 X 坐标轴
          svg.append("g")
              .attr("class","axis")
              .attr("transform","translate(20,5)")
              .call(yaxis);                             //绘制 Y 坐标轴
      </script>
  </body>
  </html>
```

最终效果如图 8-7 所示。

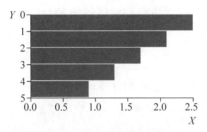

图 8-7　给柱状图添加两个坐标轴

## 8.2.2　坐标轴相关方法

**1. axis. tickValues**([**values**])(**刻度值**)

若指定了 values 数组,这些值将会被用于刻度。例如,指定刻度值生成刻度尺:

```
var xAxis = d3.svg.axis()
        .tickValues([1, 3, 5, 8, 13, 21]);
```

这些值都出现在刻度上。

```
< script type = "text/javascript">
var width = 300;                          //画布的宽度
var height = 300;                         //画布的高度
var svg = d3.select("body")              //选择文档中的<body>元素
        .append("svg")                   //添加一个 svg 元素
        .attr("width", width)            //设定宽度
        .attr("height", height);         //设定高度
var xlinear = d3.scale.linear()          //水平坐标轴的比例尺
        .domain([0, 30])
        .range([0, 250]);
var xAxis = d3.svg.axis()
    .scale(xlinear)
    .tickValues([1,  3, 5, 8, 13, 21]);
```

```
svg.append("g")
        .attr("class","axis")
        .attr("transform","translate(20,130)")
        .call(xAxis);                    //绘制 X 坐标轴
</script>
</body>
</html>
```

运行效果如图 8-8 所示。

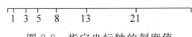

图 8-8　指定坐标轴的刻度值

**2. axis. tickSize**（[**inner，outer**]）（**刻度线长度**）

若指定内部和外侧刻度线的长度,则设置之;若无指定,则返回当前内部刻度线的长度,默认为 6(即 6px)。

**3. axis. innerTickSize**（[**size**]）（**内部刻度线的长度**）

若大小指定,则按大小设置内部刻度线的长度。若无指定,则返回当前默认为 6 的内部刻度线大小。

**4. axis. outerTickSize**（[**size**]）（**外侧刻度线的长度**）

若大小指定,则按大小设置外侧刻度线的长度。若无指定,则返回当前默认为 6 的外侧刻度线大小。外侧刻度线是刻度尺两端的刻度线。然而,外侧刻度线实际上不是刻度线而是值域路径中的一部分,它们的位置由相关量度的值域范围所决定。因此,外侧刻度线可能会与第一个或最后一个内部刻度线重合。大小为 0 的外侧刻度线会不显示值域路径两端的刻度线。

```
var xAxis = d3.svg.axis()
    .scale(xlinear)
    .tickValues([1,  3, 5, 8, 13, 21])
    .outerTickSize(0)
```

坐标轴两端刻度被取消,运行效果如图 8-9 所示。

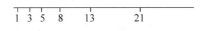

图 8-9　坐标轴两端刻度被取消

**5. axis. tickPadding**（[**padding**]）（**刻度线与刻度标注之间的填充**）

若指定填充,则设置之并返回轴线;反之,返回当前的填充大小,默认为 3(即 3px)。

**6. axis. tickFormat**（[**format**]）（**刻度标注格式化**）

若指定格式,则按指定的方法设置格式并返回轴线。若无指定格式,则默认为空。空的格式也意味着将会使用 scale 在调用 scale. tickFormat()时的默认格式。这种情况下,在 tick 里指定的参数就会被传到 scale. tickFormat()里。例如:

```
var xAxis = d3.svg.axis()
    .scale(xlinear)
    .tickFormat(d3.farmat("＄0.1f"))        //指定刻度的文字格式
```

## 8.3　绘制有坐标轴的折线图

【**例 8-3**】　利用直线生成器绘制折线图并且添加坐标轴。效果如图 8-10 所示。

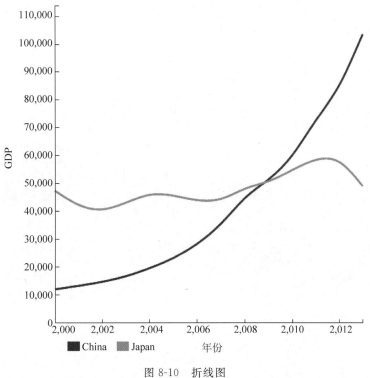

图 8-10　折线图

折线图的数据是中国和日本历年的 GDP，将 GDP 用折线图表示是数据可视化常用的手段。中国 GDP 的折线采用蓝色，日本 GDP 的折线采用绿色。在图 8-10 中，用两个矩形块分别填充相应的颜色，并在矩形边上添加国家名称的文字，这样用户可以区分出是哪个国家 GDP 的信息。

完整程序如下：

```
<!DOCTYPE html>
<html lang = "en">
<head>
    <meta charset = "UTF－8">
    <title>绘制有坐标轴的折线图</title>
    <style type = "text/css">
```

```
          .axis path,.axis line{
              fill:none; stroke:black ; shape-rendering:crispEdges;
          }
          .axis text{
              font-family:sans-serif ;  font-size:11px;
          }
    </style>
</head>
<body>
    <script type="text/javascript" src="http://d3js.org/d3.v3.min.js" charset="utf-8"></script>
    <script type="text/javascript">
        var width = 600;
        var height = 600;
var svg = d3.select("body").append("svg")
                    .attr("width",width)
                    .attr("height",height);
        var dataset = [ {
                country:"China",gdp: [[2000,11920],[2001,13170],[2002,14550],[2003,16500],
[2004,19440],[2005,22870],[2006,27930],[2007,35040],[2008,45470],[2009,51050],[2010,59490],
[2011,73140],[2012,83860],[2013,103550] ]},{
                country:"Japan",gdp:[ [2000,47310],[2001,41590],[2002,39800],[2003,43020],
[2004,46550],[2005,45710],[2006,43560],[2007,43560],[2008,48490],[2009,50350],[2010,54950],
[2011,59050],[2012,59370],[2013,48980] ]}
                ]
        var padding = {top:50,right:50,bottom:50,left:50};        //外边框
        //计算 GDP 的最大值
        var gdpmax = 0;
        for(var i = 0; i < dataset.length; i++){
            var currGdp = d3.max(dataset[i].gdp,function(d){
                return d[1];
            })
            if(currGdp > gdpmax){
                gdpmax = currGdp;
            }
        }
        var xScale = d3.scale.linear()
                        .domain([2000,2013])
                        .range([0,width - padding.left - padding.right]);
        var yScale = d3.scale.linear()
                        .domain([0,gdpmax * 1.1])
                        .range([height - padding.top - padding.bottom,0])
        //创建一个直线生成器
        var linePath = d3.svg.line()
                            .interpolate("basis")
                        .x(function(d){   return xScale(d[0])    })
                        .y(function(d){   return yScale(d[1])   })
```

```
//定义两个颜色(蓝色,绿色)
var colors = [d3.rgb(0,0,255),d3.rgb(0,255,0)];
//添加路径
svg.selectAll("path")
    .data(dataset)
    .enter()
    .append("path")
    .attr("transform","translate(" + padding.left + "," + padding.top + ")")
    .attr("d",function(d){
        return linePath(d.gdp);
    })
    .attr("fill","none")
    .attr("stroke-width",3)
    .attr("stroke",function(d,i){
        return colors[i]
    })
//X轴
var xAxis = d3.svg.axis().scale(xScale).ticks(5).orient("bottom");
//Y轴
var yAxis = d3.svg.axis().scale(yScale).orient("left");
svg.append("g")
    .attr("class","axis")
    .attr("transform","translate(" + padding.left + "," + (height - padding.
bottom) + ")")
    .call(xAxis);
svg.append("g")
    .attr("class","axis")
    .attr("transform","translate(" + padding.left + "," + padding.top + ")")
    .call(yAxis);
//添加矩形图例和文字
svg.selectAll("rect")
    .data(dataset)
    .enter()
    .append("rect")                      //添加矩形
    .attr("width",20)
    .attr("height",15)
    .attr("fill",function(d,i){    return colors[i]   })
    .attr('x',function(d,i){   return padding.left + 80 * i;   })
    .attr("y",height - padding.bottom)
    .attr("transform","translate(20,30)");
//添加标签文字
svg.selectAll(".text")
    .data(dataset)
    .enter()
    .append("text")                      //添加矩形边上的文字
    .attr("font-size","14px")
```

```
            .attr("text - anchor","middle")
            .attr("fill","♯000")
            .attr('x',function(d,i){   return padding.left + 80 * i;     })
            .attr("dx","40px")
            .attr("dy","0.9em")
            .attr("y",height - padding.bottom)
            .attr("transform","translate(20,30)")
            .text(function(d){        //哪个国家的信息
               return d.country;
            })
     </script>
  </body>
  </html>
```

## 8.4 绘制有坐标轴的散点图

散点图(scatter chart)的数据是一组二维坐标,分别对应 $X$、$Y$ 两个坐标轴。散点图是将二维坐标数据在与坐标系中对应的地方绘制圆点。

【例 8-4】 绘制有坐标轴的散点图。效果如图 8-11 所示。

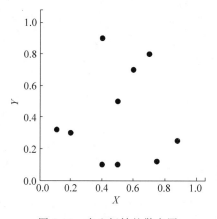

图 8-11　有坐标轴的散点图

```
< html >
  < head >
       < meta charset = "utf - 8">
       < title>绘制散点图</title>
  </head>
  < style >
  .axis path,
  .axis line{ fill: none;   stroke: black;   shape - rendering: crispEdges;   }
  .axis text { font - family: sans - serif;   font - size: 11px;}
  </style >
```

```
<body>
<script src = " http://d3js.org/d3.v3.min.js " charset = "utf-8"></script>
<script>
//圆心数据
var center = [[0.5,0.5],[0.7,0.8],[0.4,0.9],[0.11,0.32],[0.88,0.25],
              [0.75,0.12],[0.5,0.1],[0.2,0.3],[0.4,0.1],[0.6,0.7]];
var width = 500;                              //SVG 绘制区域的宽度
var height = 500;                             //SVG 绘制区域的高度
var svg = d3.select("body")                   //选择< body >
             .append("svg")                   //在<body>中添加<svg>
             .attr("width", width)            //设定<svg>的宽度属性
             .attr("height", height);         //设定<svg>的高度属性
var xAxisWidth = 300;                         //X 轴宽度
var yAxisWidth = 300;                         //Y 轴宽度
//X轴比例尺
var xScale = d3.scale.linear()
               .domain([0, 1.2 * d3.max(center,function(d){ return d[0]; })])
               .range([0,xAxisWidth]);
//Y轴比例尺
var yScale = d3.scale.linear()
               .domain([0, 1.2 * d3.max(center,function(d){ return d[1]; })])
               .range([0,yAxisWidth]);
//外边框
var padding = { top: 30 , right: 30, bottom: 30, left: 30 };
//绘制圆
var cirlce = svg.selectAll("circle")
               .data(center)                  //绑定数据
               .enter()                       //获取 enter 部分
               .append("circle")              //添加 circle 元素,使其与绑定数组的长度一致
               .attr("fill","black")          //设置颜色为 black
               .attr("cx", function(d){        //设置圆心的 x 坐标
                   return padding.left + xScale(d[0]);
               })
               .attr("cy", function(d){        //设置圆心的 y 坐标
                   return height - padding.bottom - yScale(d[1]);
               })
               .attr("r", 5 );
var xAxis = d3.svg.axis()
               .scale(xScale)
               .orient("bottom")
               .ticks(5);
yScale.range([yAxisWidth,0]);
var yAxis = d3.svg.axis()
               .scale(yScale)
               .orient("left")
               .ticks(5);
svg.append("g")
       .attr("class","axis")
       .attr("transform","translate(" + padding.left + "," + (height - padding.bottom) +
  ")")
```

```
        .call(xAxis);
svg.append("g")
      .attr("class","axis")
      .attr("transform","translate(" + padding.left + "," + (height - padding.bottom -
yAxisWidth) +")")
      .call(yAxis);
</script>
</body>
</html>
```

## 8.5　新版本4.X的坐标轴

D3 3.X里需要刻意为坐标轴定义样式：

```
<style>
.axis path,
.axis line{ fill: none;   stroke: black;   shape-rendering: crispEdges;   }
.axis text { font-family: sans-serif;   font-size: 11px;}
</style>
```

D3 4.X里直接包含了默认样式，简化了代码。定义比例尺后，使用 d3.axisTop 和 d3.axisBottom()来控制刻度显示在坐标轴的上方或者下方。

```
<html>
<body>
    <script type="text/javascript" src="http://d3js.org/d3.v4.min.js" charset="utf-
8"></script>
    <script type="text/javascript">
    var width = 300;                         //画布的宽度
    var height = 300;                        //画布的高度
    var svg = d3.select("body")              //选择文档中的<body>元素
              .append("svg")                 //添加一个svg元素
              .attr("width", width)          //设定宽度
              .attr("height", height);       //设定高度
    var xlinear = d3.scaleLinear()           //水平坐标轴的比例尺
              .domain([0, 30])
              .range([0, 250]);
    xAxis = svg.append('g')                  // X轴
              .attr('class', 'xAxis')
              .attr('transform', 'translate(20,130)')
              .call(d3.axisBottom(xlinear))       //绘制X坐标轴,刻度显示在坐标轴的下方
    </script>
</body>
</html>
```

运行效果如图8-12所示。

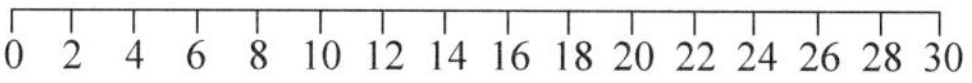

图 8-12 axisBottom 的坐标轴

使用 d3.axisLeft() 和 d3.axisRight() 控制刻度显示在坐标轴的左侧或者右侧。

如果是非连续性坐标轴，则使用 d3.scaleOrdinal() 比例尺。

```
x = d3.scaleOrdinal().range([150, 300, 450, 600])
xScale = x.domain(['北京', '上海', '广州', '深圳'])
xAxis = svg.append('g')
        .attr('class', 'xAxisis')
        .attr('transform', 'translate(0, 200)')
        .call(d3.axisBottom(xScale))
```

运行效果如图 8-13 所示。

| 北京 | 上海 | 广州 | 深圳 |

图 8-13 非连续性的坐标轴

在正常情况中，*X* 轴的数据经常是非线性的，所以这种坐标轴常常会使用。

# 第**9**章

## 实现动态过渡效果

D3 支持制作动态的图表。有时候需要图表缓慢地变化，以便于让用户看清楚变化的过程，也能给用户较强的友好感。本章学习具有动态过渡效果的图表。

## 9.1 动态效果

### 9.1.1 什么是动态效果

前面几章制作的图表是一蹴而就地出现，绘制完成后不再发生变化，这是静态的图表。动态的图表是指图表在某一时间段会发生某种变化，可能是形状、颜色、位置等，而且用户可以看到变化的过程。

例如，有一个圆，圆心为(100，100)。现在希望圆心的 $x$ 坐标从 100 移到 300，并且移动过程在 2 秒的时间内完成。这种时候就需要用到动态效果，在 D3 里称之为过渡（transition）。

### 9.1.2 D3 实现动态效果的方法

D3 提供了以下方法用于实现图形从状态 A 变为状态 B 的过渡。

**1. transition()**

transition()启动过渡效果。其前后分别是图形变化前后的状态(形状、位置、颜色等)，例如：

```
var circle1 = svg.append("circle")
                .attr("fill","red")          //初始颜色为红色
                .transition()                //启动过渡
                .attr("fill","steelblue")    //终止颜色为铁蓝色
```

D3 会自动对两种颜色(红色和铁蓝色)之间的颜色值(RGB 值)进行插值计算,得到过渡用的颜色值。我们无须知道中间是怎么计算的,只需要享受结果即可。

**2. duration()**

duration()指定过渡的持续时间,单位为毫秒。如 duration(2000),指持续 2000 毫秒,即 2 秒。

**3. ease()**

ease()指定过渡的方式,常用的方式如下。

- linear:普通的线性变化。
- circle:慢慢地到达变换的最终状态。
- elastic:带有弹跳地到达最终状态。
- bounce:在最终状态处弹跳几次。

调用时,格式形如:ease("bounce")。

**4. delay()**

delay()指定延迟的时间,表示一定时间后才开始转变,单位同样为毫秒。此函数可以对整体指定延迟,也可以对个别指定延迟。

例如,对整体指定延迟:

```
.transition()
.duration(1000)
.delay(500)
```

如此,图形整体在延迟 500 毫秒后发生变化,变化的时长为 1000 毫秒。因此,过渡的总时长为 1500 毫秒。

又如,对一个一个的图形(图形上绑定了数据)指定延迟:

```
    .transition()
    .duration(1000)
    .delay(function(d,i){
        return 200 * i;
})
```

如此,假设有 10 个元素,那么第 1 个元素延迟 0 毫秒(因为 i=0),第 2 个元素延迟 200 毫秒,第 3 个延迟 400 毫秒,依次类推,整个过渡的时间长度为(200×45+1000)毫秒=10 000 毫秒(10 秒)。

# 9.2 动态效果实例

## 9.2.1 实现简单的动态效果

【例 9-1】 下面将在 SVG 画布里添加三个圆,圆出现之后,立即启动过渡效果。

第一个圆,要求移动 $x$ 坐标,将圆心的 $x$ 坐标由 100 变为 300。

第二个圆,要求既移动 $x$ 坐标,将圆心的 $x$ 坐标由 100 变为 300,同时改变颜色。

第三个圆,要求既移动 $x$ 坐标,将圆心的 $x$ 坐标由 100 变为 300,同时改变颜色和半径。

```html
<html>
<head>
    <meta charset = "utf-8">
    <title>让三个圆动起来</title>
</head>
<body>
    <script src = "http://d3js.org/d3.v3.min.js" charset = "utf-8"></script>
    <script>
    //画布大小
    var width = 400;
    var height = 400;
    //在 body 里添加一个 SVG 画布
    var svg = d3.select("body")
        .append("svg")
        .attr("width", width)
        .attr("height", height);
    var circle1 = svg.append("circle")
                    .attr("cx", 100)
                    .attr("cy", 100)
                    .attr("r", 45)
                    .style("fill","green");
    //第一个圆的动画
    circle1.transition()
        .duration(1000)             //在 1 秒(1000 毫秒)内将圆心的 x 坐标由 100 变为 300
        .attr("cx", 300);
    var circle2 = svg.append("circle")
                    .attr("cx", 100)
                    .attr("cy", 200)
                    .attr("r", 45)
                    .style("fill","green");
    //第二个圆的动画
    circle2.transition()
        .duration(1500)             //在 1.5 秒(1500 毫秒)内将圆心的 x 坐标由 100 变为 300,
        .attr("cx", 300)
        .style("fill","red");       //将颜色从绿色变为红色
    var circle3 = svg.append("circle")
                    .attr("cx", 100)
                    .attr("cy", 300)
                    .attr("r", 45)
                    .style("fill","green");
    //第三个圆的动画
    circle3.transition()
        .duration(2000)             //在 2 秒(2000 毫秒)内将圆心的 x 坐标由 100 变为 300
        .ease("bounce")             //过渡方式采用 bounce(在终点处弹跳几次)
        .attr("cx", 300)            //圆心的 x 坐标由 100 变为 300
```

```
            .style("fill","red")          //将颜色从绿色变为红色
            .attr("r", 25);               //将半径从 45 变为 25
</script>
</body>
```

运行效果如图 9-1 所示。

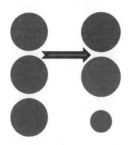

图 9-1 让三个圆动起来

## 9.2.2 给柱状图加上动态效果

【例 9-2】 给柱状图加上动态效果。

在给柱状图添加文字元素和矩形元素的时候,启动过渡效果,让各个柱和文字缓慢升至目标高度,并且在目标处跳动几次。

对于文字元素,代码如下:

```
.attr("y",function(d){
    var min = yScale.domain()[0];
    return yScale(min);
})
.transition()
.delay(function(d,i){
    return i * 200;
})
.duration(2000)
.ease("bounce")
.attr("y",function(d){
    return yScale(d);
});
```

文字元素过渡前后,发生变化的是 $y$ 坐标。其起始状态是在 $y$ 等于 0 的位置(但要注意,不能在起始状态直接返回 0,要应用比例尺计算在画布中的位置)。终止状态是目标值。

完整代码如下:

```
<html>
<head>
    <meta charset = "utf - 8"><title>让图表动起来</title>
<style>
    .axis path,
```

```
            .axis line{fill: none;stroke: black;shape-rendering: crispEdges;}
            .axis text {font-family: sans-serif; font-size: 11px;}
            .MyRect {fill: steelblue;}
            .MyText {fill: white; text-anchor: middle;
            }
    </style>
    </head>
    <body>
        <script src = "http://d3js.org/d3.v3.min.js" charset = "utf-8"></script>
        <script>
        //画布大小
        var width = 400;
        var height = 400;
        //在 body 里添加一个 SVG 画布
        var svg = d3.select("body")
            .append("svg")
            .attr("width", width)
            .attr("height", height);
        //画布周边的空白
        var padding = {left:30, right:30, top:20, bottom:20};
        //定义一个数组
        var dataset = [10, 20, 30, 40, 33, 24, 12, 5];
        //X轴的比例尺
        var xScale = d3.scale.ordinal()
            .domain(d3.range(dataset.length))
            .rangeRoundBands([0, width - padding.left - padding.right]);
        //Y轴的比例尺
        var yScale = d3.scale.linear()
            .domain([0,d3.max(dataset)])
            .range([height - padding.top - padding.bottom, 0]);
        //定义 X 轴
        var xAxis = d3.svg.axis()
            .scale(xScale)
            .orient("bottom");
        //定义 Y 轴
        var yAxis = d3.svg.axis()
            .scale(yScale)
            .orient("left");
        //矩形之间的空白
        var rectPadding = 4;
        //添加矩形元素
        var rects = svg.selectAll(".MyRect")
            .data(dataset)
            .enter()
            .append("rect")
            .attr("class","MyRect")
            .attr("transform","translate(" + padding.left + "," + padding.top + ")")
            .attr("x", function(d,i){
                return xScale(i) + rectPadding/2;
            })
```

```
        .attr("width", xScale.rangeBand() - rectPadding )
        .attr("y",function(d){
            var min = yScale.domain()[0];
            return yScale(min);
        })
        .attr("height", function(d){
            return 0;
        })
        .transition()
        .delay(function(d,i){
            return i * 200;
        })
        .duration(2000)
        .ease("bounce")
        .attr("y",function(d){
            return yScale(d);
        })
        .attr("height", function(d){
            return height - padding.top - padding.bottom - yScale(d);
        });
//添加文字元素
var texts = svg.selectAll(".MyText")
        .data(dataset)
        .enter()
        .append("text")
        .attr("class","MyText")
        .attr("transform","translate(" + padding.left + "," + padding.top + ")")
        .attr("x", function(d,i){
            return xScale(i) + rectPadding/2;
        } )
        .attr("dx",function(){
            return (xScale.rangeBand() - rectPadding)/2;
        })
        .attr("dy",function(d){
            return 20;
        })
        .text(function(d){
            return d;
        })
        .attr("y",function(d){
            var min = yScale.domain()[0];
            return yScale(min);
        })
        .transition()
        .delay(function(d,i){
            return i * 200;
        })
        .duration(2000)
        .ease("bounce")
```

```
            .attr("y",function(d){
                return yScale(d);
            });
    //添加 X 轴
    svg.append("g")
        .attr("class","axis")
        .attr("transform","translate(" + padding.left + "," + (height - padding.bottom) + ")")
        .call(xAxis);
    //添加 Y 轴
    svg.append("g")
        .attr("class","axis")
        .attr("transform","translate(" + padding.left + "," + padding.top + ")")
        .call(yAxis);
    </script>
</body>
</html>
```

从运行效果可以看到先出现 $X$ 和 $Y$ 坐标轴,然后各个柱及文字从下方 $y$ 为零处逐步上升到至目标高度,并且在目标处跳动几次。最终效果如图 9-2(b)所示。

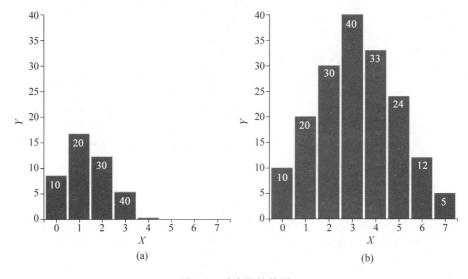

图 9-2　动态的柱状图

# 第 10 章

## 布局的应用

"布局"这个词可能会让初学者联想成是为了"绘制",其实布局仅仅是为了计算哪个元素显示到哪里。从直观上看,布局的作用是将某种数据转换成另一种数据,而转换后的数据是利于可视化的。因此将布局也称为"数据转换"。本章学习 D3 布局的使用。

## 10.1 力导向图

### 10.1.1 D3 与其他可视化工具的区别

图 10-1 展示了 D3 与其他可视化工具的区别。

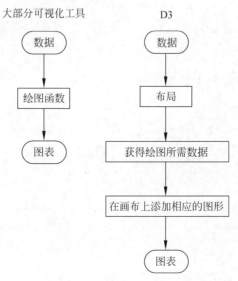

图 10-1　D3 与其他可视化工具的区别

可以看到,D3 的可视化步骤相对来说较多,好处是能够制作出更加精密的图形。

D3 共提供了 12 个布局:力导向图(force)、分区图(partition)、直方图(histogram)、饼状图(pie)、弦图(chord)、集群图(cluster)、树状图(tree)、堆栈图(stack)、矩形树图(treemap)、捆图(bundle)、打包图(pack)、层级图(hierarchy)。

12 个布局中,层级图(hierarchy)不能直接使用,分区图、集群图、树状图、矩阵树图、打包图是由层级图扩展来的,这样,能够使用的布局是 11 个。

3. X 版本中 12 个布局都在 d3. layout 模块里,4. X 版本后它们被分割到不同的模块里。

## 10.1.2　力导向图初步

力导向图是一种绘图的算法。D3 中的力导向图布局是使用韦尔莱积分法计算的,这是一种用于求解牛顿运动方程的数值方法,被广泛应用于分子动力学模拟以及视频游戏中。

力导向图在二维或三维空间里配置结点(或者顶点),每一个结点都受到力的作用而运动。结点之间用线连接,称为连线(或者边)。各连线的长度几乎相等,且尽可能不相交。力是根据结点和连线的相对位置计算的。根据力的作用,来计算结点和连线的运动轨迹,并不断降低它们的能量,最终达到一种能量很低的稳定状态。力导向图(如图 10-2 所示)能表示结点之间的多对多的关系。

图 10-2　力导向图

下面学习绘制力导向图的过程。

### 1. 确定初始数据

绘制力导向图先从确定初始数据开始,代码如下:

```
//顶点(nodes)的数组
var nodes = [ { name: "桂林" }, { name: "广州" },
              { name: "厦门" }, { name: "杭州" },
              { name: "上海" }, { name: "青岛" },
              { name: "天津" } ];
//边(edges)的数组
 var edges = [ { source : 0, target: 1 }, { source : 0, target: 2 },
              { source : 0, target: 3 }, { source : 1, target: 4 },
              { source : 1, target: 5 }, { source : 1, target: 6 } ];
```

nodes 的对象只有一个变量 name,表示该结点的名称。edges 的对象里有两个变量:

source、target，分别表示边（连线）两端的结点，结点的序号从 0 开始。要注意，此处必须用 source、target 这两个名称。

初始数据里有顶点（nodes）和边（edges）的数组，这里的结点是一些城市名称，边是两个结点之间的连线。现在要用这些数据来做力导向图，但是这样的数据不适合做力导向图，如不知道每一个结点画在哪个坐标等。所以需要先用布局（layout）来转换数据。

**2. 转换数据**

力导向图的转换数据就是创建一个力导向图的布局，定义布局的代码如下：

```
var force = d3.layout.force()
```

布局的参数设置如下：

```
var force = d3.layout.force()          //是力导向图 layout 的函数,可创建一个力导向图的布局
            .nodes(nodes)              //指定结点数组
            .links(edges)             //指定连线数组
            .size([width,height])     //指定力导向图作用域范围
            .linkDistance(150)        //指定连线长度,用于设定两个顶点之间的长度
            .charge([-400]);          //是设定弹力的大小,相互之间的作用力
            .start();                 //表示开始转换
```

在上面的代码中：

- nodes()里传入需要被转换结点（顶点）的数组。
- links()里传入被转换边（连线）的数组。
- size()是力导向图的作用范围。
- linkDistance()是指定连线长度，默认为 20。
- charge()决定排斥还是吸引，默认为 -30。值为正则相互吸引，绝对值越大吸引力越大；值为负则相互排斥，绝对值越大排斥力越大。
- start()表示开始转换。

实际上 D3 中提供了 17 个函数用于设定力导向图布局的参数和事件，在所有布局中是最多的，除上面以外还有如下函数。

- linkStrength()：指定连线的坚硬度，值的范围为[0,1]，值越大越坚硬。其直观感受是：若值为 1，则拖动一个顶点 A，与之相连的顶点会与 A 保持 linkDistance 设定的距离运动；若值为 0，则拖动一个顶点 A，与之相连的顶点不会运动，连接线会被拉长。
- friction()：定义摩擦系数，值的范围为[0,1]，默认为 0.9。但是这个值其实并非物理意义上的摩擦，其实际意义更接近速度随时间产生的损耗，这个损耗是针对每一个顶点的。若值为 1，则没有速度的损耗；若值为 0，则速度的损耗最大。
- chargeDistance()：设定引力的作用距离，若超过这个距离则没有引力的作用。默认值为无穷大。
- gravity()：以 size()函数设定的中心产生重力，各顶点都会向中心运动，默认值为 0.1。也可以设定为 0，此时没有重力的作用。
- theta()：顶点数如果过多，计算的时间就会加大（$O(n \log n)$）。theta()就是为了限

制这个计算而存在的,默认值为 0.8。这个值越小,就能把计算限制得越紧。

- alpha():设定动画的冷却系数,运动过程中该系数会不断减小,直到等于 0 为止,此时动画也停止了。

如果调用 start()函数后,数据就已经被转换了,力导向图与其他布局不同的是转换数据时,源数组数据是会变化。转换后的数据如图 10-3 所示。

顶点(转换前):

```
▼0: Object
    name: "GuiLin"
  ▶ __proto__: Object
```

顶点(转换后):

```
▼0: Object
    index: 0
    name: "GuiLin"
    px: 394.56904080210563
    py: 272.9017858954897
    weight: 2
    x: 394.59363364583686
    y: 272.89225687754424
  ▶ __proto__: Object
```

可以看到,转换后,多了 index , px , py 等。

边(转换后):

```
▼0: Object
  ▼source: Object
      index: 0
      name: "GuiLin"
      px: 259.5045003043722
      py: 211.65636138779655
      weight: 2
      x: 259.4941826620687
      y: 211.59043910726945
    ▶ __proto__: Object
  ▼target: Object
      index: 1
      name: "GuangZhou"
      px: 362.11169652392846
      py: 379.2457964179497
      weight: 2
      x: 362.13013891538367
      y: 379.263901861756
    ▶ __proto__: Object
  ▶ __proto__: Object
```

可以看到,边数据的两个索引号直接被转换成了两个顶点的数据。

图 10-3　转换后的数据

可以看到顶点(nodes)和边(edges)的数组数据变化了,顶点数组每个结点多出 index (结点索引号)、x(当前结点 x 坐标)、y(当前结点 y 坐标)、px(上一时刻结点的 x 坐标)、py (上一时刻结点的 y 坐标)、weight(有多少连线与之连接)等属性。

边数组中的每一个对象,还是有两个变量 source、target,只是内容变成了结点对象,而不是刚开始的索引号。

### 3. 绘制图形

根据转换后的这些数据才可以绘制图形。这里使用 SVG 中的 line 画边连线,用 SVG 中的 circle 画结点。

```
var svg_edges = svg.selectAll("line")
            .data(edges)
            .enter()
            .append("line")                //绘制连线
            .style("stroke","#ccc")
            .style("stroke-width",1);
    var color = d3.scale.category20();
    var svg_nodes = svg.selectAll("circle")
            .data(nodes)
            .enter()
            .append("circle")              //绘制结点
            .attr("r",20)
            .style("fill",function(d,i){
                return color(i);
            })
            .call(force.drag);
```

最后一句代码".call(force.drag);"是设定用户可以拖动的顶点。call()是用于将当前选择的元素传到 force.drag()函数中。

**4. 定义力导向图布局的事件**

force.on()是定义力导向图布局的事件,力导向图有三种事件,分别为 start、end、tick。

start 事件是在力导向图运动开始时发生的,end 事件是在力导向图运动结束时发生的。由于力导向图是不断运动的,每一时刻都在发生更新,因此,必须不断更新结点和连线的位置。力导向图布局事件 tick 是每一个时间间隔之后就刷新一遍画面,刷新的内容写在后面的无名函数 function()中,function()函数中是更新绘制的代码。例如:

```
force.on("tick", function(){
            //更新连线坐标
            svg_edges.attr("x1",function(d){ return d.source.x; })
                    .attr("y1",function(d){ return d.source.y; })
                    .attr("x2",function(d){ return d.target.x; })
                    .attr("y2",function(d){ return d.target.y; });
            //更新结点坐标
            svg_nodes.attr("cx",function(d){ return d.x; })
                    .attr("cy",function(d){ return d.y; });
            //更新文字坐标
            svg_texts.attr("x", function(d){ return d.x; })
                .attr("y", function(d){ return d.y; });
});
```

【例 10-1】 绘制几个城市之间联系的力导向图,效果如图 10-4 所示。

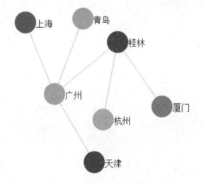

图 10-4　力导向图运行效果

```
< html >
  < head >
        < meta charset = "utf - 8">
        <title>力导向图</title>
  </head >
<style >
</style >
    < body >
```

```
<script src = "http://d3js.org/d3.v3.min.js" charset = "utf-8"></script>
<script>
var nodes = [ { name: "桂林"}, { name: "广州" },
                { name: "厦门"}, { name: "杭州"},
                { name: "上海"}, { name: "青岛"},
                { name: "天津"} ];
var edges = [{ source : 0, target: 1 }, { source : 0, target: 2 },
                { source : 0, target: 3 }, { source : 1, target: 4 },
                { source : 1, target: 5 }, { source : 1, target: 6 }];
var width = 400;
var height = 400;
var svg = d3.select("body")
                .append("svg")
                .attr("width",width)
                .attr("height",height);
var force = d3.layout.force()
                .nodes(nodes)                    //指定结点数组
                .links(edges)                    //指定连线数组
                .size([width,height])            //指定范围
                .linkDistance(150)               //指定连线长度
                .charge(-400);                   //相互之间的作用力
force.start();                                   //开始转换
console.log(nodes);console.log(edges);
//添加连线
var svg_edges = svg.selectAll("line")
                        .data(edges)
                        .enter()
                        .append("line")
                        .style("stroke","#ccc")
                        .style("stroke-width",1);
var color = d3.scale.category20();
//添加结点
var svg_nodes = svg.selectAll("circle")
                        .data(nodes)
                        .enter()
                        .append("circle")
                        .attr("r",20)
                        .style("fill",function(d,i){
                            return color(i);
                        })
                        .call(force.drag);       //使得结点能够拖动
//添加描述结点的文字
var svg_texts = svg.selectAll("text")
                        .data(nodes)
                        .enter()
                        .append("text")
                        .style("fill", "black")
                        .attr("dx", 20)
                        .attr("dy", 8)
```

```
                              .text(function(d){
                                  return d.name;
                              });
        force.on("tick", function(){ //对于每一个时间间隔
            //更新连线坐标
            svg_edges.attr("x1",function(d){ return d.source.x; })
                     .attr("y1",function(d){ return d.source.y; })
                     .attr("x2",function(d){ return d.target.x; })
                     .attr("y2",function(d){ return d.target.y; });
            //更新结点坐标
            svg_nodes.attr("cx",function(d){ return d.x; })
                     .attr("cy",function(d){ return d.y; });
            //更新文字坐标
            svg_texts.attr("x", function(d){ return d.x; })
                     .attr("y", function(d){ return d.y; });
        });
    </script>
    </body>
</html>
```

最终效果图如图 10-4 所示。

## 10.1.3 基于力导向图的人物关系图

力导向图与生活中常见的人物关系图结合起来（如图 10-5 所示），是比较有趣的。本节以基于力导向图的人物关系图来阐述如何在力导向图中插入外部图片和文字。

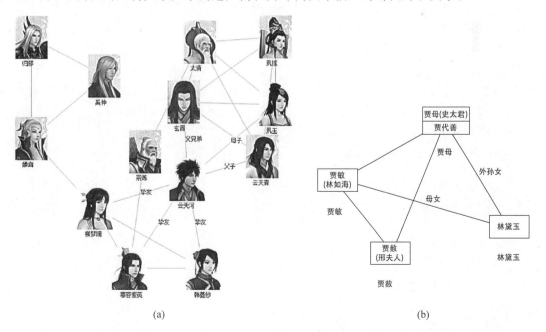

(a)                                        (b)

图 10-5 基于力导向图的人物关系图

实现人物关系图关键是：

- 如何在小球旁插入文字。
- 如何将小球换为别的图形（如人物、角色图片）。
- 如何插入图片。
- 如何限制小球运动的边界。

其中前三点是 SVG 元素的问题，和 D3 无多大关联。

### 1. SVG 图片

SVG 的图片元素< image >，通常只需要使用图片元素中的五个属性。

```
< image xlink:href = "image.png" x = "200" y = "200" width = "100" height = "100"></image >
```

其中属性含义如下。

- xlink:href：图片名称或图片网址。
- x：图片坐上角的 $x$ 坐标。
- y：图片坐上角的 $y$ 坐标。
- width：图片宽度。
- height：图片高度。

在 D3 中插入图片，代码如下：

```
svg.selectAll("image")
    .data(dataset)
    .enter()
    .append("image")
    .attr("x",200)
    .attr("y",200)
    .attr("width",100)
    .attr("height",100)
    .attr("xlink:href","image.png");
```

### 2. SVG 文本

SVG 的文本元素< text >和图片元素< image >类似。

```
< text x = "250" y = "150" dx = "10" dy = "10" font - family = "Verdana" font - size = "55" fill = "
blue" >Hello</text >
```

其中属性含义如下。

- x：文本的 $x$ 坐标。
- y：文本的 $y$ 坐标。
- dx：$X$ 轴方向的文本平移量。
- dy：$Y$ 轴方向的文本平移量。
- font-family：字体。
- font-size：字体大小。

- fill：字体颜色

在 D3 中插入文本，代码如下：

```
svg.selectAll("text")
    .data(dataset)
    .enter()
    .append("text")
    .attr("x",250).attr("y",150)
    .attr("dx",10).attr("dy",10)
    .text("Hello");
```

### 3. JSON 源文件

以红楼梦为例，将相关人物关系数据写入 JSON 文件 relation.json 中。

```
{
"nodes":[
        { "name": "林黛玉"    , "image" : "林黛玉.jpg" },
        { "name": "贾敏"    , "image" : "贾敏.jpg" },
        { "name": "贾母"    , "image" : "贾母.jpg" },
        { "name": "贾赦" , "image" : "贾赦.jpg" }],
"edges":[
        { "source": 0 , "target": 1 , "relation":"母女" },
        { "source": 0 , "target": 2 , "relation":"外孙女" },
        { "source": 1 , "target": 2 , "relation":"母女" },
        { "source": 1 , "target": 3 , "relation":"兄妹" },
        { "source": 2 , "target": 3 , "relation":"母子" }]
}
```

### 4. 绘制力导向图

1）读入 JSON 文件

```
d3.json("relation.json",function(error,root){
        if( error ){
            return console.log(error);
        }
        console.log(root);
}
```

2）定义力导向图的布局

力导向图的布局代码如下：

```
var force = d3.layout.force()
                    .nodes(root.nodes)
                    .links(root.edges)
                    .size([width,height])
                    .linkDistance(200)
                    .charge( -1500)
                    .start();
```

其中，linkDistance 是结点间的距离；charge 是定义结点间是吸引（值为正）还是互斥（值为负），值越大力越强。

3）绘制连接线

绘制结点之间的连接线的代码如下：

```
var edges_line = svg.selectAll("line")
                              .data(root.edges)
                              .enter()
                              .append("line")
                              .style("stroke","#ccc")
                              .style("stroke-width",1);
var edges_text = svg.selectAll(".linetext")
                              .data(root.edges)
                              .enter()
                              .append("text")
                              .attr("class","linetext")
                              .text(function(d){
                                  return d.relation;
                              });
```

其中，第 1~6 行绘制直线；第 7~14 行绘制直线上的文字。

直线上文字的样式代码如下：

```
.linetext {
    font-size: 12px ;
    font-family: SimSun;
    fill: #0000FF;
    fill-opacity:0.0;
}
```

其中，fill-opacity 是透明度，0 表示完全透明，1 表示完全不透明。这里是 0，表示初始状态下不显示。

4）绘制结点

绘制结点的图片和文字，并添加鼠标事件。当鼠标移到图片上时，显示与此结点相关联的连接线上的文字。在这里是对 fill-opacity 进行修改来实现显示或隐藏。

```
var nodes_img = svg.selectAll("image")
                    .data(root.nodes)
                    .enter()
                    .append("image")
                    .attr("width",img_w)
                    .attr("height",img_h)
                    .attr("xlink:href",function(d){
                        return d.image;
                    })
                    .on("mouseover",function(d,i){//显示连接线上的文字
                    })
```

```
                            .on("mouseout",function(d,i){//隐去连接线上的文字
                            })
                            .call(force.drag);
var text_dx = -20;
var text_dy = 20;
//添加图片旁的文字
var nodes_text = svg.selectAll(".nodetext")
                            .data(root.nodes)
                            .enter()
                            .append("text")
                            .attr("class","nodetext")
                            .attr("dx",text_dx)
                            .attr("dy",text_dy)
                            .text(function(d){ return d.name;});
```

5) 更新

让力导向图不断更新,需使用 force. on("tick",function(){ }),表示每一次更新都调用
function()函数。

【例 10-2】 绘制红楼梦人物关系的力导向图,效果如图 10-5(b)所示。

```
< html >
 < head >
        < meta charset = "utf-8">
        < title > Force </title >
  </head >
< style >
.nodetext {
    font-size: 12px ;font-family: SimSun;fill:#000000;
}
.linetext {
    font-size: 12px ; font-family: SimSun;
    fill:#0000FF; fill-opacity:0.0;
}
</style >
    < body >
        < script src = "http://d3js.org/d3.v3.min.js" charset = "utf-8"></script >
        < script >
        var width = 600;
        var height = 600;
        var img_w = 77;
        var img_h = 90;
        var svg = d3.select("body").append("svg")
                                .attr("width",width)
                                .attr("height",height);
        d3.json("relation.json",function(error,root){
            if( error ){
                return console.log(error);
            }
```

```
                            console.log(root);
                        var force = d3.layout.force()
                                            .nodes(root.nodes)
                                            .links(root.edges)
                                            .size([width,height])
                                            .linkDistance(200)
                                            .charge(-1500)
                                            .start();
                        var edges_line = svg.selectAll("line")
                                            .data(root.edges)
                                            .enter()
                                            .append("line")
                                            .style("stroke","#ccc")
                                            .style("stroke-width",1);
                        var edges_text = svg.selectAll(".linetext")
                                            .data(root.edges)
                                            .enter()
                                            .append("text")
                                            .attr("class","linetext")
                                            .text(function(d){
                                                return d.relation;
                                            });
                        var nodes_img = svg.selectAll("image")
                                            .data(root.nodes)
                                            .enter()
                                            .append("image")
                                            .attr("width",img_w)
                                            .attr("height",img_h)
                                            .attr("xlink:href",function(d){
                                                return d.image;
                                            })
                                            .on("mouseover",function(d,i){
                                                //显示连接线上的文字
                                                edges_text.style("fill-opacity",function(edge){
                                                    if( edge.source === d || edge.target === d ){
                                                        return 1.0;
                                                    }
                                                });
                                            })
                                            .on("mouseout",function(d,i){
                                                //隐去连接线上的文字
                                                edges_text.style("fill-opacity",function(edge){
                                                    if( edge.source === d || edge.target === d ){
                                                        return 0.0;
                                                    }
                                                });
                                            })
                                            .call(force.drag);
                        var text_dx = -20;
                        var text_dy = 20;
```

```
                    var nodes_text = svg.selectAll(".nodetext")
                                        .data(root.nodes)
                                        .enter()
                                        .append("text")
                                        .attr("class","nodetext")
                                        .attr("dx",text_dx)
                                        .attr("dy",text_dy)
                                        .text(function(d){
                                            return d.name;
                                        });
            //力导向图每更新一帧时发生
            force.on("tick", function(){
                //限制结点的边界
                root.nodes.forEach(function(d,i){
                    d.x = d.x - img_w/2 < 0   ? img_w/2 : d.x ;
                    d.x = d.x + img_w/2 > width ? width - img_w/2 : d.x ;
                    d.y = d.y - img_h/2 < 0   ? img_h/2 : d.y ;
                    d.y = d.y + img_h/2 + text_dy > height ? height - img_h/2 - text_dy : d.y ;
                });
                //更新连接线的位置
                edges_line.attr("x1",function(d){ return d.source.x; });
                edges_line.attr("y1",function(d){ return d.source.y; });
                edges_line.attr("x2",function(d){ return d.target.x; });
                edges_line.attr("y2",function(d){ return d.target.y; });
                //更新连接线上文字的位置
                edges_text.attr("x",function(d){ return (d.source.x + d.target.x) / 2 ; });
                edges_text.attr("y",function(d){ return (d.source.y + d.target.y) / 2 ; });
                //更新结点图片和文字
                nodes_img.attr("x",function(d){ return d.x - img_w/2; });
                nodes_img.attr("y",function(d){ return d.y - img_h/2; });
                nodes_text.attr("x",function(d){ return d.x });
                nodes_text.attr("y",function(d){ return d.y + img_w/2; });
            });
        });
    </script>
  </body>
</html>
```

运行效果如图 10-5(b)所示。注意其中人物图片用的不是头像而是以文字图片代替。

## 10.1.4 力导向图的事件

上例中 force.on("tick"，function())中，tick 表示当运动进行中每更新一帧时的事件。这是力导向图中最常使用的事件，用于设定力导向图每一帧是如何更新的。除此之外，还有一些其他常用的事件。

**1. 布局的事件**

代码中，假设定义如下布局：

```
var force = d3.layout.force()
                    .size([width,height])
                    .linkDistance(200)
                    .charge( - 1500);
```

D3 提供了三个力导向图布局的事件,分别为 start、end、tick。代码如下:

```
//力导向图运动开始时发生
force.on("start", function(){
    console.log("开始");
});
//力导向图运动结束时发生
force.on("end", function(){
    console.log("结束");
});
//力导向图每一帧时发生
force.on("tick", function(){
    console.log("进行中");
});
```

各个事件发生时,就会执行相应的代码。

### 2. 拖曳的事件

D3 中提供了三种拖曳事件:dragstart、dragend、drag。

```
var drag = force.drag()
                    .on("dragstart",function(d,i){
                        console.log("拖曳状态:开始");
                    })
                    .on("dragend",function(d,i){
                        console.log("拖曳状态:结束");
                    })
                    .on("drag",function(d,i){
                        console.log("拖曳状态:进行中");
                    });
```

上面代码中,分别定义了三种事件后,将此拖曳函数赋值给变量 drag,在调用时只要使用:

```
.call(drag);
```

即设定当拖曳时调用函数 force.drag()。

### 3. 顶点的固定

使用布局转换数据之后,顶点有一个属性 fixed。当值为 true 时,顶点就是固定不动的;当值为 false 时,顶点就是运动的。默认其值为 false。

如果用户能够任意固定和解锁顶点，可添加代码如下：

```
var drag = force.drag()
            .on("dragstart",function(d,i){
                d.fixed = true;        //拖曳开始后设定被拖曳对象为固定
                label_text_2.text("拖曳状态：开始");
            })
```

这样当拖曳开始时，被拖曳顶点设定为固定。

当鼠标双击顶点时，对顶点解锁：

```
nodes_img.on("dblclick",function(d,i){
    d.fixed = false;
})
```

# 10.2 分区图

分区图（partition）也是 D3 的一个布局。分区图可以做成矩形（如图 10-6 所示），也可以做成圆形。分区图常用于表示包含与被包含关系。

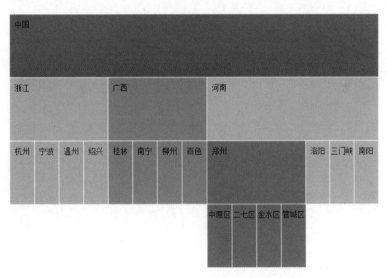

图 10-6　矩形分区图

## 10.2.1　分区图的定义与设置参数

定义分区图布局为 d3.layout.partition()，分区图布局参数设置有 6 个函数方法。

**1. nodes()**

将原始数据传入后，nodes()得到结点的数组，每个结点添加如下 8 个参数。

• parent：父结点。

- children：子结点。
- value：表示结点的大小，由下面 value() 函数指定的值，父结点的值等于子结点值的和。
- depth：结点的深度。
- x：结点的 $X$ 方向的坐标（不一定指 $X$ 轴方向，根据 size() 函数的意义而定）。
- y：结点的 $Y$ 方向的坐标（同上）。
- dx：$X$ 方向扩展的宽度（同上）。
- dy：$Y$ 方向扩展的宽度（同上）。

**2. links()**

将上述结点数组传入后，links() 得到连接线的关系，起点和终点分别存在 source 和 target 变量中。

**3. children()**

children() 指定表示子结点的字符串。默认是：

```
function children(d) {
    return d.children;
}
```

在 JSON 文件中，子结点用 children 表示。示例如下：

```
{
    "name":"中国",
    "children":[
        {   "name":"浙江",
            "children": [ {"name":"杭州" }, {"name":"宁波" }, {"name":"温州" }, {"name":"绍兴" }]
        },
        {   "name":"广西",
            "children":[ { "name":"桂林"},{"name":"南宁"}, {"name":"柳州"},{"name":"百色"}]
        }
    ]
}
```

**4. sort()**

sort() 指定对同深度的结点进行排序的函数。如果不排序，则按照默认顺序显示。排序函数与 JavaScript 相同：

```
function comparator(a, b) {
    return b.value - a.value;
}
```

对于以上函数，如果第一个参数位于第二个参数之前，则需令其返回一个负数；如果相等，则返回 0；如果第一个参数位于第二个之后，则令其返回一个正数。

**5. value()**

value()设定用哪一个值来表示结点大小。

```
function value(d) {
  return d.size;
}
```

这样设定是用结点里的 size 值来表示结点的大小。

**6. size()**

size()设置分区图的范围。矩形分区图和圆形分区图中展示了当 size()函数的设定不同时,图表如何不同。

如果是方形的,则:

```
size( [ width , height ] )
```

如果是圆形的,则:

```
size( [ 2 * Math.PI, radius * radius ] )          //radius 为圆的半径
```

## 10.2.2　矩形分区图

矩形分区图是分区图最基本的形式。下面学习绘制矩形分区图的过程。

**1. 数据**

图 10-6 中的矩形分区图使用的数据为 city_tree.json 文件,内容为中国境内几个城市的所属关系。

```
{
"name":"中国",
"children":
[
  {
    "name":"浙江" ,
    "children": [
          {"name":"杭州" },
          {"name":"宁波" },
          {"name":"温州" },
          {"name":"绍兴" }
    ] },
  {   "name":"广西" ,
      "children":  [
          { "name":"桂林"},
          {"name":"南宁"},
```

```
                {"name":"柳州"},
                {"name":"百色"}
            ]},
        {   "name":"河南",
            "children": [
                {"name":"郑州",
                    "children": [
                        {"name":"中原区"},
                        {"name":"二七区"},
                        {"name":"金水区"},
                        {"name":"管城区"}
                        ]},
                {"name":"洛阳"},
                {"name":"三门峡"},
                {"name":"南阳"}
            ]
        }
    ]
}
```

**2. 布局（数据转换）**

```
var partition = d3.layout.partition()
                .sort(null)
                .size([width,height])
                .value(function(d) { return 1; });
```

第1行：分区图的布局。

第2行：sort()设定内部的顶点的排序函数，null 表示不排序。

第3行：size()设定转换后图形的范围，这个值很重要，若运用得当则可变为圆形分区图。

第4行：value()设定表示分区大小的值。这里的意思是：如果数据文件中用 size 值表示结点大小，那么这里可写成 return d.size。

接下来读取并转换数据，代码如下：

```
d3.json("city_tree.json", function(error, root) {
    if(error)
        console.log(error);
    console.log(root);
    //转换数据
    var nodes = partition.nodes(root);
    var links = partition.links(nodes);
    //输出转换后的顶点
    console.log(nodes);
}
```

转换后的数据如图 10-7 所示。

顶点中增加了 4 个变量，其中：

- x：顶点的 $x$ 坐标位置。
- y：顶点的 $y$ 坐标位置。
- dx：顶点的宽度 dx。
- dy：顶点的高度 dy。

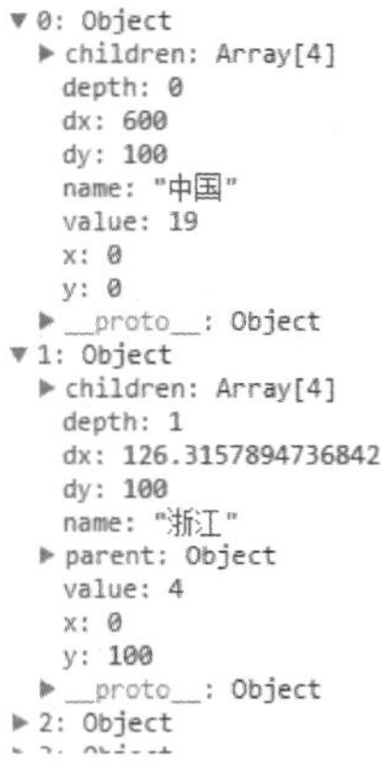

**3. 绘制**

绑定顶点数据，分别绘制矩形和文字。

完整代码如下。

【例 10-3】 绘制中国境内几个城市的所属关系的矩形分区图，效果如图 10-6 所示。

```
<html>
  <head>
      <meta charset = "utf - 8">
      <title>矩形分区图</title>
  </head>
<style>
.node_text {
    font - size: 10px;
    text - anchor: middle;
}
</style>
<body>
<script src = "http://d3js.org/d3.v3.min.js"></script>
<script>
var width = 600,
    height = 400,
    color = d3.scale.category20();
var svg = d3.select("body").append("svg")
              .attr("width", width)
              .attr("height", height)
              .append("g");
var partition = d3.layout.partition()
                  .sort(null)
                  .size([width, height])
                  .value(function(d) { return 1; });
d3.json("city_tree.json", function(error, root) {
    if(error)
        console.log(error);
    console.log(root);
    var nodes = partition.nodes(root);
    var links = partition.links(nodes);
    console.log(nodes);
    var rects = svg.selectAll("g")
```

图 10-7 转换后的数据

```
▼ 0: Object
  ▶ children: Array[4]
    depth: 0
    dx: 600
    dy: 100
    name: "中国"
    value: 19
    x: 0
    y: 0
  ▶ __proto__: Object
▼ 1: Object
  ▶ children: Array[4]
    depth: 1
    dx: 126.3157894736842
    dy: 100
    name: "浙江"
  ▶ parent: Object
    value: 4
    x: 0
    y: 100
  ▶ __proto__: Object
▶ 2: Object
▶ 3: Object
```

```
                         .data(nodes)
                         .enter().append("g");
    //绘制矩形和文字
    rects.append("rect")
        .attr("x", function(d) { return d.x; })            //顶点的 x 坐标
        .attr("y", function(d) { return d.y; })            //顶点的 y 坐标
        .attr("width", function(d) { return d.dx; })       //顶点的宽度 dx
        .attr("height", function(d) { return d.dy; })      //顶点的高度 dy
        .style("stroke", "#fff")
        .style("fill", function(d) { return color((d.children ? d : d.parent).name); })
        .on("mouseover",function(d){
            d3.select(this)
                .style("fill","yellow");
        })
        .on("mouseout",function(d){
            d3.select(this)
                .transition()
                .duration(200)
                .style("fill", function(d) {
                    return color((d.children ? d : d.parent).name);
                });
        });
    rects.append("text")
        .attr("class","node_text")
        .attr("transform",function(d,i){
            return "translate(" + (d.x + 20) + "," + (d.y + 20) + ")";
        })
        .text(function(d,i) {
            return d.name;
        });
});
</script>
</body>
</html>
```

运行后效果如图 10-6 所示。注意,网页读取 JSON 文件需要放在 Web 服务器端运行。用户可以安装 IIS Web 服务器或 Apache Tomcat 服务器来运行本例。在 IIS Web 服务器中运行网页需要把网页所在文件夹配置成虚拟目录(例如 D3),启动 IIS 服务后,在浏览器地址栏中输入 http://localhost:8080/d3/矩形分区图.html 即可。

## 10.2.3　圆形分区图

分区图布局既可用于制作矩形分区图,也可用于制作圆形分区图(如图 10-8 所示)。

制作圆形分区图与矩形分区图基本相同,只有布局函数的 size()函数和绘制图形的部分稍有区别。

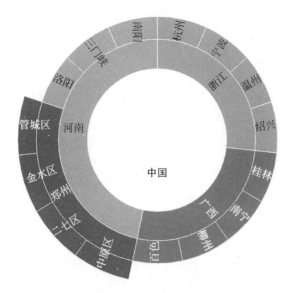

图 10-8　圆形分区图

**1. 布局（数据转换）**

```
var partition = d3.layout.partition()
                   .sort(null)
                   .size([2 * Math.PI, radius * radius])
                   .value(function(d) { return 1; });
```

第 3 行 size（）函数的第一个值为 2 ＊ PI ，第二个值为圆半径的平方。

**2. 绘制**

先定义一个绘制弧形的函数。

```
var arc = d3.svg.arc()
              .startAngle(function(d) { return d.x; })
              .endAngle(function(d) { return d.x + d.dx; })
              .innerRadius(function(d) { return Math.sqrt(d.y); })
              .outerRadius(function(d) { return Math.sqrt(d.y + d.dy); });
```

如果以圆形的形式来转换数据，那么 d.x 和 d.y 分别代表圆弧的绕圆心方向的起始位置和由圆心向外方向的起始位置。d.dx 和 d.dy 分别代表各自的宽度。

接下来分别绘制圆弧和文字。

```
var arcs = svg.selectAll("g")
                  .data(nodes)
                  .enter().append("g");
arcs.append("path")
    .attr("display", function(d) { return d.depth ? null : "none"; }) // hide inner ring
    .attr("d", arc)
```

```
        .style("stroke", "#fff")
        .style("fill", function(d) { return color((d.children ? d : d.parent).name); })
        .on("mouseover",function(d){
            d3.select(this)
                .style("fill","yellow");
        })
        .on("mouseout",function(d){
            d3.select(this)
                .transition()
                .duration(200)
                .style("fill", function(d) {
                    return color((d.children ? d : d.parent).name);
                });
        });
arcs.append("text")
    .style("font - size", "12px")
    .style("font - family", "simsun")
    .attr("text - anchor","middle")
    .attr("transform",function(d,i){
            //第一个元素(最中间的),只平移不旋转
            if( i == 0 )
                return "translate(" + arc.centroid(d) + ")";
            //其他的元素,既平移也旋转
            var r = 0;
            if( (d.x + d.dx/2)/Math.PI * 180 < 180 )    //0°~180°
                r = 180 * ((d.x + d.dx / 2 - Math.PI / 2) / Math.PI);
            else                                        //180°~360°
                r = 180 * ((d.x + d.dx / 2 + Math.PI / 2) / Math.PI);

            //既平移也旋转
            return  "translate(" + arc.centroid(d) + ")" +
                    "rotate(" + r + ")";
    })
    .text(function(d) { return d.name; });
```

绘制方法并不复杂,唯一要注意的是文字的旋转角度问题。

完整代码如下。

【例 10-4】 绘制中国境内几个城市的所属关系的圆形分区图,效果如图 10-8 所示。

```
<html>
 <head>
        <meta charset = "utf - 8">
        <title>圆形分区图</title>
  </head>
<style>
</style>
<body>
<script src = "http://d3js.org/d3.v3.min.js"></script>
<script>
```

```
var width = 450,
    height = 450,
    radius = Math.min(width, height) / 2 ,
    color = d3.scale.category20();
var svg = d3.select("body").append("svg")
                .attr("width", width)
                .attr("height", height)
                .append("g")
                .attr("transform", "translate(" + radius + "," + radius + ")");
var partition = d3.layout.partition()
                    .sort(null)
                    .size([2 * Math.PI, radius * radius])
                    .value(function(d) { return 1; });
var arc = d3.svg.arc()
                .startAngle(function(d) { return d.x; })
                .endAngle(function(d) { return d.x + d.dx; })
                .innerRadius(function(d) { return Math.sqrt(d.y); })
                .outerRadius(function(d) { return Math.sqrt(d.y + d.dy); });
d3.json("city_tree.json", function(error, root) {
    if(error)
        console.log(error);
    console.log(root);
    var nodes = partition.nodes(root);
    var links = partition.links(nodes);
    var arcs = svg.selectAll("g")
                    .data(nodes)
                    .enter().append("g");
    arcs.append("path")
        .attr("display", function(d) { return d.depth ? null : "none"; }) // hide inner ring
        .attr("d", arc)
        .style("stroke", "#fff")
        .style("fill", function(d) { return color((d.children ? d : d.parent).name); })
        .on("mouseover",function(d){
            d3.select(this)
                .style("fill","yellow");
        })
        .on("mouseout",function(d){
            d3.select(this)
                .transition()
                .duration(200)
                .style("fill", function(d) {
                    return color((d.children ? d : d.parent).name);
                });
        });
    arcs.append("text")
        .style("font-size", "12px")
        .style("font-family", "simsun")
        .attr("text-anchor","middle")
        .attr("transform",function(d,i){
```

```
                            //第一个元素(最中间的),只平移不旋转
                            if( i == 0 )
                                return "translate(" + arc.centroid(d) + ")";
                            //其他的元素,既平移也旋转
                            var r = 0;
                            if( (d.x + d.dx/2)/Math.PI * 180 < 180 )    //0°～180°
                                r = 180 * ((d.x + d.dx / 2 - Math.PI / 2) / Math.PI);
                            else                                        //180°～360°
                                r = 180 * ((d.x + d.dx / 2 + Math.PI / 2) / Math.PI);
                            //既平移也旋转
                            return  "translate(" + arc.centroid(d) + ")" +
                                    "rotate(" + r + ")";
                        })
                        .text(function(d) { return d.name; });
            });
        </script>
    </body>
</html>
```

运行后效果如图 10-8 所示。

# 10.3 直方图

直方图(histogram)用于描述概率分布,D3 提供了直方图的布局 d3.layout.histogram (4.X 为 d3-array)用于直方图转换数据。

假设有数组 $a=[10, 11, 11.5, 12.5, 13, 15, 19, 20]$,现在把 10～20 的数值范围分为 5 段,即:10～12,12～14,14～16,16～18,18～20。那么数组 $a$ 的各数值都落在这几段区域的哪一部分呢?经过计算,这 5 个区间段分别具有的元素个数为:3,2,1,0,2。

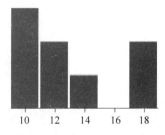

将元素个数用图形展示出来的就是直方图。数组 $a$ 的直方图效果如图 10-9 所示。

下面学习绘制直方图的过程。

图 10-9　数组 $a$ 的直方图效果

## 1. 确定数据

假设采用 d3.random.normal()函数生成 100 个随机数据,这个函数能够按正态(高斯)分布随机生成数值。将这个函数赋值给 rand 之后,只要用 rand()即可生成随机数。

```
var rand = d3.random.normal(0,25);
var dataset = [];
for(var i = 0;i < 100;i++){
    dataset.push( rand() );        //生成的随机数加入到数组中
}
```

### 2. 布局（数据转换）

要将上述数据进行转换，即确定一个范围和区间数，使上述数组的数值落在各区间里。先定义一个直方图的布局：

```
var bin_num = 15;
var histogram = d3.layout.histogram()  //直方图的布局
                  .range([-50,50])     //范围
                  .bins(bin_num)       //区间数(分隔数)
                  .frequency(true);    //若值为true则统计是个数;若值为false则统计是概率
```

接下来即可转换数据：

```
var data = histogram(dataset);
```

转换前后的数据如图10-10所示。其中图10-10(a)为转换前的数据，图10-10(b)为转换后的数据。

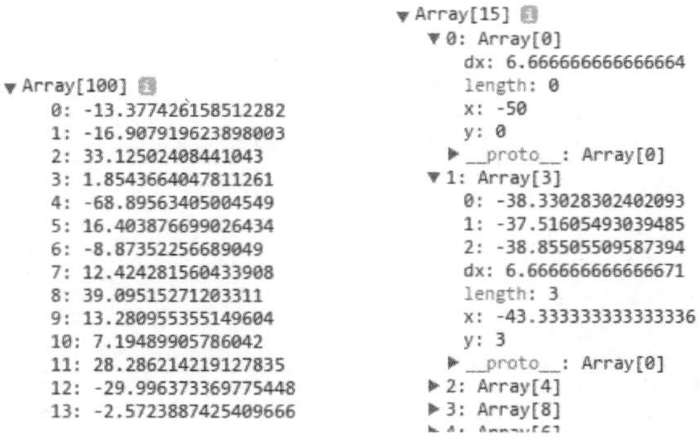

```
▼Array[15] ℹ
  ▼0: Array[0]
      dx: 6.666666666666664
      length: 0
      x: -50
      y: 0
    ▶__proto__: Array[0]
  ▼1: Array[3]
      0: -38.33028302402093
      1: -37.51605493039485
      2: -38.85505509587394
      dx: 6.666666666666671
      length: 3
      x: -43.333333333333336
      y: 3
    ▶__proto__: Array[0]
  ▶2: Array[4]
  ▶3: Array[8]
  ▶4: Array[6]
```

```
▼Array[100] ℹ
    0: -13.377426158512282
    1: -16.907919623898003
    2: 33.12502408441043
    3: 1.8543664047811261
    4: -68.89563405004549
    5: 16.403876699026434
    6: -8.87352256689049
    7: 12.424281560433908
    8: 39.09515271203311
    9: 13.280955355149604
    10: 7.19489905786042
    11: 28.286214219127835
    12: -29.996373369775448
    13: -2.5723887425409666
```

(a)　　　　　　　　　　(b)

图10-10　转换前后的数据

可以看到转换后的数组，长度即区间数，每个元素对象含有落到此区间的数值（图中的0：−38.33，1：−37.51，2：−38.85）、数值的个数（length）。另外还有如下三个参数。

- x：区间的起始位置。
- dx：区间的宽度。
- y：落到此区间的数值的数量（如果frequency为true）或落到此区间的概率（如果frequency为false）。

### 3. 绘制

绘制之前，需要定义一个比例尺，因为通常需要让转换后的 $y$ 在希望的范围内。

```
var max_height = 400;
var rect_step = 30;
var heights = [];
for(var i = 0;i < data.length;i++){
```

```
        heights.push( data[i].y );
}
var yScale = d3.scale.linear()
                        .domain([d3.min(heights),d3.max(heights)])
                        .range([0,max_height]);
```

最后绘制矩形和坐标轴的直线。

```
var graphics = svg.append("g")
                        .attr("transform","translate(30,20)");
//绘制矩形
graphics.selectAll("rect")
        .data(data)
        .enter()
        .append("rect")
        .attr("x",function(d,i){
            return i * rect_step;
        })
        .attr("y", function(d,i){
            return max_height - yScale(d.y);
        })
        .attr("width", function(d,i){
            return rect_step - 2;
        })
        .attr("height", function(d){
            return yScale(d.y);
        })
        .attr("fill","steelblue");
//绘制坐标轴的直线
graphics.append("line")
        .attr("stroke","black")
        .attr("stroke-width","1px")
        .attr("x1",0)
        .attr("y1",max_height)
        .attr("x2",data.length * rect_step)
        .attr("y2",max_height);
//绘制坐标轴的分隔符直线
graphics.selectAll(".linetick")
        .data(data)
        .enter()
        .append("line")
        .attr("stroke","black")
        .attr("stroke-width","1px")
        .attr("x1",function(d,i){
            return i * rect_step + rect_step/2;
        })
        .attr("y1",max_height)
        .attr("x2",function(d,i){
```

```
                return i * rect_step + rect_step/2;
            })
            .attr("y2",max_height + 5);
//绘制刻度文字
graphics.selectAll("text")
        .data(data)
        .enter()
        .append("text")
        .attr("font-size","10px")
        .attr("x",function(d,i){
            return i * rect_step;
        })
        .attr("y", function(d,i){
            return max_height;
        })
        .attr("dx",rect_step/2 - 8)
        .attr("dy","15px")
        .text(function(d){
            return Math.floor(d.x);
        });
```

运行后效果如图 10-11 所示。

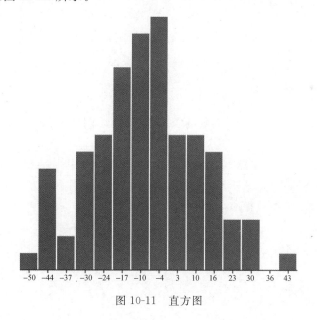

图 10-11 直方图

# 10.4 饼状图

饼状图（pie）或称饼图（如图 10-12 所示），是一个圆被分成多份、用不同颜色表示不同
数据的图形。每个数据的大小决定了其在整个圆所占弧度的大小。在第 7 章使用弧生成器
生成饼状图，当时遇到的一个问题就是就是数据需要转换成弧生成器的角度数据，这个转换

D3 中提供的饼状图布局函数 d3.layout.pie()可以解决。

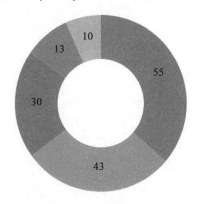

图 10-12　饼状图

下面通过制作一个饼状图来讲解饼状布局。

**1. 原始数据**

```
var dataset = [ 30 , 10 , 43 , 55 , 13 ];        //数据1
```

这个原始数据是不能直接用于画饼状图,我们必须通过计算将它转换成角度。这个计算不需要手动计算,因为 D3 中提供了 d3.layout.pie()函数,这个 layout 就是用于将上面的数据转换成饼状图需要的角度。下面定义一个这样的函数:

```
var pie = d3.layout.pie();        //定义饼状布局函数
var pieData = pie(dataset);       //布局转换后数据
```

通过把原始的数据 dataset 传入 pie()中就能得到绘图数据 pieData。数据 1 转换后的形式如图 10-13 所示。

如图 10-13 所示,5 个整数被转换成了 5 个 Object,每个里面存有起始角度、结束角度,以及原始整数。这样的数据才适合做饼状图,这就是布局的作用。

假如模拟原始数据,如数据 2:

```
var dataset2 = [              //数据2
 {name: '购物', value: 983},
 {name: '日常饮食', value: 300},
 {name: '医药', value: 1400},
 {name: '交通', value: 402},
 {name: '杂费', value: 134}
];
var pie = d3.layout.pie();    //定义饼状布局函数
var pieData = pie(dataset2);  //布局转换后数据
```

数据 2 转换后的形式如图 10-14 所示。

图 10-14 中,左边是转换前的原始的数据结构,右边是转换后的适合绘图的数据结构。可以看到,在保留原来的数据的基础上,转换后的数据新增了该项在整个饼状图中的起始角

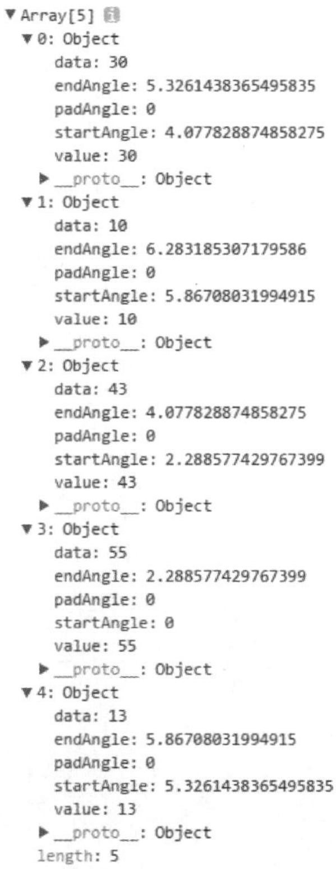

```
▼Array[5] 🔢
  ▼0: Object
      data: 30
      endAngle: 5.3261438365495835
      padAngle: 0
      startAngle: 4.077828874858275
      value: 30
    ▶__proto__: Object
  ▼1: Object
      data: 10
      endAngle: 6.283185307179586
      padAngle: 0
      startAngle: 5.86708031994915
      value: 10
    ▶__proto__: Object
  ▼2: Object
      data: 43
      endAngle: 4.077828874858275
      padAngle: 0
      startAngle: 2.288577429767399
      value: 43
    ▶__proto__: Object
  ▼3: Object
      data: 55
      endAngle: 2.288577429767399
      padAngle: 0
      startAngle: 0
      value: 55
    ▶__proto__: Object
  ▼4: Object
      data: 13
      endAngle: 5.86708031994915
      padAngle: 0
      startAngle: 5.3261438365495835
      value: 13
    ▶__proto__: Object
    length: 5
```

图 10-13　数据 1 转换后的形式

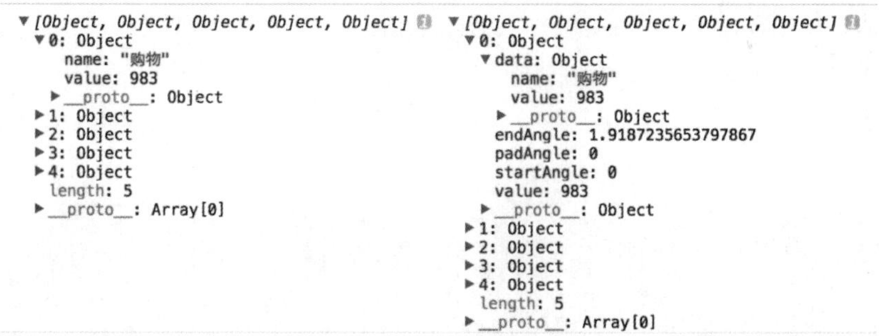

```
▼[Object, Object, Object, Object, Object] 🔢   ▼[Object, Object, Object, Object, Object] 🔢
  ▼0: Object                                       ▼0: Object
      name: "购物"                                    ▼data: Object
      value: 983                                         name: "购物"
    ▶__proto__: Object                                   value: 983
  ▶1: Object                                           ▶__proto__: Object
  ▶2: Object                                         endAngle: 1.9187235653797867
  ▶3: Object                                         padAngle: 0
  ▶4: Object                                         startAngle: 0
    length: 5                                        value: 983
  ▶__proto__: Array[0]                             ▶__proto__: Object
                                                   ▶1: Object
                                                   ▶2: Object
                                                   ▶3: Object
                                                   ▶4: Object
                                                     length: 5
                                                   ▶__proto__: Array[0]
```

图 10-14　数据 2 转换后的形式

度和结束角度(即 startAngle 和 endAngle),以及弧形之间的间隙角度(padAngle)。

要注意布局的作用仅仅是转换数据,实际绘图时还需要绘制图形函数。

**2. 弧生成器计算弧形路径**

在饼状图中,SVG 中的 path 元素绘制每一块弧形,而从 pieData 到 path 元素的 d 属性,还需要再通过弧生成器操作 pieData 计算出 path 元素的 d 属性值。

```
//创建弧生成器
var arc = d3.svg.arc()
               .innerRadius(innerRadius)      //内径,为 0 则为实心圆,2 则为环状图
               .outerRadius(outerRadius);     //外径
```

接下来就是在svg内绘图。原始数据1有5个整数,也就是有5段弧线。绘图时先在svg里添加5个分组(也就是svg中的g元素),每一个分组就是一段弧线。代码如下:

```
var arcs = svg.selectAll("g")          //返回5个g分组元素的选择集
           .data(pieData)              //绑定转换后的数据pieData
           .enter()
           .append("g")
           .attr("transform","translate(" + outerRadius + "," + outerRadius + ")");
                                        //分组平移到圆心位置
```

上面的代码中,第2行svg绑定了转换后的数据pieData,有5个数据,所以会添加5个分组g元素;最后一行代码是移动每个g元素到圆心位置,默认的起始位置是svg绘制框的(0,0)坐标,也就是左上角。要注意,这个时候上面代码返回的是同时选择5个g元素的选择集。

接下来对每个g分组元素添加path元素(即圆弧)。

```
arcs.append("path")
    .attr("fill",function(d,i){         //设置填充颜色属性"fill"
        return color(i);                //颜色比例尺获取相应颜色值
    })
    .attr("d",function(d){              //设置路径属性是"d"
        return arc(d);
    });
```

因为arcs是同时选择5个g元素的,所以append("pah")后,是每一个g中都有path,然后再添加填充颜色属性"fill"和路径属性"d"。

另外,color()是一个颜色比例尺,它能根据传入的索引号获取相应的颜色值,定义如下。

```
var color = d3.scale.category10();      //有10种颜色的颜色比例尺
```

SVG中的路径属性是"d",它的值是arc(d)也就是将绑定的数据作为弧生成器函数arc()的参数算出的值。

### 3. 在圆弧中心添加文本

接下来在每一个圆弧中心添加文本。

```
arcs.append("text")
    .attr("transform",function(d){
        return "translate(" + arc.centroid(d) + ")";        //平移到圆弧的中心处
    })
    .attr("text - anchor","middle")                          //对齐方式为中部局中
    .text(function(d){                                       //设置显示的文字
        return d.value;
    });
```

arc. centroid(d)能算出圆弧的中心,要注意这一句代码,返回的是 d. value,而不是 d,因为当前绑定的数据是 Object,里面有起始角度等值,d. value 是原始整数的数据(如图 10-13 所示)。

完整代码如下。

【例 10-5】 采用饼状图布局绘制数据 1 对应的饼状图,效果如图 10-12 所示。

```
<html>
  <head>
      <meta charset = "utf - 8">
      <title>饼状图</title>
  </head>
<style>
</style>
  <body>
      <script src = "http://d3js.org/d3.v3.min.js" charset = "utf - 8"></script>
      <script>
      var width = 600;
      var height = 600;
      var dataset = [ 30 , 10 , 43 , 55 , 13 ];                //数据1
      var svg = d3. select("body"). append("svg")
                              . attr("width",width)
                              . attr("height",height);
      var pie = d3. layout. pie();
      var pieData = pie(dataset);                //布局转换后数据
      var outerRadius = width / 2;
      var innerRadius = width / 4;
      var arc = d3. svg. arc()                //弧生成器
              . innerRadius(innerRadius)                //内半径
              . outerRadius(outerRadius);                //外半径
      var color = d3. scale. category10();
      var arcs = svg. selectAll("g")
              . data(pieData)                //绑定布局转换后数据
              . enter()
              . append("g")
              . attr("transform","translate(" + outerRadius + "," + outerRadius + ")");
                                                //移到圆心位置
  arcs. append("path")
      . attr("fill",function(d, i){
          return color(i);
      })
      . attr("d",function(d){
          return arc(d);
      });
      //在中心添加文本
      arcs. append("text")
      . attr("transform",function(d){
          return "translate(" + arc. centroid(d) + ")";   //平移到圆弧的中心
      })
```

```
                .attr("text - anchor","middle")              //对齐方式为中部局中
                .text(function(d){                            //设置显示的文字
                    return d.value;
                });
            console.log(dataset);                             //原始数据
            console.log(pieData);                             //布局转换后数据
        </script>
    </body> </html >
```

【例 10-6】 采用饼状图布局绘制数据 2 对应的饼状图,效果如图 10-15 所示。

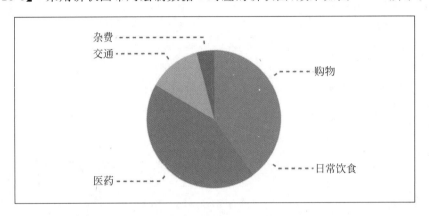

图 10-15　数据 2 的饼状图

```
< html lang = "en">
 < head >
 < meta charset = "UTF - 8">
 <title>饼状图</title>
 < style >
  .container {
            margin: 30px auto;   width: 600px;
            height: 300px;   border: 1px solid ♯000;
  }
  polyline {
            fill: none;   stroke: ♯000000;
            stroke - width: 2px;   stroke - dasharray: 5px;
  }
 </style>
 </head>
 < body >
 < div class = "container">
  < svg width = "100 %" height = "100 %"></svg>
 </div>
 < script src = "http://d3js.org/d3.v3.min.js" charset = "utf - 8"></script>
 < script >
    window.onload = function() {
    var width = 600, height = 300;
```

```
//创建一个分组用来组合要画的图表元素
var main = d3.select('.container svg').append('g')
                    .attr('transform', "translate(" + width/2 + ',' + height/2 + ')');
//模拟数据2
var dataset = [
            {name: '购物', value: 983},    {name: '日常饮食', value: 300},
            {name: '医药', value: 1400},    {name: '交通', value: 402},
            {name: '杂费', value: 134} ];
//转换原始数据为能用于绘图的数据
var pie = d3.layout.pie()                           // pie()是一个函数
var pieData = pie(dataset);                          //用于绘图的数据
var radius = 100;
var arc = d3.svg.arc()                              //创建弧生成器的函数
        .innerRadius(0)
        .outerRadius(radius);
var outerArc = d3.svg.arc()                         //用于文字定位
        .innerRadius(1.2 * radius)
        .outerRadius(1.2 * radius);
var oArc = d3.svg.arc()                             //用于虚线线条定位
        .innerRadius(1.1 * radius)
        .outerRadius(1.1 * radius);
var slices = main.append('g').attr('class', 'slices');    //弧形元素的组
var lines = main.append('g').attr('class', 'lines');      //虚线线条的组
var labels = main.append('g').attr('class', 'labels');    //文字标签的组
//添加弧形元素(g 中的 path)
var arcs = slices.selectAll('g')
                    .data(pieData)
                    .enter()
                    .append('path')
                    .attr('fill', function(d, i) {   return getColor(i);   })
                    .attr('d', function(d)  {   return arc(d);     });
//添加文字标签
var texts = labels.selectAll('text')
                    .data(pieData)
                    .enter()
                    .append('text')
                    .attr('dy', '0.35em')
                    .attr('fill', function(d, i) {  return getColor(i);  })
                    .text(function(d, i) {      return d.data.name;    })
                    .style('text-anchor', function(d, i) {
                            return midAngel(d)< Math.PI ? 'start' : 'end';
                    })
                    .attr('transform', function(d, i) {
                        //找出外弧形的中心点
                        var pos = outerArc.centroid(d);
                        //改变文字标识的 x 坐标
                        pos[0] = radius * (midAngel(d)< Math.PI ? 1.5 : -1.5);
                        return 'translate(' + pos + ')';
                    })
```

```
                                       .style('opacity', 1);
        //添加虚线线条
      var polylines = lines.selectAll('polyline')
                                .data(pieData)
                                .enter()
                                .append('polyline')
                                .attr('points', function(d) {
                                       return [arc.centroid(d), arc.centroid(d), arc.centroid(d)];
                                })
                                .attr('points', function(d) {
                                       var pos = outerArc.centroid(d);
                                       pos[0] = radius * (midAngel(d)< Math.PI ? 1.5 : -1.5);
                                       return [oArc.centroid(d), outerArc.centroid(d), pos];
                                })
                                .style('opacity', 0.5);
                                };
      function midAngel(d) {              //计算中间角度
          return d.startAngle + (d.endAngle - d.startAngle)/2;
      }
      function getColor(idx) {            //自定义的获取颜色的函数,也可以直接使用颜色比例尺
          var palette = [
                  '#2ec7c9', '#b6a2de', '#5ab1ef', '#ffb980', '#d87a80',
                  '#8d98b3', '#e5cf0d', '#97b552', '#95706d', '#dc69aa',
                  '#07a2a4', '#9a7fd1', '#588dd5', '#f5994e', '#c05050',
                  '#59678c', '#c9ab00', '#7eb00a', '#6f5553', '#c14089'   ]
          return palette[idx % palette.length];
      }
  </script>
  </body>
</html>
```

运行后效果如图 10-15 所示。

# 10.5  弦图

弦图(chord)是一种用于描述结点之间联系的图表。两点之间的连线表示谁和谁具有联系,线的粗细表示权重。D3 提供了弦图的布局 d3.layout.chord(4.X 为 d3-chord)用于弦图数据转换。弦图的示意图如图 10-16 所示。图 10-16 中 A、B、C、D 等结点称为外部弦,内部连线 AB、AC、AD 称为内部弦。

D3 弦图的 API 方法如下。

- chord.chords:取回计算的弦角度。
- chord.groups:取回计算的分组角度。
- chord.matrix:取得或设置布局需要的矩阵数据。
- chord.padding:取得或设置弦片段间的角填充。
- chord.sortChords:取得或设置用于弦的比较器($Z$ 轴顺序)。

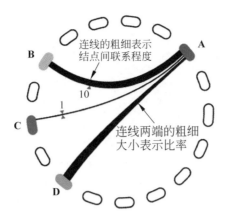

图 10-16　弦图的示意图

- chord. sortGroups：取得或设置用于分组的比较器。
- chord. sortSubgroups：取得或设置用于子分组的比较器。

下面通过制作一个弦图来讲解弦图布局。

**1. 原始数据**

下面的数据是一些城市名和一些数字，这些数字表示城市高技术人才的来源，如表 10-1
所示。

表 10-1　城市高技术人才的来源　　　　　　　　　　（单位：人）

| 城市 | 北京 | 上海 | 广州 | 深圳 | 香港 | 总计 |
| --- | --- | --- | --- | --- | --- | --- |
| 北京 | 1000 | 3045 | 4567 | 1234 | 3714 | 13 560 |
| 上海 | 3214 | 2000 | 2060 | 124 | 3234 | 10 632 |
| 广州 | 8761 | 6545 | 3000 | 8045 | 647 | 26 998 |
| 深圳 | 3211 | 1067 | 3214 | 4000 | 1006 | 12 498 |
| 香港 | 2146 | 1034 | 6745 | 4764 | 5000 | 19 689 |

上述数据是一些城市名和一些数字，这些数字表示城市高技术人才的来源。左边第一
列是被统计高技术人才的城市，上边第一行是被统计的来源城市，即：北京市的高技术人才
有 1000 人来自本地，有 3045 人来自上海，有 4567 人来自广州，有 3045 人来自深圳，有 4567
人来自香港，总人数为 13 560。

```
var city_name = [ "北京","上海","广州","深圳","香港" ];
var population = [
  [ 1000,  3045, 4567, 1234, 3714],
  [ 3214,  2000, 2060, 124, 3234],
  [ 8761,  6545, 3000, 8045, 647],
  [ 3211,  1067, 3214, 4000, 1006],
  [ 2146,  1034, 6745, 4764, 5000]
];
```

**2. 转换数据**

```
var chord_layout = d3.layout.chord()
                .padding(0.03)
                .sortSubgroups(d3.descending)
                .matrix(population);
```

可以用 console.log 输出转换后的数据。转换后，population 数组实际分成了两个部分：groups 和 chords，groups 就是弦图中的结点，chords 就是弦图中的连线，也就是弦。图 10-17 为转换后的结果。其中图 10-17(a)为 groups，图 10-17(b)为 chords。

```
▼[Object, Object, Object, Object, Object] 🔋
  ▼0: Object
      endAngle: 0.9974692393028675
      index: 0
      startAngle: 0
      value: 13560
    ▶__proto__: Object
  ▶1: Object
  ▶2: Object
  ▶3: Object
  ▶4: Object
    length: 5
  ▶__proto__: Array[0]
```
(a)

```
▼[Object, Object, Object, Object, Object, Object,
  ▼0: Object
    ▼source: Object
        endAngle: 0.9974692393028675
        index: 0
        startAngle: 0.9239095608882018
        subindex: 0
        value: 1000
      ▶__proto__: Object
    ▼target: Object
        endAngle: 0.9974692393028675
        index: 0
        startAngle: 0.9239095608882018
        subindex: 0
        value: 1000
      ▶__proto__: Object
    ▶__proto__: Object
```
(b)

图 10-17　population 数组转换后的结果

图 10-17 可以看出 chords 里面每个对象(弦)有 source 和 target，也就是连线的两端。

**3. SVG 和颜色函数的定义**

```
var width  = 600;
var height = 600;
var innerRadius = width/2 * 0.7;               //弦图内圆半径
var outerRadius = innerRadius * 1.1;           //弦图外圆半径
var color20 = d3.scale.category20();           //颜色比例尺
var svg = d3.select("body").append("svg")
            .attr("width", width)
            .attr("height", height)
            .append("g")
            .attr("transform", "translate(" + width/2 + "," + height/2 + ")");
```

**4. 绘制外部弦**

绘制外部弦即分组，有多少个城市绘制多少个弦，同时绘制城市名称。

```
var outer_arc =  d3.svg.arc()
        .innerRadius(innerRadius)
        .outerRadius(outerRadius);
var g_outer = svg.append("g");
g_outer.selectAll("path")
```

```
    .data(chord_layout.groups)
    .enter()
    .append("path")
    .style("fill", function(d) { return color20(d.index); })
    .style("stroke", function(d) { return color20(d.index); })
    .attr("d", outer_arc );
//绘制弦外面文字(即城市名称)
g_outer.selectAll("text")
    .data(chord_layout.groups)                    //绑定数据
    .enter()
    .append("text")
    .each( function(d,i) {
            d.angle = (d.startAngle + d.endAngle) / 2;
            d.name = city_name[i];
    })
    .attr("dy",".35em")
    .attr("transform", function(d){          //城市名称文字定位
        return "rotate(" + ( d.angle * 180 / Math.PI ) + ")" +
            "translate(0," + - 1.0 * (outerRadius + 10) + ")" +
            ( ( d.angle > Math.PI * 3/4 && d.angle < Math.PI * 5/4 ) ? "rotate(180)" : "");
    })
    .text(function(d){                       //城市名称
        return d.name;
    });
```

绘制外部弦的部分,其实和绘制一个饼状图是一样的,可以参照 10.4 节。另外就是绘制弦外面的文字(即城市名称),在绑定数据后,有一个 each(),这个函数表示对于任何一个绑定的元素,都执行后面的无名函数 function(d,i) 的代码,功能是计算一个角度,赋值给 d.angle,同时获取城市的名称。

在用 transform 进行位移时,要注意转换的顺序:rotate -> translate。还有就是转换的最后一行代码:

```
( ( d.angle > Math.PI * 3/4 && d.angle < Math.PI * 5/4 ) ? "rotate(180)" : "")
```

这是表示当角度在 $135°\sim225°$ 时,文字旋转 $180°$。否则下方的文字是倒的,不利于观看。

**5. 内部弦的绘制**

绘制内部弦有专用的函数 d3.svg.chord(),只要将转换后的参数传给此函数,即可做出内部弦。

```
var inner_chord =   d3.svg.chord()
        .radius(innerRadius);
  svg.append("g")
    .attr("class", "chord")
```

```
          .selectAll("path")
          .data(chord_layout.chords)
          .enter()
          .append("path")
          .attr("d", inner_chord )
          .style("fill", function(d) { return color20(d.source.index); })
          .style("opacity", 1)
          .on("mouseover",function(d,i){        //鼠标放在某元素上操作
            d3.select(this)
              .style("fill","yellow");
          })
          .on("mouseout",function(d,i) {        //鼠标移出某元素操作
            d3.select(this)
              .transition()
              .duration(1000)
              .style("fill",color20(d.source.index));
          });
```

最后还有几行关于鼠标操作（mouseover、mouseout）的事件代码，可参看第 11 章。运行后效果如图 10-18 所示。

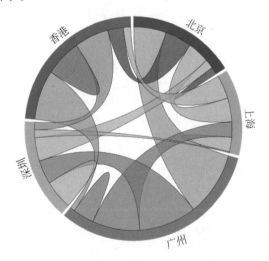

图 10-18　城市高技术人才的来源的弦图

# 10.6　集群图

集群图（cluster）通常用于表示包含与被包含关系，如图 10-19 所示。D3 提供了集群图的布局 d3.layout.cluster（4.X 为 d3-hierarchy）用于集群图转换数据。

下面通过制作一个集群图来讲解集群布局。

**1. 原始数据**

数据的内容为中国的 4 个省份，每个省份里包含有部分城市。这些数据文件保存在一

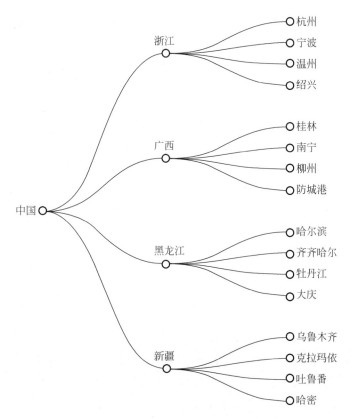

图 10-19　中国省市城市集群图

个 JSON 文件 city.json 中。JSON(JavaScript Object Notation)是一种轻量级的数据交换格式。原始数据如下：

```
{
"name":"中国",
"children":[
    {
        "name":"浙江",
        "children":
        [
            {"name":"杭州" },
            {"name":"宁波" },
            {"name":"温州" },
            {"name":"绍兴" }
        ]
    },
    {
        "name":"广西",
        "children":
        [
            {"name":"桂林"},
            {"name":"南宁"},
```

```
                {"name":"柳州"},
                {"name":"防城港"}
            ]
        },
     …//略
    ]
}
```

### 2. 定义集群图布局

```
var cluster = d3.layout.cluster()
                        .size([height, width - 200]);
```

### 3. 转换数据

用定义集群图布局函数 cluster 来转换数据。

```
d3.json("city.json", function(error, root) {
  var nodes = cluster.nodes(root);
  var links = cluster.links(nodes);
  console.log(nodes);
  console.log(links);
```

d3.json 用于读取 JSON 文件。要注意,d3.json 只能用于网络读取。json()函数后面跟一个无名函数 function(),里面的参数 root 用于读取数据的内容,后面两行代码调用 cluster 分别转换数据,并保存到 nodes 和 links 中。最后后面两行用于输出转换后的数据文件。结果如图 10-20 所示。

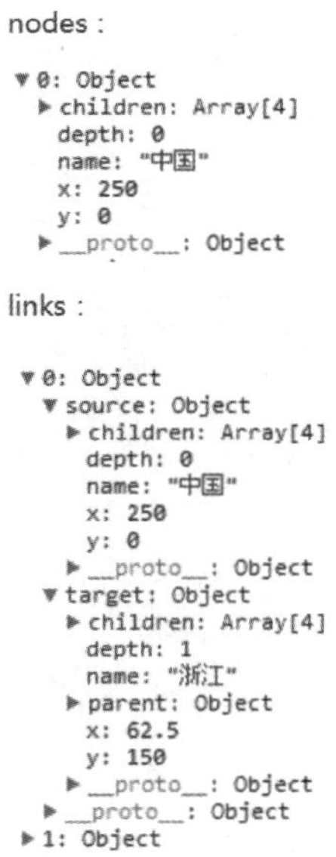

```
nodes :

▼0: Object
  ▶children: Array[4]
    depth: 0
    name: "中国"
    x: 250
    y: 0
  ▶__proto__: Object

links :

▼0: Object
  ▼source: Object
    ▶children: Array[4]
      depth: 0
      name: "中国"
      x: 250
      y: 0
    ▶__proto__: Object
  ▼target: Object
    ▶children: Array[4]
      depth: 1
      name: "浙江"
    ▶parent: Object
      x: 62.5
      y: 150
    ▶__proto__: Object
  ▶__proto__: Object
▶1: Object
```

图 10-20　d3.layout.cluster()转换后的数据

nodes 中有各个结点的子结点、深度、名称、位置(x,y)信息。links 中有连线两端
(source , target)的结点信息。

**4. 绘制**

根据转换后的数据就可以绘制集群图中线条和结点。

绘制线条,可以使用绘制对角线生成器函数。

```
var diagonal = d3.svg.diagonal()              //绘制对角线生成器函数
    .projection(function(d) { return [d.y, d.x]; });   //.projection 用于设定它的投影
var link = svg.selectAll(".link")
    .data(links)
    .enter()
    .append("path")
    .attr("class", "link")
    .attr("d", diagonal);
```

这样就绘制了所有结点之间的连线。接下来再绘制集群图中的结点,结点还是使用
svg 中的 circle 画圆来绘制。

完整代码如下。

【例 10-7】 采用集群布局绘制集群图,效果如图 10-19 所示。

```
<html>
    <head>
            <meta charset = "utf-8">  <title>集群布局</title>
    </head>
    <style>
            .node circle {fill: #fff;stroke: steelblue;stroke-width: 1.5px;}
            .node {font: 12px sans-serif;}
            .link {fill: none;stroke: #ccc;    stroke-width: 1.5px;}
    </style>
    <body>
    <script src = "http://d3js.org/d3.v3.min.js"></script>
    <script>
    var width = 500,
    height = 500;
    var cluster = d3.layout.cluster()
                .size([width, height - 200]);
    var diagonal = d3.svg.diagonal()
                .projection(function(d) { return [d.y, d.x]; });
    var svg = d3.select("body").append("svg")
                .attr("width", width)
                .attr("height", height)
                .append("g")
```

```
                .attr("transform", "translate(40,0)");
    d3.json("city.json", function(error, root) {
        var nodes = cluster.nodes(root);
        var links = cluster.links(nodes);
        console.log(nodes);
        console.log(links);
        var link = svg.selectAll(".link")
            .data(links)
            .enter()
            .append("path")
            .attr("class", "link")
            .attr("d", diagonal);
        var node = svg.selectAll(".node")
            .data(nodes)
            .enter()
            .append("g")
            .attr("class", "node")
            .attr("transform", function(d) { return "translate(" + d.y + "," + d.x + ")"; })
        node.append("circle")
            .attr("r", 4.5);
        node.append("text")
            .attr("dx", function(d) { return d.children ? - 8 : 8; })
            .attr("dy", 3)
            .style("text - anchor", function(d) { return d.children ? "end" : "start"; })
            .text(function(d) { return d.name; });
    });
    </script>
    </body>
</html>
```

运行后效果如图 10-19 所示。

## 10.7　树状图

树状图(tree)通常用于表示层级、上下级、包含与被包含关系。树状图的制作和集群图的制作的代码几乎完全一样。那么为什么要把这两种图分开,它们有什么不同呢? 先来看看对于同一组数据,它们的结果有什么不同。集群图的结果如图 10-21(a)所示,树状图的结果为图 10-21(b)所示。

这样差别就看出来了。由于两者的代码差不多,这里就直接给出读取 city.json 的树状图程序。

**【例 10-8】** 采用树状布局绘制树状图,效果如图 10-21(b)所示。

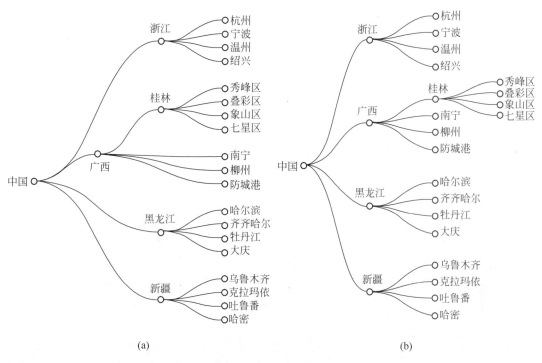

(a)　　　　　　　　　　　　　　　(b)

图 10-21　集群图和树状图

```
<html>
  <head>
        <meta charset = "utf - 8">
        <title>树状图</title>
  </head>
<style>
    .node circle {fill: #fff;  stroke: steelblue;  stroke - width: 1.5px;}
    .node {font: 12px sans - serif;}
    .link {fill: none;  stroke: #ccc;  stroke - width: 1.5px;}
</style>
<body>
<script src = "http://d3js.org/d3.v3.min.js"></script>
<script>
var width = 500,
height = 500;
var tree = d3.layout.tree()     //此处不同集群图
    .size([width, height - 200])
    .separation(function(a, b) { return (a.parent == b.parent ? 1 : 2) / a.depth; });
var diagonal = d3.svg.diagonal()
    .projection(function(d) { return [d.y, d.x]; });
var svg = d3.select("body").append("svg")
    .attr("width", width)
    .attr("height", height)
    .append("g")
    .attr("transform", "translate(40,0)");
```

```
d3.json("city.json", function(error, root) {
    var nodes = tree.nodes(root);
    var links = tree.links(nodes);
    console.log(nodes);
    console.log(links);
    var link = svg.selectAll(".link")
        .data(links)
        .enter()
        .append("path")
        .attr("class", "link")
        .attr("d", diagonal);

    var node = svg.selectAll(".node")
        .data(nodes)
        .enter()
        .append("g")
        .attr("class", "node")
        .attr("transform", function(d) { return "translate(" + d.y + "," + d.x + ")"; })

    node.append("circle")
        .attr("r", 4.5);
    node.append("text")
        .attr("dx", function(d) { return d.children ? - 8 : 8; })
        .attr("dy", 3)
        .style("text - anchor", function(d) { return d.children ? "end" : "start"; })
        .text(function(d) { return d.name; });
    });
</script>
</body>
</html>
```

这段代码和 10.6 节的代码相比,除了定义的布局 layout 由 cluster 变为 tree 之外,其他的都是一样的。

## 10.8 堆栈图

堆栈图布局(stack layout)能够计算二维数组每一数据层的基线,以方便将各数据层叠加起来。

例如,有如下情况。

某公司,销售三种产品:个人电脑(PC)、智能手机(SmartPhone)、软件(Software)。

2005 年,三种产品的利润分别为 3000 万元、2000 万元、1100 万元。

2006 年,三种产品的利润分别为 1300 万元、4000 万元、1700 万元。

计算可得,2005 年总利润为 6100 万元,2006 年为 7000 万元。

如果要将 2005 年的利润用柱形表示,那么应该画三个矩形,三个矩形堆叠在一起。这时候就有一个问题:每一个矩形的起始 $y$ 坐标是多少?高应该是多少?

输入数组,解决上述问题的布局,就是堆栈图布局。堆栈图如图 10-22 所示。

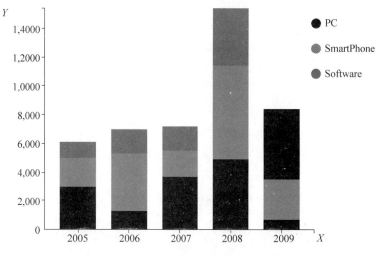

图 10-22　堆栈图

## 1. 原始数据

某公司销售个人电脑、智能手机、软件的数据如下:

```
var dataset = [
    { name: "PC" ,
      sales: [  { year:2005, profit: 3000 },
                { year:2006, profit: 1300 },
                { year:2007, profit: 3700 },
                { year:2008, profit: 4900 },
                { year:2009, profit: 700 }] },
    { name: "SmartPhone" ,
      sales: [  { year:2005, profit: 2000 },
                { year:2006, profit: 4000 },
                { year:2007, profit: 1810 },
                { year:2008, profit: 6540 },
                { year:2009, profit: 2820 }] },
    { name: "Software" ,
      sales: [  { year:2005, profit: 1100 },
                { year:2006, profit: 1700 },
                { year:2007, profit: 1680 },
                { year:2008, profit: 4000 },
                { year:2009, profit: 4900 }] }
    ];
```

dataset 是一个数组,数组的每一项是一个对象,对象里含有 name 和 sales。name 是产品名,sales 是销售情况。sales 也是一个数组,每一项也是对象,对象里 year 表示年份,profit 表示利润。

现要将此数据绘制成堆栈图。

### 2. 布局（数据转换）

首先创建堆栈图布局。

```
var stack = d3.layout.stack()
                    .values(function(d){ return d.sales; })
                    .x(function(d){ return d.year; })
                    .y(function(d){ return d.profit; });
```

values 访问器指定的是 d.sales，表示要计算的数据在数组每一项的 sales 数组中。x 访问器指定的是 d.year，y 访问器指定的是 d.profit，都是相对于 values 访问器指定的对象说的，即 sales 数组每一项的变量 year 和 profit。

以 dataset 为 stack 参数，结果保存在 data 中：

```
var data = stack(dataset);
console.log(data);
```

要注意，转换之后原数据也会改变，因此 dataset 和 data 的值是一样的。data 的输出值如图 10-23 所示。可以看到，sales 的每一项都多了两个值：y0 和 y。y0 即该层起始坐标，y 是高度。x 坐标就是 year。

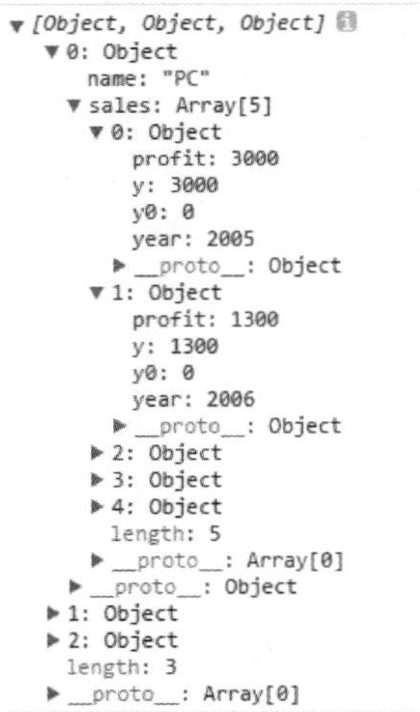

```
▼ [Object, Object, Object] 🔢
  ▼ 0: Object
      name: "PC"
    ▼ sales: Array[5]
      ▼ 0: Object
          profit: 3000
          y: 3000
          y0: 0
          year: 2005
        ▶ __proto__: Object
      ▼ 1: Object
          profit: 1300
          y: 1300
          y0: 0
          year: 2006
        ▶ __proto__: Object
      ▶ 2: Object
      ▶ 3: Object
      ▶ 4: Object
        length: 5
      ▶ __proto__: Array[0]
    ▶ __proto__: Object
  ▶ 1: Object
  ▶ 2: Object
    length: 3
  ▶ __proto__: Array[0]
```

图 10-23　堆栈图布局转换后的数据

### 3. 绘制

首先要创建 X 轴和 Y 轴比例尺，在添加图形元素和坐标轴的时候都要用到。要绘制坐标轴，要立刻想到要给坐标轴的刻度留出一部分空白。

先定义一个外边框对象。

```
var padding = { left:50, right:100, top:30, bottom:30 };
```

右边部分留出的空白较多，是为了在后面添加标签的。X 轴比例尺的定义如下：

```
var xRangeWidth = width - padding.left - padding.right;
var xScale = d3.scale.ordinal()
            .domain( data[0].sales.map(function(d){
                        return d.year;
            }))
            .rangeBands([0, xRangeWidth],0.3);
```

本例中 X 轴代表年份,如 2005 年、2006 年、2007 年等,是离散的,也就是说比例尺的定义域是离散的。序数比例尺 d3.scale.ordinal 的定义域是离散的。上面代码将定义域设定成:

```
[2005, 2006, 2007, 2008, 2009]
```

值域是根据 rangeBands() 计算的,实际是:

```
[31, 134, 238, 342, 446]              //省略了小数点
```

因此,在 2005 年处堆叠的矩形的 x 坐标为 31。

然后再创建 Y 轴的比例尺。

```
//最大利润(定义域的最大值)
var maxProfit = d3.max(data[data.length-1].sales, function(d){
                    return d.y0 + d.y;
                });
//最大高度(值域的最大值)
var yRangeWidth = height - padding.top - padding.bottom;
var yScale = d3.scale.linear()
            .domain([0, maxProfit])               //定义域
            .range([0, yRangeWidth]);             //值域
```

这段代码中,求最大利润时,是对 data 数组中的最后一项 data[2] 求取 sales 的最大值。这是因为 data[2] 代表着最高的层,如图 10-24 所示,data[2].sales 中的各项 y0+y,必定比 data[1] 和 data[0] 的各项大。因此,只要用 d3.max() 求取 data[2].sales 中的最大值即可。值域是 SVG 的高度减去外边框的上下宽度。然后为 d3.scale.linear() 设定定义域和值域即可。

有了比例尺后,需要添加足够数量的分组元素 <g>,每一个分组代表一种产品,每一种产品都用一种颜色来标识。

```
//颜色比例尺
var color = d3.scale.category10();
//添加分组元素
var groups = svg.selectAll("g")
                .data(data)
                .enter()
                .append("g")
                .style("fill",function(d,i){ return color(i); });
```

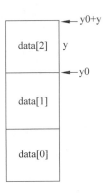

图 10-24　层坐标示意

现在添加了 3 个分组，分别代表 PC、SmartPhone、Software，且每一个分组元素的 fill 都设定了颜色。接下来为每个分组添加矩形元素。

```
//添加矩形
var rects = groups.selectAll("rect")
                  .data(function(d){ return d.sales; })
                  .enter()
                  .append("rect")
             .attr("x",function(d){ return xScale(d.year); })
             .attr("y",function(d){ return yRangeWidth - yScale(d.y0 + d.y); })
             .attr("width",function(d){ return xScale.rangeBand();  })
             .attr("height",function(d){ return yScale(d.y); })
             .attr("transform","translate(" + padding.left + "," + padding.top + ")");
```

每一个分组元素里还要绑定数组 sales，以添加足够数量（每个分组 5 个）的矩形。然后再使用比例尺为矩形的 x、y、width、height 属性赋值。再添加上坐标轴后，结果如图 10-25 所示。

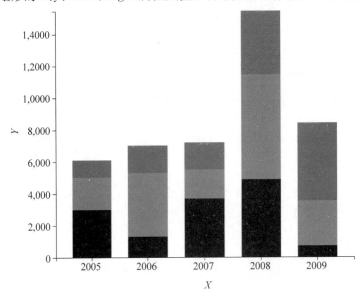

图 10-25　绑定数组数据

但是,什么颜色代表什么产品从图 10-25 里看不出来。解决此问题最常用的方法是,在图表旁边添加几个图形标志,旁边加上文字,告诉用户某种颜色对应的是什么。在分组里继续添加图形元素,代码如下:

```
var labHeight = 50;
var labRadius = 10;
var labelCircle = groups.append("circle")
                    .attr("cx",function(d){ return width - padding.right * 0.98;})
                    .attr("cy",function(d,i){return padding.top * 2 + labHeight * i;
})
                    .attr("r",labRadius);
var labelText = groups.append("text")
                    .attr("x",function(d){ return width - padding.right * 0.8; })
                    .attr("y",function(d,i){return padding.top * 2 + labHeight * i;})
                    .attr("dy",labRadius/2)
                    .text(function(d){ return d.name; });
```

用圆和文字作为标签,添加到图表的右边。最终结果如图 10-22 所示。

## 10.9 矩阵树图

矩阵树图(treemap)也是层级布局的扩展,根据数据将区域划分为矩形的集合。矩形的大小和颜色都是数据的反映,如图 10-26 所示。

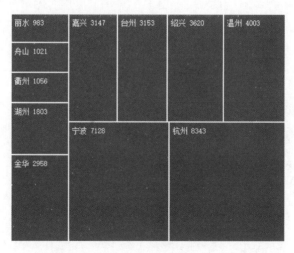

图 10-26 矩阵树图

许多门户网站都能见到类似图 10-27 这种将图片以不同大小的矩形排列的情形,这正是矩阵树图的应用。

现以浙江、广西、江苏三省份 2015 年的 GDP 作为数据,以 GDP 大小作为结点的权重,将其制作成矩阵树图。

图 10-27　门户网站图片

### 1. 原始数据

新建一个 citygdp.json 文件，内容如下：

```json
{
    "name": "中国",
    "children":
    [
        {
            "name": "浙江",
            "children":
            [
                {"name":"杭州", "gdp":8343},
                {"name":"宁波", "gdp":7128},
                {"name":"温州", "gdp":4003},
                {"name":"绍兴", "gdp":3620},
                {"name":"湖州", "gdp":1803},
                {"name":"嘉兴", "gdp":3147},
                {"name":"金华", "gdp":2958},
                {"name":"衢州", "gdp":1056},
                {"name":"舟山", "gdp":1021},
                {"name":"台州", "gdp":3153},
                {"name":"丽水", "gdp":983}
            ]
        },
        …//省略其他省份部分数据
    ]
}
```

每一个叶子结点都包含有 name 和 gdp，name 是结点名称，gdp 是结点大小。省略部分的数据还包含有广西和江苏两省的城市。

**2. 创建布局（数据转换）**

创建一个矩阵树图布局，尺寸设置为［width，height］，即 SVG 画布的尺寸，value 访问器设定为 gdp，代码如下：

```
var treemap = d3.layout.treemap()
        .size([width, height])
        .value(function(d){ return d.gdp; });
```

这样设定 value 访问器后，每个结点都将拥有变量 value，且其值为 gdp 的值。如果结点都有子结点，则其 gdp 值为子结点 value 的和。例如，结点"浙江"的 gdp 是省内各城市的gdp 的和。然后用 d3.json 请求文件，再转换数据。

```
d3.json("citygdp.json", function(error, root) {
    var nodes = treemap.nodes(root);
    var links = treemap.links(nodes);
    console.log(nodes);
    console.log(links);
    }
```

转换数据后，结点数组的输出结果如图 10-28(a)所示。其中，结点对象的属性如下。

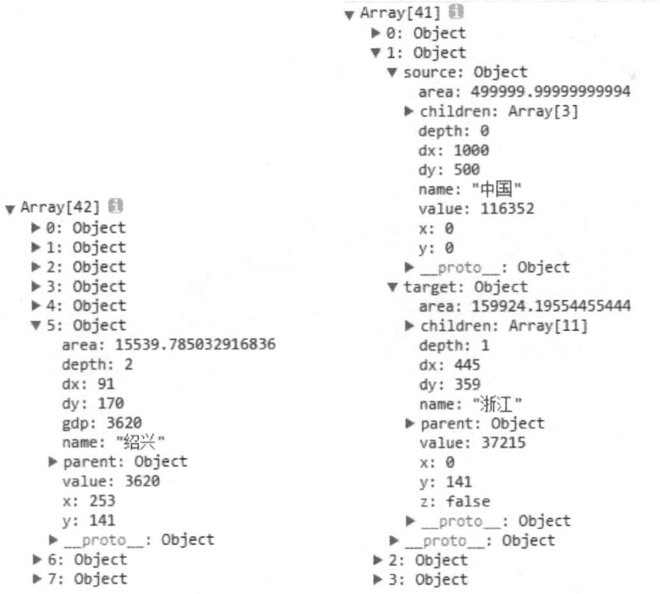

```
▼Array[42] 
  ▶0: Object
  ▶1: Object
  ▶2: Object
  ▶3: Object
  ▶4: Object
  ▼5: Object
      area: 15539.785032916836
      depth: 2
      dx: 91
      dy: 170
      gdp: 3620
      name: "绍兴"
    ▶parent: Object
      value: 3620
      x: 253
      y: 141
    ▶__proto__: Object
  ▶6: Object
  ▶7: Object
```

(a)

```
▼Array[41] 
  ▶0: Object
  ▼1: Object
    ▼source: Object
        area: 499999.99999999994
      ▶children: Array[3]
        depth: 0
        dx: 1000
        dy: 500
        name: "中国"
        value: 116352
        x: 0
        y: 0
      ▶__proto__: Object
    ▼target: Object
        area: 159924.19554455444
      ▶children: Array[11]
        depth: 1
        dx: 445
        dy: 359
        name: "浙江"
      ▶parent: Object
        value: 37215
        x: 0
        y: 141
        z: false
      ▶__proto__: Object
    ▶__proto__: Object
  ▶2: Object
  ▶3: Object
```

(b)

图 10-28　结点数组和连线数组

- parent：父结点。
- children：子结点。

- depth：结点的深度。
- value：结点的 value 值，由 value 访问器决定。
- x：结点的 $x$ 坐标。
- y：结点的 $y$ 坐标。
- dx：$X$ 方向的宽度。
- dy：$Y$ 方向的宽度。

连线数组的输出如图 10-28(b)所示，各连线对象都包含有 source 和 target，分别是连线的两端。

**3. 绘制**

本例不绘制连线，只使用结点数组。结点的绘制很简单，按结点数目添加足够的分组元素< g >，< g >里再添加< rect >和< text >。

```
var groups = svg.selectAll("g")
    .data(nodes.filter(function(d){ return !d.children; }))
    .enter()
    .append("g");


var rects = groups.append("rect")
            .attr("class","nodeRect")
            .attr("x",function(d){ return d.x; })
            .attr("y",function(d){ return d.y; })
            .attr("width",function(d){ return d.dx; })
            .attr("height",function(d){ return d.dy; })
            .style("fill",function(d,i){
                    return color(d.parent.name); });
var texts = groups.append("text")
            .attr("class","nodeName")
            .attr("x",function(d){ return d.x; })
            .attr("y",function(d){ return d.y; })
            .attr("dx","0.5em")
            .attr("dy","1.5em")
            .text(function(d){
                return d.name + " " + d.gdp;
            });
```

运行结果如图 10-26 所示。

# 10.10　捆图

捆图(bundle)布局是 D3 中比较奇特的一个布局，它只有两个函数，而且需要与其他布局配合使用。捆图只有如下两个函数。

- d3.layout.bundle()：创建一个捆图布局。
- bundle(links)：根据数组 links 的 source 和 target，计算路径。

捆图的布局之所以函数少，是因为它常与其他层级布局一起使用。所谓层级布局，是指采用嵌套结构(父子结点关系)来描述结点信息,根据层级布局扩展出来的布局,即集群图、打包图、分区图、树状图、矩阵树图。最常见的是与集群图一起使用,使用集群图布局计算结点的位置,再用捆图布局计算连线路径。也就是说,捆图布局只干一件事:计算连线的路径。

下面举一个例子说明。中国的高铁已经在很多城市开通,如北京到上海、北京到桂林等。现制作图 10-29 来表示经过哪一座城市的高铁最密集。

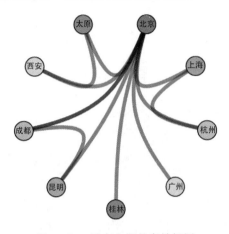

图 10-29  城市之间的高铁捆图

**1. 原始数据**

有 9 座城市,代码如下:

```
var cities = {
    name: "",
    children:[
        {name: "北京"},{name: "上海"},{name: "杭州"},
        {name: "广州"},{name: "桂林"},{name: "昆明"},
        {name: "成都"},{name: "西安"},{name: "太原"}
    ]
};
```

这 9 座城市所属的结点有一个公共的父结点,父结点名称为空,稍后并不绘制此父结点。另外还有连接各城市高铁的数组,如下:

```
var railway = [
            {source: "北京", target: "上海"},
            {source: "北京", target: "广州"},
            {source: "北京", target: "杭州"},
            {source: "北京", target: "西安"},
            {source: "北京", target: "成都"},
            {source: "北京", target: "太原"},
            {source: "北京", target: "桂林"},
            {source: "北京", target: "昆明"},
            {source: "北京", target: "成都"},
```

```
                    {source: "上海", target: "杭州"},
                    {source: "昆明", target: "成都"},
                    {source: "西安", target: "太原"}
];
```

source 和 target 分别表示高铁的两端。

**2. 布局(数据转换)**

前面提到,捆图布局要和其他布局联合使用,在这里与集群图布局联合,分别创建一个集群图布局和一个捆图布局。

```
var cluster = d3.layout.cluster()                //集群图布局
                    .size([360, width/2 - 50])
                    .separation(function(a, b) {
                        return (a.parent == b.parent ? 1 : 2) / a.depth;
                    });
var bundle = d3.layout.bundle();                 //捆图布局
```

从集群图布局的参数可以看出,接下来结点分布将呈圆形。捆图布局没有参数可以设置,只创建即可,保存在变量 bundle 中。

先使用集群图布局计算结点:

```
var nodes = cluster.nodes(cities);
console.log(nodes);
```

将计算后的结点数组保存在 nodes 中,并输出该数组,结果如图 10-30 所示,第一个结点有 9 个子结点,其他的结点都有且只有一个父结点,没有子结点。这是接下来捆图要使用的结点数组,但是却是用集群图布局计算而来的。

图 10-30　结点数组 nodes

下一步是重点,要使用数组 railway。由于 railway 中存储的 source 和 target 都只有城市名称,因此先要将其对应成 nodes 中的结点对象。这里编写一个函数 map(),按城市名将 railway 中的 source 和 target 替换成结点对象。

```
function map( nodes, links ){    //替换成结点对象
    var hash = [];
    for(var i = 0; i < nodes.length; i++){
```

```
        hash[nodes[i].name] = nodes[i];
    }
    var resultLinks = [];
    for(var i = 0; i < links.length; i++){
        resultLinks.push({source: hash[ links[i].source ],  target: hash[ links[i].target
] });
    }
    return resultLinks;
}
```

使用该函数返回的数组，作为捆图布局 bundle 的参数使用。

```
var oLinks = map(nodes, railway);
console.log(oLinks);
var links = bundle(oLinks);          //捆图布局转换
console.log(links);                  //控制台输出转换后的连线数组
```

map()返回的结果保存在 oLinks，控制台输出结果如图 10-31 所示，bundle()返回的结果保存在 links 中，即捆图布局转换后的连线数组。

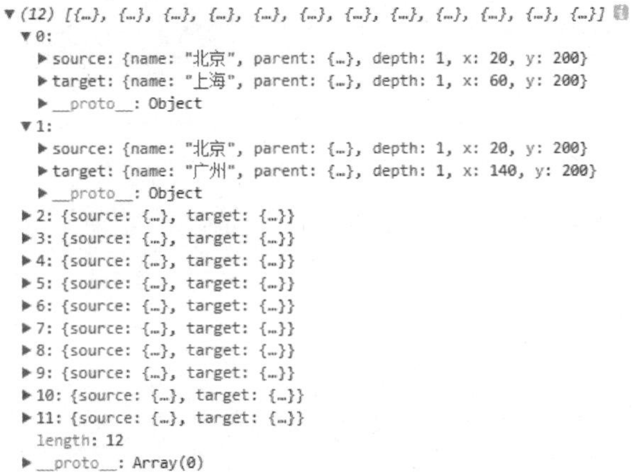

```
▼(12) [{…}, {…}, {…}, {…}, {…}, {…}, {…}, {…}, {…}, {…}, {…}, {…}]
  ▼0:
    ▶source: {name: "北京", parent: {…}, depth: 1, x: 20, y: 200}
    ▶target: {name: "上海", parent: {…}, depth: 1, x: 60, y: 200}
    ▶__proto__: Object
  ▼1:
    ▶source: {name: "北京", parent: {…}, depth: 1, x: 20, y: 200}
    ▶target: {name: "广州", parent: {…}, depth: 1, x: 140, y: 200}
    ▶__proto__: Object
  ▶2: {source: {…}, target: {…}}
  ▶3: {source: {…}, target: {…}}
  ▶4: {source: {…}, target: {…}}
  ▶5: {source: {…}, target: {…}}
  ▶6: {source: {…}, target: {…}}
  ▶7: {source: {…}, target: {…}}
  ▶8: {source: {…}, target: {…}}
  ▶9: {source: {…}, target: {…}}
  ▶10: {source: {…}, target: {…}}
  ▶11: {source: {…}, target: {…}}
    length: 12
  ▶__proto__: Array(0)
```

图 10-31　城市名替换成结点对象

如图 10-31 所示，连线数组的每一项都只有两个变量：source 和 target，内容是结点对象。对于第一个连线，是从"北京"到"上海"。

其实，捆图布局根据各连线的 source 和 target 计算了一条条连线路径，可以把捆图布局的作用简单地解释为：使用这些路径绘制的线条能更美观地表示"经过哪座城市的高铁最多"。

**3．绘制**

经过捆图布局转换后的数据很适合用 d3.svg.line()和 d3.svg.line.radial()来绘制，前者是线段生成器，后者是放射式线段生成器。在 line.interpolate()所预定义的插值模式中，有一种就叫作 bundle，正是为捆图准备的。

由于本例中用集群图布局计算结点数组使用的是圆形的，因此要用放射式线段生成器。

```
var line = d3.svg.line.radial()    //放射式线段生成器
                      .interpolate("bundle")
                      .tension(.85)
                      .radius(function(d) { return d.y; })
                      .angle(function(d) { return d.x / 180 * Math.PI; });
```

此线段生成器是用来获取连线路径的。接下来,添加一个分组元素< g >,用来放所有与捆图相关的元素。

```
gBundle = svg.append("g")
             .attr("transform", "translate(" + (width/2) + "," + (height/2) + ")");
var color = d3.scale.category20c();   //颜色比例尺
```

然后,在 gBundle 中添加连线路径:

```
var link = gBundle.selectAll(".link")
             .data(links)
             .enter()
             .append("path")
             .attr("class", "link")
             .attr("d", line);   //使用线段生成器
```

在该连线的样式中,添加透明度能够在连线汇聚处更能显示出"捆"的效果。例如样式设定为:

```
.link {
       fill: none;
       stroke: black;
       stroke-opacity: .5;
       stroke-width: 8px;
    }
```

连线的绘制结果如图 10-32 所示。

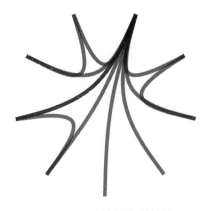

图 10-32　连线的绘制结果

最后,向图 10-32 中添加各个结点。结点用一个圈,里面写上城市的名称来表示。首先,绑定结点数组,并添加与之对应的<g>元素。

```
var node = gBundle.selectAll(".node")
            .data( nodes.filter(function(d) { return !d.children; }) )
            .enter()
            .append("g")
            .attr("class", "node")
            .attr("transform", function(d) {
               return "rotate(" + (d.x - 90) +")translate(" + d.y + ")"
                              + "rotate("+ (90 - d.x) +")";
            });
```

要注意,被绑定的数组是经过过滤后的 nodes 数组。此处的 filter 是 JavaScript 数组对象自身的函数,粗体字部分表示只绑定没有子结点的结点,也就是说 9 座城市的公共父结点不绘制。然后只要在该分组元素<g>中分别加入<circle>和<text>即可。

```
node.append("circle")
             .attr("r", 20)
             .style("fill",function(d,i){ return color(i); });
node.append("text")
             .attr("dy",".2em")
             .style("text - anchor", "middle")
             .text(function(d) { return d.name; });
```

运行结果如图 10-29 所示。由于经过北京的高铁线路最多,连线在北京的圆圈处最密集,就好像将很多条绳子"捆"在这里一样。

## 10.11　打包图

打包图(pack)如图 10-33 所示,用于描述对象之间包含与被包含的关系,也可表示各个对象的权重,通常用一个圆套一个圆来表示包含与被包含的关系,用圆的大小来表示各个对象的权重。

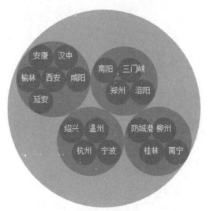

图 10-33　打包图

### 1. 原始数据

city2.json 文件是各城市所属关系的数据。现在要用 D3 的打包图 layout 来转换数据，使其容易进行可视化处理。city2.json 文件如下：

```
{
"name":"中国",
"children":  [
    {
      "name":"浙江",
        "children": [
            {"name":"杭州" },
            {"name":"宁波" },
            {"name":"温州" },
            {"name":"绍兴" }
        ]
    },
    {
      "name":"广西",
      "children":[
            {"name":"桂林"},
            {"name":"南宁"},
            {"name":"柳州"},
            {"name":"防城港"}
        ]
    },
    …//略
    ]
}
```

这是各城市所属关系的数据。

### 2. 创建布局(数据转换)

用 D3 的打包图 layout 来转换数据，使其容易进行可视化处理。

```
var pack = d3.layout.pack()   //打包图布局
                    .size([ width, height ])
                    .radius(20);
```

上面定义了 pack()函数，size()是转换后数据的尺寸，即转换后顶点的(x,y)，都会在这个 size 范围内。radius()用于设定转换后最小的圆的半径。接下来要读取 city2、json 文件，并将文件内容提供给 pack()函数，用于转换数据。

```
d3.json("city2.json", function(error, root) {
      var nodes = pack.nodes(root);
      var links = pack.links(nodes);
      console.log(nodes);
      console.log(links);

}
```

上面用 pack 分别将数据转换成了顶点 nodes 和连线 links，后面两句话的 console. log 用于输出转换后的数据。从图 10-34 中可以看到，数据被转换后，多出深度信息（depth）、半径大小（r）、坐标位置（x，y）等。

```
▼ Array(69)
  ▶ 0: {name: "中国", children: Array(12), depth: 0, value: 0, y: 250, …}
  ▶ 1: {name: "浙江", children: Array(4), parent: {…}, depth: 1, value: 0, …}
  ▶ 2: {name: "杭州", parent: {…}, depth: 2, value: 0, r: 20, …}
  ▶ 3: {name: "宁波", parent: {…}, depth: 2, value: 0, r: 20, …}
  ▶ 4: {name: "温州", parent: {…}, depth: 2, value: 0, r: 20, …}
  ▶ 5: {name: "绍兴", parent: {…}, depth: 2, value: 0, r: 20, …}
  ▶ 6: {name: "广西", children: Array(4), parent: {…}, depth: 1, value: 0, …}
  ▶ 7: {name: "桂林", parent: {…}, depth: 2, value: 0, r: 20, …}
  ▶ 8: {name: "南宁", parent: {…}, depth: 2, value: 0, r: 20, …}
  ▶ 9: {name: "柳州", parent: {…}, depth: 2, value: 0, r: 20, …}
  ▶ 10: {name: "防城港", parent: {…}, depth: 2, value: 0, r: 20, …}
```

图 10-34　数据被转换后

要绘制的内容有圆和文字，都在 SVG 中绘制。代码如下：

```
svg.selectAll("circle")
        .data(nodes)
        .enter()
        .append("circle")
        .attr("fill","rgb(31, 119, 180)")
        .attr("fill-opacity","0.4")
        .attr("cx",function(d){
            return d.x;
        })
        .attr("cy",function(d){
            return d.y;
        })
        .attr("r",function(d){
            return d.r;
        })
        .on("mouseover",function(d,i){
            d3.select(this)
                .attr("fill","yellow");
        })
        .on("mouseout",function(d,i){
            d3.select(this)
                .attr("fill","rgb(31, 119, 180)");
        });
```

完整代码如下。

【例 10-9】 采用打包图布局绘制城市之间的关系，效果如图 10-33 所示。

```
<html>
<head>
        <meta charset="utf-8">
        <title>打包图</title>
    </head>
<body>
```

```
<script src = "http://d3js.org/d3.v3.min.js"></script>
<script>
    var width = 500;
    var height = 500;
    var pack = d3.layout.pack()
                    .size([ width, height ])
                    .radius(20);
    var svg = d3.select("body").append("svg")
        .attr("width", width)
        .attr("height", height)
        .append("g")
        .attr("transform", "translate(0,0)");
    d3.json("city2.json", function(error, root) {
        var nodes = pack.nodes(root);
        var links = pack.links(nodes);
        svg.selectAll("circle")
            .data(nodes)
            .enter()
            .append("circle")
            .attr("fill","rgb(31, 119, 180)")
            .attr("fill-opacity","0.4")
            .attr("cx",function(d){
                return d.x;
            })
            .attr("cy",function(d){
                return d.y;
            })
            .attr("r",function(d){
                return d.r;
            })
            .on("mouseover",function(d,i){
                d3.select(this)
                    .attr("fill","yellow");
            })
            .on("mouseout",function(d,i){
                d3.select(this)
                    .attr("fill","rgb(31, 119, 180)");
            });
        svg.selectAll("text")
                    .data(nodes)
                    .enter()
                    .append("text")
                    .attr("font-size","10px")
                    .attr("fill","white")
                    .attr("fill-opacity",function(d){
                        if(d.depth == 2)
                            return "0.9";
                        else
                            return "0";
                    })
```

```
                    .attr("x",function(d){ return d.x; })
                    .attr("y",function(d){ return d.y; })
                    .attr("dx", -12)
                    .attr("dy",1)
                    .text(function(d){ return d.name; });
        });
</script>
</body>
</html>
```

运行效果如图 10-33 所示。

# 第 *11* 章

## 交互的应用

交互指的是用户输入了某种操作,程序接收操作之后必须做出某种响应。对可视化图表来说,交互能使图表更加生动,能表现更多内容。例如,拖动图表中某些图形、鼠标滑到图形上出现提示框、用触屏放大或缩小图形等。本章学习 D3 中图表中的交互操作。

## 11.1　交互操作

用户用于交互的工具一般有三种:鼠标、键盘、触屏。D3 添加交互需要监听器。监听器是指能绑定在元素上的一个函数,当用户触发事件时就被调用。

对某一元素添加交互操作十分简单,代码如下:

```
var circle = svg.append("circle");
circle.on("click", function(){
    //在这里添加交互内容
});
```

上面代码就是对 svg 中的圆添加单击事件监听器。

在 D3 中,每一个选择集都有 on()函数,用于添加事件监听器。

on()的第一个参数是监听的事件;第二个参数是监听到事件后响应的内容,第二个参数是一个函数。

鼠标常用的事件有以下几种。

- click:鼠标单击某元素时,相当于 mousedown 和 mouseup 组合在一起。
- mouseover:光标放在某元素上。
- mouseout:光标从某元素上移出来时。
- mousemove:鼠标被移动的时候。
- mousedown:鼠标按钮被按下。

- mouseup：鼠标按钮被松开。
- dblclick：鼠标双击。

键盘常用的事件有如下三个。

- keydown：当用户按下任意键时触发，按住不放会重复触发此事件。该事件不区分字母的大小写，例如 A 和 a 被视为一致。
- keypress：当用户按下字符键（大小写字母、数字、加号、等号、Enter 等）时触发，按住不放会重复触发此事件。该事件区分字母的大小写。
- keyup：当用户释放键时触发，不区分字母的大小写。

触屏常用的事件有如下三个。

- touchstart：当触摸点被放在触摸屏上时。
- touchmove：当触摸点在触摸屏上移动时。
- touchend：当触摸点从触摸屏上拿开时。

当某个事件被监听到时，D3 会把当前的事件存到 d3. event 对象，里面保存了当前事件的各种参数。

如果需要监听到事件后做出某种响应，可以添加如下代码：

```
circle.on("click", function(){
    console.log(d3.event);
});
```

### 11.1.1 鼠标交互的应用

下面实现带有鼠标交互的柱状图，当鼠标移入时元素变成黄色，移出时缓慢地将元素变为原来的颜色（蓝色）。很明显鼠标移入需要添加 mouseover 事件监听器，移出需要添加 mouseout 事件监听器。

mouseover 监听器函数的作用是：将当前元素变为黄色。

mouseout 监听器函数的作用是：缓慢地将元素变为原来的颜色（蓝色）。

程序效果如图 11-1 所示。

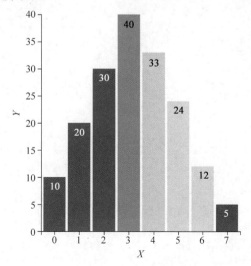

图 11-1　带有鼠标交互的柱状图

实现交互的代码如下：

```
var rects = svg.selectAll(".MyRect")
        .data(dataset)
        .enter()
        .append("rect")
        .attr("class","MyRect")                    //添加类别
        .attr("transform","translate(" + padding.left + "," + padding.top + ")")
        .attr("fill","steelblue")                  //填充蓝色
        //鼠标移入事件的监听器
        .on("mouseover",function(d,i){
            d3.select(this)
                .attr("fill","yellow");            //填充黄色
        })
        //鼠标移出事件的监听器
        .on("mouseout",function(d,i){
            d3.select(this)                        //选择当前的元素
                .transition()                      //过渡
                .duration(500)
                .attr("fill","steelblue");         //填充蓝色
        });
```

这段代码添加了鼠标移入（mouseover）、鼠标移出（mouseout）两个事件的监听器。监听器函数中都使用了 d3.select(this)，表示选择当前的元素，this 就是事件触发的元素。要改变响应事件的元素常会用到 d3.select(this)。此外，为使鼠标移出元素时产生颜色渐变效果，调用 transition() 创建了一个过渡，过渡的目标是变为原来的颜色。

完整代码如下。

**【例 11-1】** 带有鼠标交互的柱状图，效果如图 11-1 所示。

```
< html >
< head >
    < meta charset = "utf - 8">
    < title >交互式操作</title >
</ head >
< style >
    .axis path,
    .axis line{fill: none;  stroke: black;  shape - rendering: crispEdges;  }
    .axis text{font - family: sans - serif;    font - size: 11px;  }
    .MyRect{}
    .MyText{fill: white;    text - anchor: middle;  }
</ style >
< body >
    < script src = "http://d3js.org/d3.v3.min.js" charset = "utf - 8"></ script >
    < script >
    //画布大小
    var width = 400;
    var height = 400;
    //在< body >里添加一个 SVG 画布
```

```
var svg = d3.select("body")
    .append("svg")
    .attr("width", width)
    .attr("height", height);
//画布周边的空白
var padding = {left:30, right:30, top:20, bottom:20};
//定义一个数组
var dataset = [10, 20, 30, 40, 33, 24, 12, 5];
//X轴的比例尺
var xScale = d3.scale.ordinal()
    .domain(d3.range(dataset.length))
    .rangeRoundBands([0, width - padding.left - padding.right]);
//Y轴的比例尺
var yScale = d3.scale.linear()
    .domain([0,d3.max(dataset)])
    .range([height - padding.top - padding.bottom, 0]);
//定义 X 轴
var xAxis = d3.svg.axis()
    .scale(xScale)
    .orient("bottom");
//定义 Y 轴
var yAxis = d3.svg.axis()
    .scale(yScale)
    .orient("left");
//矩形之间的空白
var rectPadding = 4;
//添加矩形元素
var rects = svg.selectAll(".MyRect")
    .data(dataset)
    .enter()
    .append("rect")
    .attr("class","MyRect")                   //添加类别
    .attr("transform","translate(" + padding.left + "," + padding.top + ")")
    .attr("x", function(d,i){
        return xScale(i) + rectPadding/2;
    } )
    .attr("y",function(d){
        return yScale(d);
    })
    .attr("width", xScale.rangeBand() - rectPadding )
    .attr("height", function(d){
        return height - padding.top - padding.bottom - yScale(d);
    })
    .attr("fill","steelblue")                 //填充颜色不要写在 CSS 里
    .on("mouseover",function(d,i){
        d3.select(this)
            .attr("fill","yellow");           //填充黄色
    })
    .on("mouseout",function(d,i){
        d3.select(this)
```

```
                    .transition()
                    .duration(500)
                    .attr("fill","steelblue");//填充蓝色
            });
        //添加文字元素
        var texts = svg.selectAll(".MyText")
            .data(dataset)
            .enter()
            .append("text")
            .attr("class","MyText")
            .attr("transform","translate(" + padding.left + "," + padding.top + ")")
            .attr("x", function(d,i){
                return xScale(i) + rectPadding/2;
            })
            .attr("y",function(d){
                return yScale(d);
            })
            .attr("dx",function(){
                return (xScale.rangeBand() - rectPadding)/2;
            })
            .attr("dy",function(d){
                return 20;
            })
            .text(function(d){
                return d;
            });
        //添加 X 轴
        svg.append("g")
            .attr("class","axis")
            .attr("transform","translate(" + padding.left + "," + (height - padding.bottom) + ")")
            .call(xAxis);
        //添加 Y 轴
        svg.append("g")
            .attr("class","axis")
            .attr("transform","translate(" + padding.left + "," + padding.top + ")")
            .call(yAxis);
</script>
</body>
</html>
```

## 11.1.2　键盘交互的应用

下面用键盘方向键控制圆形图案移动的例子来介绍键盘交互。其中，A、S、D、F 键分别控制红色的圆向左、右、上、下 4 个方向移动。程序效果如图 11-2 所示。

实现键盘交互的代码如下：

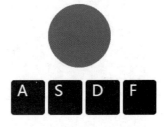

图 11-2　键盘控制圆的移动

```
d3.select("body").on("keydown",function(){          //添加键盘按下事件监听器
        rects.attr("fill",function(d){
        if( String.fromCharCode(d3.event.keyCode) == "A")
            circle.attr("cx",parseInt(circle.attr("cx")) - 5);      //向左移动
        if( String.fromCharCode(d3.event.keyCode) == "S")
                circle.attr("cx",parseInt(circle.attr("cx")) + 5);  //向右移动
        if( String.fromCharCode(d3.event.keyCode) == "D")
            circle.attr("cy",parseInt(circle.attr("cy")) - 5);      //向上移动
        if( String.fromCharCode(d3.event.keyCode) == "F")
            circle.attr("cy",parseInt(circle.attr("cy")) + 5);      //向下移动
        if( d == String.fromCharCode(d3.event.keyCode) ){
            return "yellow";                    //按下的键对应矩形填充色为黄色
        }else{
            return "black";                     //非按下的键对应矩形填充色为黑色
        }
    });
})
```

当用户按下 A、S、D、F 键分别修改红色的圆的(cx,cy)属性值,实现左、右、上、下 4 个方向的移动。同时判断如果按下键是矩形选择集中某矩形元素对应数据,则其填充色设置为黄色。完整代码如下。

【例 11-2】 键盘控制圆的移动,效果如图 11-2 所示。

```
< html >
  < head >
        < meta charset = "utf - 8">
        < title >键盘交互</title >
  </head >
  < style >
    .axis path,
    .axis line{fill: none;  stroke: black; shape - rendering: crispEdges; }
    .axis text{font - family: sans - serif;font - size: 11px;}
  </style >
< body >
< script src = "http://d3js.org/d3.v3.min.js"  charset = "utf - 8"></script >
< script >
var width  = 400;                     //SVG 绘制区域的宽度
var height = 400;                     //SVG 绘制区域的高度
var svg = d3.select("body")           //选择< body >
        .append("svg")               //在< body >中添加< svg >
        .attr("width", width)        //设定< svg >的宽度属性
        .attr("height", height);     //设定< svg >的高度属性
var characters = ["A","S","D","F"];
var circle = svg.append("circle")
        .attr("cx",120)               //圆心
        .attr("cy",80)
        .attr("r",50)
        .attr("fill","red");
```

```
//添加 A、S、D、F 4 个字母键矩形符号
var rects = svg.selectAll("rect")        //矩形选择集
        .data(characters)
        .enter()
        .append("rect")
        .attr("x",function(d,i){ return 10 + i * 60; })
        .attr("y",150)
        .attr("width",55)
        .attr("height",55)
        .attr("rx",5)
        .attr("ry",5)
        .attr("fill","black");
var texts = svg.selectAll("text")
        .data(characters)
        .enter()
        .append("text")
        .attr("x",function(d,i){ return 10 + i * 60; })
        .attr("y",150)
        .attr("dx",10)
        .attr("dy",25)
        .attr("fill","white")
        .attr("font - size",24)
        .text(function(d){ return d; });
//矩形添加键盘事件监听器
d3.select("body").on("keydown",function(){     //键盘按下事件
        rects.attr("fill",function(d){
        //console.log(d);
        if(String.fromCharCode(d3.event.keyCode) == "A")
            circle.attr("cx",parseInt(circle.attr("cx")) - 5);        //向左移动
        if(String.fromCharCode(d3.event.keyCode) == "S")
             circle.attr("cx",parseInt(circle.attr("cx")) + 5);       //向右移动
        if(String.fromCharCode(d3.event.keyCode) == "D")
            circle.attr("cy",parseInt(circle.attr("cy")) - 5);        //向上移动
        if(String.fromCharCode(d3.event.keyCode) == "F")
            circle.attr("cy",parseInt(circle.attr("cy")) + 5);        //向下移动
        if(d == String.fromCharCode(d3.event.keyCode) ){
            return "yellow";          //按下的键对应矩形填充色为黄色
        }else{
            return "black";               //非按下的键对应矩形填充色为黑色
        }
    });
})
    .on("keyup",function(){                  //键盘松开事件
        rects.attr("fill","black");
    });
</script>
</body>
</html>
```

## 11.2  拖曳应用

拖曳(drag)是交互式中很重要的一种,是指使用鼠标将元素从一个位置移动到另一个位置。D3 为拖曳行为提供了一个简单的创建方法,该方法支持鼠标和触屏的拖曳。

### 11.2.1  单个元素拖曳的应用

#### 1. drag 的定义

D3 中可用 d3.behavior.drag() 来定义 drag 行为。

```
var drag = d3.behavior.drag()
            .on("drag", dragmove);
function dragmove(d) {
    d3.select(this)
      .attr("cx", d.cx = d3.event.x )
      .attr("cy", d.cy = d3.event.y );
}
```

第 2 行表示当 drag 事件发生后即调用自定义的 dragmove() 函数。除了 drag 事件之外,还有 dragstart 和 dragend 事件。

上面自定义的 dragmove() 函数里,出现了 d3.event.x 和 d3.event.y 两个变量,这是当前鼠标的位置。cx 和 cy 是圆心坐标,所以这里是把圆重新绘制到当前鼠标所在处。

#### 2. 绘制圆

绘制圆的方法是 circle 元素,最后圆的选择集使用.call(drag) 函数,调用刚才定义的drag 行为即可。call() 函数即将选择集自身作为参数,传递给 drag() 函数。

```
var circles = [ { cx: 150, cy:200, r:30 },
                { cx: 250, cy:200, r:30 },];          //cx 和 cy 是圆心坐标,r 是半径
var svg = d3.select("body").append("svg")
                           .attr("width",width)
                           .attr("height",height);
svg.selectAll("circle")
   .data(circles)
   .enter()
   .append("circle")                                 //添加 circle 元素
   .attr("cx",function(d){ return d.cx; })
   .attr("cy",function(d){ return d.cy; })
   .attr("r",function(d){ return d.r; })
   .attr("fill","black")
   .call(drag);                                       //调用刚才定义的 drag 行为
```

拖曳后可以将第二个圆拖到右上方。图 11-3（a）为原始位置、图 11-3（b）为拖曳后位置。

(a)          (b)

图 11-3　键盘控制圆的移动

最终完整代码如下。

【例 11-3】　鼠标拖曳应用，效果如图 11-3 所示。

```html
<html>
    <head>
    <meta charset = "utf - 8">
    <title>Drag</title>
<style>
</style>
</head>
<body>
    <script src = "http://d3js.org/d3.v3.min.js" charset = "utf - 8"></script>
    <script>
    var width = 400;
    var height = 400;
    var circles = [ { cx: 150, cy:200, r:30 },
                    { cx: 250, cy:200, r:30 },];
    var svg = d3.select("body").append("svg")
                              .attr("width",width)
                              .attr("height",height);
    var drag = d3.behavior.drag()
                              .on("drag", dragmove);
    svg.selectAll("circle")
       .data(circles)
       .enter()
       .append("circle")
       .attr("cx",function(d){ return d.cx; })
       .attr("cy",function(d){ return d.cy; })
       .attr("r",function(d){ return d.r; })
       .attr("fill","black")
       .call(drag);
    function dragmove(d) {
       d3.select(this)
         .attr("cx", d.cx = d3.event.x )
         .attr("cy", d.cy = d3.event.y );
    }
```

```
        </script>
    </body>
</html>
```

## 11.2.2 多个元素拖曳的应用

在与用户进行交互的时候，如果每一部分都能拖曳是很有趣的。例如拖曳饼状图的各部分。

**1. 饼状图的绘制**

饼状图的各部分是用具有宽度的弧线来表示的。对饼状图的每一个区域都使用一个 g 元素将其包围起来，以便平移操作。

```
var gAll = svg.append("g")
                    .attr("transform","translate(" + outerRadius + "," + outerRadius + ")");
var arcs = gAll.selectAll(".arcs_g")
                    .data(pie(dataset))
                    .enter()
                    .append("g")
                    .each(function(d){        //指定当前区域的平移量
                        d.dx = 0;
                        d.dy = 0;
                    })
                    .call(drag);              //调用 drag 行为
```

那么在平移的时候，只需要对各部分的 g 元素使用 transform 即可。在 drag 事件发生时，根据鼠标的参数即可计算出偏移量。上面使用了一个 each() 函数，为每一个区域添加两个变量 dx 和 dy，用于保存偏移量。

**2. drag 事件的定义**

元素拖曳时，每次触发 drag 事件需要获取鼠标的偏移量，将其加到 dx 和 dy 上。然后再使用 d3.select(this)选择当前元素，应用 transform 即可完成平移操作。

```
var drag = d3.behavior.drag()
            .origin(function(d) { return d; })
            .on("drag", dragmove);
function dragmove(d) {
        d.dx += d3.event.dx;
        d.dy += d3.event.dy;
        d3.select(this)
            .attr("transform","translate(" + d.dx + "," + d.dy + ")");   //平移操作
}
```

最终完整代码如下。

【例 11-4】 鼠标拖曳饼状图的各部分，效果如图 11-4 所示。

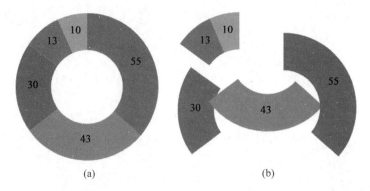

图 11-4　拖曳饼状图的各部分

```
< html >
  < head >
      < meta charset = "utf - 8">
      < title > Drag Pie </title >
  </ head >
< style >
</ style >
    < body >
      < script src = "http://d3js.org/d3.v3.min.js" charset = "utf - 8"></script >
      < script >
      var width = 500;
      var height = 500;
      var dataset = [ 30 , 10 , 43 , 55 , 13 ];
      var svg = d3.select("body").append("svg")
                                  .attr("width",width)
                                  .attr("height",height);
      var pie = d3.layout.pie();
      var outerRadius = width / 4;
      var innerRadius = width / 8;
      var arc = d3.svg.arc()
                      .innerRadius(innerRadius)
                      .outerRadius(outerRadius);
      var color = d3.scale.category10();
      var drag = d3.behavior.drag()
                      .origin(function(d) { return d; })
                      .on("drag", dragmove);
      var gAll = svg.append("g")
                      .attr("transform","translate(" + outerRadius + "," + outerRadius + ")");
      var arcs = gAll.selectAll(".arcs_g")
                        .data(pie(dataset))
                        .enter()
                        .append("g")
                        .each(function(d){
                              d.dx = 0;
                              d.dy = 0;
                        })
```

```
                          .call(drag);
        arcs.append("path")
            .attr("fill",function(d,i){
                return color(i);
            })
            .attr("d",function(d){
                return arc(d);
            });
        arcs.append("text")
            .attr("transform",function(d){
                return "translate(" + arc.centroid(d) + ")";
            })
            .attr("text - anchor","middle")
            .text(function(d){
                return d.value;
            });
        console.log(dataset);
        console.log(pie(dataset));
        function dragmove(d) {
            d.dx += d3.event.dx;
            d.dy += d3.event.dy;
            d3.select(this)
                .attr("transform","translate(" + d.dx + "," + d.dy + ")");
        }
        </script>
    </body>
</html>
```

效果如图 11-4 所示,饼状图的每一块都可以拖曳。图 11-4(a)为原始位置,图 11-4(b)为拖曳后位置。

## 11.3　缩放的应用

缩放(zoom)是另一种重要的可视化操作,主要是使用鼠标的滚轮进行操作。下面是绘制在两个圆上滑动鼠标滚轮进行缩放的例子。

### 1. zoom 的定义

缩放是由 d3.behavior.zoom()定义的。

```
var zoom = d3.behavior.zoom()
            .scaleExtent([1, 10])
            .on("zoom", zoomed);
```

scaleExtent()用于设置最小和最大的缩放比例。当 zoom 缩放事件发生时,调用自定义的 zoomed()函数。

```
function zoomed() {
    d3.select(this).attr("transform",
        "translate(" + d3.event.translate + ")scale(" + d3.event.scale + ")");
}
```

自定义的 zoomed() 函数,用于更改需要缩放的元素的属性,d3. event. translate 是平移的坐标值,d3. event. scale 是缩放的值。

**2. 绘制圆**

绘制两个圆用于测试。将圆 circle 元素添加到一个组 g 元素里,g 元素调用 call (zoom),zoom 为刚才定义的缩放行为。

```
var circles_group = svg.append("g")
                        .call(zoom);
circles_group.selectAll("circle")
        .data(circles)
        .enter()
        .append("circle")
        .attr("cx",function(d){ return d.cx; })
        .attr("cy",function(d){ return d.cy; })
        .attr("r",function(d){ return d.r; })
        .attr("fill","black");
```

最终完整代码如下。

【例 11-5】 在圆上滑动鼠标滚轮进行缩放。

```
<html>
    <head>
        <meta charset = "utf - 8">
        <title>缩放操作</title>
    </head>
    <body>
        <script src = "http://d3js.org/d3.v3.min.js" charset = "utf - 8"></script>
        <script>
        var width = 400;
        var height = 400;
        var circles = [ { cx: 150, cy:200, r:30 },
                            { cx: 250, cy:200, r:30 },];
        var zoom = d3.behavior.zoom()
                        .scaleExtent([1, 10])
                        .on("zoom", zoomed);
        var svg = d3.select("body").append("svg")
                                    .attr("width",width)
                                    .attr("height",height);
        var circles_group = svg.append("g")
                                    .call(zoom);
        circles_group.selectAll("circle")
                .data(circles)
```

```
            .enter()
            .append("circle")
            .attr("cx",function(d){ return d.cx; })
            .attr("cy",function(d){ return d.cy; })
            .attr("r",function(d){ return d.r; })
            .attr("fill","black");
        function zoomed() {
            d3.select(this).attr("transform",
                "translate(" + d3.event.translate + ")scale(" + d3.event.scale + ")");
        }
      </script>
  </body>
</html>
```

运行效果如图 11-5 所示。在圆上滑动鼠标滚轮试试是否
缩放。

**3. 在 D3 V4.X 新版本应用缩放**

【例 11-6】 在曲线图上滑动鼠标滚轮实现缩放。

曲线图缩放的原理是通过 zoom 事件来重新绘制 X 轴的
scale,在 zoom 事件发生时候调用函数将每个数据点的 xScale 重新绘制一遍。

图 11-5　圆上滑动鼠标
滚轮进行缩放

```
<html>
<head>
  <meta charset = "UTF-8">
  <title>在 V4.X 新版本应用缩放</title>
</head>
<script src = "https://d3js.org/d3.v4.min.js"></script>
<style>
body,html{ margin:0; padding:0;}
</style>
<body>
  <svg width = "800" height = "700"></svg>
  <script>
    var data = [[{x: 0, y: 30}, {x: 1, y: 8}, {x: 2, y: 10}, {x: 3, y: 14}, {x: 4, y: 10}, {x:
5, y: 11}, { x: 6,y: 22}, {x: 7, y: 17}, {x: 12, y: 14}, {x: 14, y: 18}, {x: 20, y: 20}]]
    var svg = d3.select("svg"),
      margin = {top :20,right:20,bottom:50,left:50},
      areaWidth = svg.attr("width") - margin.left - margin.right,
      areaHeight = svg.attr("height") - margin.top - margin.bottom
    var g = svg.append("g")
      .attr("transform",`translate( ${margin.left}, ${margin.top})`)
      .attr("width",areaWidth)
      .attr("height",areaHeight)
    var xScale = d3.scaleLinear()               //X 方向线性比例尺
          .domain([0,22])
          .range([0,areaWidth]);                // areaWidth 为 X 方向像素最大值
```

```
    var yScale = d3.scaleLinear()                    //Y方向线性比例尺
            .domain([40,0])
            .range([0,areaHeight]) ;                 // areaHeight 为 Y 方向像素最大值
    var xAxis = d3.axisBottom(xScale) ;              //X轴
    var yAxis = d3.axisLeft(yScale)  ;               //Y轴
    var line = d3.line()                             //直线生成器
       .curve(d3.curveStepAfter)
        .x(function(d){
          return xScale(d.x)
        })
        .y(function (d) {
          return yScale(d.y)
        });
    var t = d3.transition()                          //过渡效果
            .duration(500)
            .ease(d3.easeLinear)
    var xGroup = g.append("g")
      .attr("transform",`translate(0, $ {areaHeight})`)
      .call(xAxis)
    var yGroup = g.append("g")
      .attr("transform",`translate(0,0)`)
      .call(yAxis)
    g.append("clipPath")
     .attr("id", "clip")
     .append("rect")
     .attr("width", areaWidth)
     .attr("height", areaHeight);
    var updateLine = g.append("g")
     .attr("class","chart")
     .selectAll("line")
     .data(data)
    var enterLine = updateLine.enter();
    var exitLine = updateLine.exit();
    var path = enterLine.append("path")
     .attr("clip-path", "url(#clip)")
     .attr("class","line")
     .attr("d",line)
     .attr("fill","none")
     .attr("stroke",0)
     .transition(t)
     .attr("stroke-width",2)
     .attr("stroke","green")

    exitLine.remove();
    var zoom = d3.zoom()                    //滚轮缩放
        .scaleExtent([1, 8])
        .translateExtent([[0,0], [areaWidth, areaHeight]])
        .on("zoom", zoomed);                     //当 zoom 事件发生时,调用自定义的 zoomed()函数
```

```
    var zoomRect = svg.append("rect")
      .attr("width",areaWidth)
      .attr("height",areaHeight)
      .attr("fill","none")
      .attr("pointer – events","all")
      .call(zoom);
    function zoomed() {                //自定义 zoomed()函数
        var t = d3.event.transform.rescaleX(xScale)
        xGrooup.call(xAxis.scale(t))
        g.select("path.line").attr("d", line.x(function(d){
          return t(d.x)}))
      }
  </script>
</body>
</html>
```

运行效果如图 11-6 所示。图 11-6(a)为缩放前图形，图 11-6(b)为缩放后效果。在曲线图上滑动鼠标滚轮试试缩放效果。

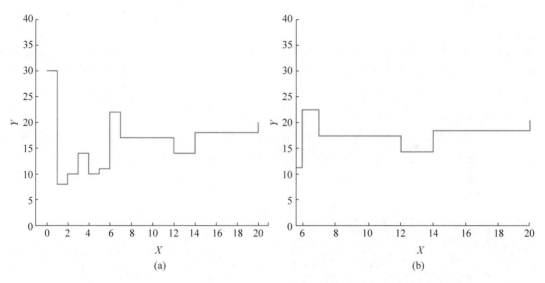

(a)                                   (b)

图 11-6  在曲线图上滑动鼠标滚轮进行缩放前后

# 第 12 章

## Python科学计算和可视化应用

随着 NumPy、SciPy、Matplotlib 等众多程序库的开发,Python 越来越适合于做科学计算和可视化。NumPy 是非常有名的 Python 科学计算工具包,NumPy 中的数组对象可以帮助实现数组中重要的操作,如矩阵乘积、转置、解方程系统、向量乘积和归一化,这为图像变形、对变化进行建模、图像分类、图像聚类等提供了基础。

Matplotlib 是 Python 的 2D&3D 绘图库,它提供了一整套和 MATLAB 相似的命令 API,十分适合交互式地进行绘图和可视化,处理数学运算、绘制图表,或者在图像上绘制点、直线和曲线时,Matplotlib 是个很好的类库,具有比 PIL 更强大的绘图功能。

## 12.1 Python 基础知识

### 1. Python 的语言特性

Python 是一门具有强类型(即变量类型是强制要求的)、动态性、隐式声明(不需要做变量声明)、大小写敏感(myvar 和 myVAR 代表了不同的变量)以及面向对象(一切皆为对象)等特点的编程语言。

### 2. Python 的语法

Python 中没有强制的语句终止字符,且代码块是通过缩进来指示的。缩进表示一个代码块的开始,逆缩进则表示一个代码块的结束。声明以冒号(:)字符结束,并且开启一个缩进级别。单行注释以井号字符(♯)开头,多行注释则以多行字符串("或""")的形式出现。赋值(事实上是将对象绑定到名字)通过等号(=)实现,双等号(==)用于相等判断,"+="和"-="用于增加、减少运算(由符号右边的值确定增加、减少的值)。这适用于许多数据类型,包括字符串。例如:

```
>>> myvar = 3
>>> myvar += 2
>>> myvar                        ＃结果是 5
"""This is a multiline comment.
The following lines concatenate the two strings."""
>>> mystring = "Hello"           ＃字符串
>>> mystring += " world."
>>> print (mystring)
```

### 3. Python 的数据类型

Python 的数据类型有数字（number）、列表（list）、元组（tuple）、字典（dictionary）、集合（set）和字符串（string）。

列表的特点与一维数组类似（当然也可以创建类似多维数组的“列表的列表”），字典则是具有关联关系的数组（通常也叫作哈希表，字典由索引 key 和它对应的值 value 组成），而元组则是不可变的一维数组（Python 中“数组”可以包含任何类型的元素，这样就可以使用混合元素，例如整数、字符串或是嵌套包含列表、字典或元组）。数组中第一个元素索引值（下标）为 0，使用负数索引值能够从后向前访问数组元素，－1 表示最后一个元素。

Python 中的字符串使用单引号（'）或是双引号（"）来进行标识，而多行字符串可以通过三个连续的单引号'或是双引号"来进行标识。

```
list = [ 'abcd', 786 , 2.23, 'john', 70.2 ]          ＃列表
print (list)                              ＃输出完整列表
print (list[0])                           ＃输出列表的第一个元素
＃元组用"()"标识。内部元素用逗号隔开。但是元组不能二次赋值，相当于只读列表
tuple = ( 'abcd', 786 , 2.23, 'john', 70.2 )          ＃元组
print(tuple)                              ＃输出完整元组
print(tuple[1:3])                         ＃输出第 2～3 个元素(786, 2.23)
dict = {'name': 'john','code':6734, 'dept': 'sales'}  ＃字典
print (dict['one'] )                      ＃输出键为'one' 的值
str = 'Hello World!'                      ＃字符串
print (str )                              ＃输出完整字符串 Hello World!
print (str [2:])                          ＃输出从第三个字符开始的字符串 llo World!
print (str * 2)                           ＃输出字符串两次 Hello World! Hello World!
print (str + "TEST")                      ＃输出连接的字符串 Hello World! TEST
```

### 4. 流程控制

Python 中可以使用 if、for 和 while 来实现流程控制。Python 中使用 for 来枚举列表中的元素。如果希望生成一个由数字组成的列表，则可以使用 range()函数。

```
rangelist = range(10)
print(rangelist)              ＃输出[0, 1, 2, 3, 4, 5, 6, 7, 8, 9]
for number in rangelist:
    if number in (3, 4, 7, 9):
        print(number)         ＃输出 3,4,7,9
```

### 5. 函数

在 Python 程序开发过程中,将完成某一特定功能并经常使用的代码编写成函数,放在函数库(模块)中供大家选用,在需要使用时直接调用。函数通过 def 关键字进行声明,函数返回值只有一个。函数返回多个值可以返回一个元组(使用元组拆包可以有效返回多个值)。

```
def funcvar(x):
    return x + 1
```

### 6. 导入函数库

函数库(即模块)可以使用 import[libname]关键字来导入。同时还可以用 from[libname] import[funcname]来导入所需要的函数。例如:

```
import random
from time import clock
randomint = random.randint(1, 100)
```

## 12.2　NumPy 库的使用

NumPy(Numerical Python 的简称)是高性能科学计算和数据分析的基础包。NumPy 是 Python 的一个科学计算的库,提供了矩阵运算的功能,其一般与 Scipy、Matplotlib 一起使用。

NumPy 可以从 http://www.scipy.org/Download 免费下载,在线说明文档(http://docs.scipy.org/doc/numpy/)包含用户可能遇到的大多数问题的答案。

### 12.2.1　NumPy 数组

#### 1. NumPy 数组的定义

NumPy 库中处理的最基础数据类型是同种元素构成的数组。NumPy 数组是一个多维数组对象,称为 ndarray。NumPy 数组的维数称为秩(rank),一维数组的秩为 1,二维数组的秩为 2,以此类推。在 NumPy 中,每一个线性的数组称为是一个轴(axes),秩其实是描述轴的数量。例如,二维数组相当于是两个一维数组,其中第一个一维数组中每个元素又是一个一维数组。而轴的数量——秩,就是数组的维数。关于 NumPy 数组必须了解:NumPy 数组的下标从 0 开始;同一个 NumPy 数组中所有元素的类型必须是相同的。

#### 2. 创建 NumPy 数组

创建 NumPy 数组的方法很多。如可以使用 array()函数从常规的 Python 列表和元组创造数组。所创建的数组类型由原序列中的元素类型推导而来。

```
>>> from numpy import *
>>> a = array( [2,3,4] )
>>> a
    array([2, 3, 4])
>>> a.dtype
    dtype('int32')
>>> b = array([1.2, 3.5, 5.1])
>>> b.dtype
    dtype('float64')
```

使用 array()函数创建数组时,参数必须是由方括号括起来的列表,而不能使用多个数值作为参数调用 array()。

```
>>> a = array(1,2,3,4)          ♯错误
>>> a = array([1,2,3,4])        ♯正确
```

可使用双重序列来表示二维数组,使用三重序列表示三维数组,以此类推。

```
>>> b = array( [ (1.5,2,3), (4,5,6) ] )
>>> b
    array([[ 1.5,  2. ,  3. ],
        [ 4. ,  5. ,  6. ]])
```

通常,刚开始时数组的元素未知,而数组的大小已知。因此,NumPy 提供了一些使用占位符创建数组的函数。这些函数除了满足数组扩展的需要,同时降低了高昂的运算开销。

NumPy 提供两个类似 range()的函数,返回一个数列形式的数组。

1) arange()函数

类似于 Python 的 range()函数,通过指定开始值、终值和步长来创建一维数组,注意数组不包括终值。

```
>>> import numpy as np
>>> np.arange(0,1,0.1)
array([ 0. ,0.1,0.2,0.3,0.4,0.5,0.6,0.7,0.8,0.9])
```

此函数在区间[0,1]上以 0.1 为步长生成一个数组。其第三个参数默认为 1。如果此函数仅使用一个参数,代表的是终值,开始值为 0;如果仅用两个参数,则步长默认为 1。

```
>>> np.arange(0,10)
array([0, 1, 2, 3, 4, 5, 6, 7, 8, 9])
>>> np.arange(0,5.6)
array([ 0.,  1.,  2.,  3.,  4.,  5.])
>>> np.arange(0.3,4.2)
array([ 0.3,  1.3,  2.3,  3.3])
```

2) linspace()函数

通过指定开始值、终值和元素个数(默认为 50)来创建一维数组,可以通过 endpoint 关

键字指定是否包括终值,默认设置是包括终值。

```
>>> np.linspace(0, 1, 5)
array([ 0. ,  0.25,  0.5 ,  0.75,  1.  ])
```

NumPy 库一般由 math 库函数的数组实现,如 sin,cos,log。

```
>>> x = np.arange(0,np.pi/2,0.1)
>>> x
array([0. ,0.1, 0.2, 0.3, 0.4, 0.5, 0.6, 0.7, 0.8, 0.9, 1. ,1.1, 1.2, 1.3, 1.4, 1.5])
>>> y = sin(x)      #NameError: name 'sin' is not defined
```

改成如下:

```
>>> y = np.sin(x)
>>> y
array([ 0. ,    0.09983342,  0.19866933,  0.29552021,  0.38941834,
0.47942554,  0.56464247,  0.64421769,  0.71735609,  0.78332691,
0.84147098,  0.89120736,  0.93203909,  0.96355819,  0.98544973,
0.99749499])
```

从结果可见,y 数组的元素分别是 x 数组元素对应的正弦值,计算起来十分方便。Y 数组的最后一项不是1,因为数组的数据不是标准的浮点型数据。如果要精确的浮点计算,请参见 numpy 说明文档。

基本函数(三角、对数、平方、立方函数等)的使用就是在函数前加上 np. ,这样就能实现数组的函数计算。

## 12.2.2 NumPy 数组的算术运算

NumPy 数组的算术运算是按元素逐个运算。NumPy 数组运算后将创建包含运算结果的新数组。

```
>>> import numpy as np
>>> a = np.array([20,30,40,50])
>>> b = np.arange( 4)
>>> b
```

输出:array([0, 1, 2, 3])

```
>>> c = a - b
>>> c
```

输出:array([20, 29, 38, 47])

```
>>> b ** 2              #乘方运算,二次方
```

输出:array([0, 1, 4, 9])

```
>>> 10 * np.sin(a)          # 10 * sina
```

输出：array([ 9.12945251,-9.88031624，7.4511316，-2.62374854])

```
>>> a < 35                  # 每个元素与 35 比较大小
```

输出：array([True，True，False，False]，dtype＝bool)

与其他矩阵语言不同，NumPy 中的乘法运算符 * 按元素逐个计算，矩阵乘法可以使用 dot()函数或创建矩阵对象实现。

```
>>> import numpy as np
>>> A = np.array([[1,1], [0,1]])
>>> B = np.array([[2,0], [3,4]])
>>> A * B                   # 逐个元素相乘
array([[2, 0],
     [0, 4]])
>>> np.dot(A,B)             # 矩阵相乘
array([[5, 4],
     [3, 4]])
```

NumPy 库还包括三角运算函数、傅里叶变换、随机和概率分布、基本数值统计、位运算、矩阵运算等非常丰富的功能，读者在使用时可以到官方网站查询。

## 12.3  Matplotlib 绘图可视化

Matplotlib 旨在用 Python 实现 MATLAB 的功能，是 Python 下最出色的绘图库，功能很完善，同时也继承了 Python 的简单明了的风格，可以很方便地设计和输出二维以及三维的数据，提供了常规的笛卡儿坐标、极坐标、球坐标、三维坐标等。其输出的图片质量也达到了科技论文中的印刷质量，日常的基本绘图更不在话下。

Matplotlib 实际上是一套面向对象的绘图库，它所绘制的图表中的每个绘图元素，例如线条 Line2D、文字 Text、刻度等，都有一个对象与之对应。为了方便快速绘图，Matplotlib 通过 pyplot 模块提供了一套和 MATLAB 类似的绘图 API，将众多绘图对象所构成的复杂结构隐藏在这套 API 内部。我们只需要调用 pyplot 模块所提供的函数就可以实现快速绘图以及设置图表的各种细节。pyplot 模块虽然用法简单，但不适合在较大的应用程序中使用。

安装 Matplotlib 之前先要安装 NumPy。Matplotlib 是开源工具，可以从 http://matplotlib.sourceforge.net/免费下载。该链接中包含非常详尽的使用说明和教程。

### 12.3.1  Matplotlib.pyplot 模块——快速绘图

Matplotlib 的 pyplot 模块提供了和 MATLAB 类似的绘图 API，方便用户快速绘制 2D 图表。同时，Matplotlib 还提供了一个名为 pylab 的模块，其中包括了许多 NumPy 和

pyplot 模块中常用的函数,方便用户快速进行计算和绘图,十分适合在 Python 交互式环境中使用。

**【例 12-1】** 一个简单的绘制正弦三角函数 $y=\sin(x)$ 的例子。

```
# plot a sine wave from 0 to 4pi
import matplotlib.pyplot as plt
from numpy import *                          #也可以使用 from pylab import *
plt.figure(figsize = (8,4))
x_values = arange(0.0, math.pi * 4, 0.01)
y_values = sin(x_values)
plt.plot(x_values,  y_values,  'b--',  linewidth = 1.0,  label('$ sin(x) $')
plt.xlabel('x ')                             #设置 X 轴的文字
plt.ylabel('sin(x)')                         #设置 Y 轴的文字
plt.ylim( - 1, 1)                            #设置 Y 轴的范围
plt.title('Simple plot')                     #设置图表的标题
plt.legend()                                 #显示图例(legend)
plt.grid(True)
plt.savefig("sin.png")
plt.show()
```

效果如图 12-1 所示。

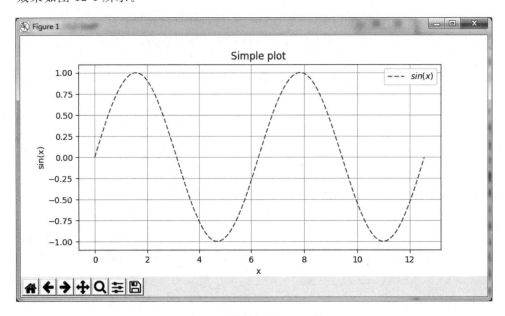

图 12-1　绘制正弦三角函数

**1. 调用 figure()创建一个绘图对象**

```
plt.figure(figsize = (8,4))
```

可以调用 figure()创建一个绘图对象,也可以不创建绘图对象直接调用 plot()函数直接绘图,Matplotlib 会为我们自动创建一个绘图对象。

如果需要同时绘制多幅图表,可以给 figure()传递一个整数参数指定图表的序号,如果所指定序号的绘图对象已经存在,则不创建新的对象,而只是让它成为当前绘图对象。

figsize 参数:指定绘图对象的宽度和高度,单位为英寸;dpi 参数指定绘图对象的分辨率,即每英寸多少像素,默认值为 100。因此本例中所创建的图表窗口的宽度为 8×100 像素=800 像素,高度为 4×100 像素=400 像素。

用 show()显示出来的工具栏中的"保存"按钮保存下来的 png 图像的大小是 800×400 像素。绘图对象的分辨率 dpi 参数可以通过如下语句进行查看:

```
>>> import matplotlib
>>> matplotlib.rcParams["figure.dpi"]        #每英寸多少像素
100
```

### 2. 通过调用 plot()函数在当前的绘图对象中进行绘图

创建 Figure 对象之后,接下来调用 plot()在当前的 Figure 对象中绘图。实际上 plot()是在 Axes(子图)对象上绘图,如果当前的 Figure 对象中没有 Axes 对象,将会为之创建一个几乎充满整个图表的 Axes 对象,并且使此 Axes 对象成为当前的 Axes 对象。

```
x_values = arange(0.0, math.pi * 4, 0.01)
y_values = sin(x_values)
plt.plot(x_values, y_values, 'b--', linewidth = 1.0, label = "sin(x)")
```

(1) 第 3 句将 x,y 数组传递给 plot。

(2) 通过第三个参数"b--"指定曲线的颜色和线型,这个参数称为格式化参数,它能够通过一些易记的符号快速指定曲线的样式。其中 b 表示蓝色,"--"表示线型为虚线。常用作图参数如下。

① 颜色(color,简写为 c)。

蓝色:'b'(blue)

绿色:'g'(green)

红色:'r'(red)

蓝绿色(墨绿色):'c'(cyan)

红紫色(洋红):'m'(magenta)

黄色:'y'(yellow)

黑色:'k'(black)

白色:'w'(white)

灰度表示法:e.g. 0.75([0,1]内任意浮点数)

RGB 表示法:e.g. '#2F4F4F'或(0.18,0.31,0.31)

② 线型(line styles,简写为 ls)。

实线:'-'

虚线:'--'

虚点线:'-.'

点线:':'

点：'.'

星形：'*'

③ 线宽（linewidth，浮点数，用 float 表示）。

pylab 的 plot()函数与 MATLAB 很相似，也可以在后面增加属性值，可以用 help 查看说明：

```
>>> import matplotlib.pyplot as plt
>>> help(plt.plot)
```

例如，用'r*'，即红色星形来画图：

```
import math
import matplotlib.pyplot as plt
y_values = []
x_values = []
num = 0.0
# collect both num and the sine of num in a list
while num < math.pi * 4:
    y_values.append(math.sin(num))
    x_values.append(num)
    num += 0.1
plt.plot(x_values, y_values, 'r*')
plt.show()
```

运行效果如图 12-2 所示。

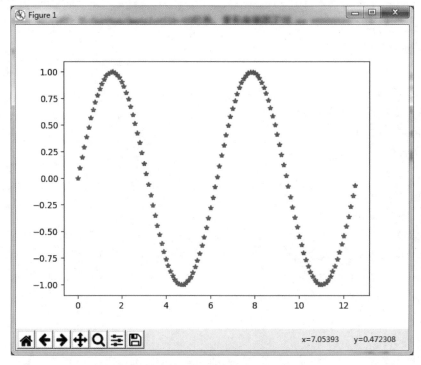

图 12-2　用红色星形来画绘制正弦三角函数

（3）也用关键字参数指定各种属性。label：给所绘制的曲线一个名字，此名字在图例（legend）中显示。只要在字符串前后添加"＄"符号，Matplotlib 就会使用其内嵌的 latex 引擎绘制的数学公式。color：指定曲线的颜色。linewidth：指定曲线的宽度。

例如：

```
plt.plot(x_values, y_values, color = 'r * ', linewidth = 1.0)    ♯红色,线条宽度为 1
```

### 3. 设置绘图对象的各个属性

xlabel、ylabel：分别设置 $X$、$Y$ 轴的标题文字。

title：设置图的标题。

xlim、ylim：分别设置 $X$、$Y$ 轴的显示范围。

legend()：显示图示，即图中表示每条曲线的标签（label）和样式的矩形区域。

例如：

```
plt. xlabel('x')                    ♯ 设置 X 轴的文字
plt. ylabel('sin(x)')              ♯ 设置 Y 轴的文字
plt. ylim( - 1, 1)                 ♯ 设置 Y 轴的范围
plt. title('Simple plot')          ♯ 设置图表的标题
plt. legend()                      ♯ 显示图例(legend)
```

pyplot 模块提供了一组与读取和显示相关的函数，用于在绘图区域中增加显示内容及读入数据，如表 12-1 所示。这些函数需要与其他函数搭配使用，此处读者有所了解即可。

表 12-1　pyplot 模块提供的与读取和显示相关的函数

| 函　　　数 | 功　　　能 |
|---|---|
| plt. legend() | 在绘图区域中放置绘图标签（也称图注） |
| plt. show() | 显示创建的绘图对象 |
| plt. matshow() | 在窗口显示数组矩 |
| plt. imshow() | 在轴上显示图像 |
| plt. imsave() | 保存数组为图像文件 |
| plt. imread() | 从图像文件中读取数组 |

### 4. 清空 plt 绘制的内容

```
plt.cla()                    ♯ 清空 plt 绘制的内容
plt.close(0)                 ♯ 关闭 0 号图
plt.close('all')             ♯ 关闭所有图
```

### 5. 图形保存和输出设置

可以调用 plt. savefig() 将当前的 Figure 对象保存成图像文件，图像格式由图像文件的扩展名决定。下面的程序将当前的图表保存为 test. png，并且通过 dpi 参数指定图像的分辨率为 120 像素，因此输出图像的宽度为 8×120 像素＝960 像素。

```
plt.savefig("test.png",dpi = 120)
```

Matplotlib 中绘制完图形后通过 show()展示出来,还可以通过图形界面中的工具栏对其进行设置和保存。图形界面下方工具栏中按钮(config subplot)还可以设置图形上、下、左、右的边距。

**6. 绘制多子图**

可以使用 subplot()快速绘制包含多个子图的图表,它的调用形式如下:

```
subplot(numRows, numCols, plotNum)
```

subplot 将整个绘图区域等分为 numRows 行 * numCols 列个子区域,然后按照从左到右,从上到下的顺序对每个子区域进行编号,左上的子区域的编号为 1。如果 numRows、numCols 和 plotNum 都小于 10,可以把它们缩写为一个整数,例如,subplot(323)和 subplot(3,2,3)是相同的,都被分割成 3×2(3 行 2 列)的网格子区域。

subplot()会在参数 plotNum 指定的区域中创建一个轴对象。如果新创建的轴和之前创建的轴重叠,之前的轴将被删除。

通过 axisbg 参数(新版本 2.0 为 facecolor 参数)给每个轴设置不同的背景颜色。例如下面的程序创建 3 行 2 列共 6 个子图,并通过 facecolor 参数给每个子图设置不同的背景色。

```
for idx, color in enumerate("rgbyck"):      # 红、绿、蓝、黄、蓝绿色、黑色
    plt.subplot(321 + idx, facecolor = color)   # axisbg = color
plt.show()
```

运行效果如图 12-3 所示。

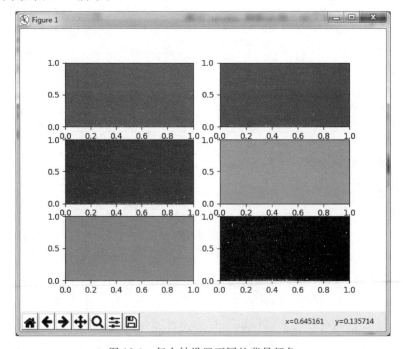

图 12-3　每个轴设置不同的背景颜色

subplot()返回它所创建的 Axes 对象,可以将它用变量保存起来,然后用 sca()交替让它们成为当前 Axes 对象,并调用 plot()在其中绘图。

### 7. 调节轴之间的间距和轴与边框之间的距离

当绘图对象中有多个轴的时候,可以通过工具栏中的 Configure Subplots 按钮,交互式地调节轴之间的间距和轴与边框之间的距离。

如果希望在程序中调节,则可以调用 subplots_adjust()函数,它有 left、right、bottom、top、wspace、hspace 等几个关键字参数,这些参数的值都是 0~1 的小数,它们是以绘图区域的宽、高为 1 进行正规化之后的坐标或者长度。

### 8. 绘制多幅图表

如果需要同时绘制多幅图表,可以给 figure()传递一个整数参数指定 Figure 对象的序号,如果序号所指定的 Figure 对象已经存在,将不创建新的对象,而只是让它成为当前的 Figure 对象。下面的程序演示了如何依次在不同图表的不同子图中绘制曲线。

```python
import numpy as np
import matplotlib.pyplot as plt
plt.figure(1)                      # 创建图表 1
plt.figure(2)                      # 创建图表 2
ax1 = plt.subplot(211)            # 在图表 2 中创建子图 1
ax2 = plt.subplot(212)            # 在图表 2 中创建子图 2
x = np.linspace(0, 3, 100)
for i in x:
    plt.figure(1)                  # 选择图表 1
    plt.plot(x, np.exp(i * x/3))
    plt.sca(ax1)                   # 选择图表 2 的子图 1
    plt.plot(x, np.sin(i * x))
    plt.sca(ax2)                   # 选择图表 2 的子图 2
    plt.plot(x, np.cos(i * x))
    plt.show()
```

在循环中,先调用 figure(1)让图表 1 成为当前图表,并在其中绘图。然后调用 sca(ax1)和 sca(ax2)分别让子图 ax1 和 ax2 成为当前子图,并在其中绘图。当它们成为当前子图时,包含它们的图表 2 也自动成为当前图表,因此不需要调用 figure(2),依次在图表 1 和图表 2 的两个子图之间切换,逐步在其中添加新的曲线。运行效果如图 12-4 所示。

### 9. 在图表中显示中文

Matplotlib 的默认配置文件中所使用的字体无法正确显示中文。为了让图表能正确显示中文,在.py 文件头部加上如下内容:

```python
plt.rcParams['font.sans-serif'] = ['SimHei']      # 指定默认字体
plt.rcParams['axes.unicode_minus'] = False        # 解决保存图像是负号'-'显示为方块的问题
```

其中,SimHei 表示黑体字。常用中文字体及其英文表示如下:宋体,SimSun;黑体,SimHei;楷体,KaiTi;微软雅黑,Microsoft YaHei;隶书,LiSu;仿宋,FangSong;幼圆,YouYuan;华文宋体,STSong;华文黑体,STHeiti;苹果丽中黑,Apple LiGothic Medium。

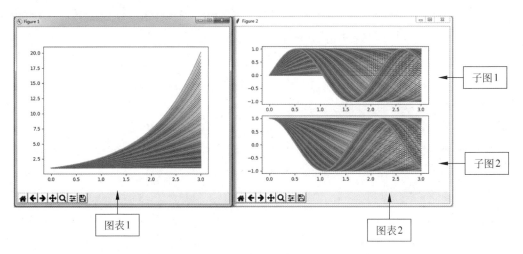

图 12-4　在不同图表的不同子图中绘制曲线

## 12.3.2　绘制条形图、饼状图、散点图等

Matplotlib 是一个 Python 的图像框架，使用其绘制出来的图形效果与 MATLAB 下绘制的图形类似。plt 库提供了 17 个用于绘制基础图表的常用函数，如表 12-2 所示。

表 12-2　plt 库提供的绘制基础图表的常用函数

| 函　　数 | 功　　能 |
| --- | --- |
| plt. polt(x，y，label，color，width) | 根据 x、y 数组绘制点、直线或曲线 |
| plt. boxplot(data，notch，position) | 绘制一个箱形图(box-plot) |
| plt. bar(left，height，width，bottom) | 绘制一个条形图 |
| plt. barh(bottom，width，height，left) | 绘制一个横向条形图 |
| plt. polar(theta，r) | 绘制极坐标图 |
| plt. pie(data，explode) | 绘制饼状图 |
| plt. psd(x，NFFT＝256，pad_to，Fs) | 绘制功率谱密度图 |
| plt. specgram(x，NFFT＝256，pad_to，Fs) | 绘制谱图 |
| plt. cohere(x，y，NFFT＝256，Fs) | 绘制 X-Y 的相关性函数 |
| plt. scatter() | 绘制散点图(x、y 是长度相同的序列) |
| plt. step(x，y，where) | 绘制步阶图 |
| plt. hist(x，bins，normed)， | 绘制直方图 |
| plt. contour(X，Y，Z，N) | 绘制等值线 |
| pit. vlines() | 绘制垂直线 |
| plt. stem(x，y，linefmt，markerfmt，basefmt) | 绘制曲线每个点到水平轴线的垂线 |
| plt. plot_date() | 绘制数据日期 |
| plt. plothle() | 绘制数据后写入文件 |

plt 库提供了三个区域填充函数,对绘图区域填充颜色,如表 12-3 所示。

表 12-3 plt 库的区域填充函数

| 函　　数 | 功　　能 |
| --- | --- |
| fill(x,y,c,color) | 填充多边形 |
| fill_between(x,y1,y2,where,color) | 填充两条曲线围成的多边形 |
| fill_betweenx(y,x1,x2,where,hold) | 填充两条水平线之间的区域 |

下面通过一些简单的例子介绍如何使用 Python 绘图。

**1. 直方图**

直方图(histogram)又称质量分布图,是一种统计报告图,由一系列高度不等的纵向条纹或线段表示数据分布的情况。直方图一般用横轴表示数据类型,纵轴表示分布情况。直方图的绘制通过 pyplot 中的 hist()来实现。

```
pyplot.hist(x,bins = 10,color = None,range = None,rwidth = None,normed = False,orientation = u'vertical', ** kwargs)
```

hist()的主要参数如下。

- x：这个参数是 arrays,指定每个 bin(箱子)分布在 x 的位置。
- bins：这个参数指定 bin(箱子)的个数,也就是总共有几条条状图。
- normed：是否对 Y 轴数据进行标准化(如果为 True,则是在本区间的点在所有的点中所占的概率)。
- color：这个指定条状图(箱子)的颜色。

下例中 Python 产生 2 万个正态分布随机数,用概率分布直方图显示。运行效果如图 12-5 所示。

```
# 概率分布直方图,本例是标准正态分布
import matplotlib.pyplot as plt
import numpy as np
mu = 100                                # 设置均值,中心所在点
sigma = 20                              # 用于将每个点都扩大相应的倍数
# x 中的点分布在 mu 旁边,以 mu 为中点
x = mu + sigma * np.random.randn(20000)  # 随机样本数量 20000
# bins 设置分组的个数 100(显示有 100 个直方)
plt.hist(x,bins = 100,color = 'green',normed = True)
plt.show()
```

**2. 条形图**

条形图(bar)是用一个单位长度表示一定的数量,根据数量的多少画成长短不同的直条,然后把这些直条按一定的顺序排列起来。从条形图中很容易看出各种数量的多少。条形图的绘制通过 pyplot 中的 bar( )或者 barh( )实现。bar()默认是绘制竖直方向的条形图,也可以通过设置 orientation = "horizontal"参数来绘制水平方向的条形图。barh( )就是绘制水平方向的条形图。

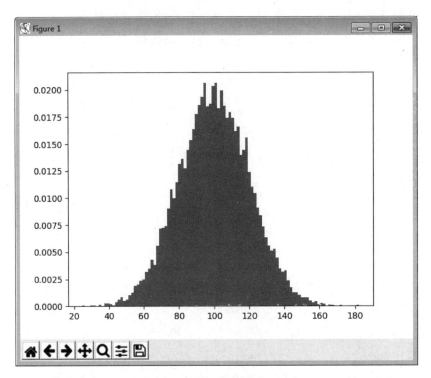

图 12-5　直方图实例

```
import matplotlib.pyplot as plt
import numpy as np
y = [20,10,30,25,15,34,22,11]
x = np.arange(8)                                        #0---7
plt.bar(left = x,height = y,color = 'green',width = 0.5)   #通过设置 left 来设置并列显示
plt.show()
```

运行效果如图 12-6 所示。也可以绘制层叠的条形图,效果如图 12-7 所示。

```
import numpy as np
import matplotlib.pyplot as plt
x = np.random.randint(10, 50, 20)           #随机产生 20 个[10,50]区间的数
y1 = np.random.randint(10, 50, 20)
y2 = np.random.randint(10, 50, 20)
plt.ylim(0, 100)                            #设置 Y 轴的显示范围
plt.bar(left = x, height = y1, width = 0.5, color = "red", label = " $ y1 $ ")
#设置一个底部,底部就是 y1 的显示结果,y2 在上面继续累加即可
plt.bar(left = x, height = y2, bottom = y1, width = 0.5, color = "blue", label = " $ y2 $ ")
plt.legend()
plt.show()
```

### 3. 散点图

散点图(scatter diagram),在回归分析中是数据点在直角坐标系平面上的分布图。一般用两组数据构成多个坐标点,考察坐标点的分布,判断两变量之间是否存在某种关联或总

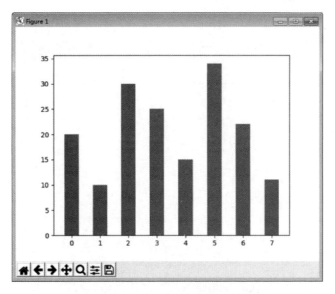

图 12-6　条形图实例

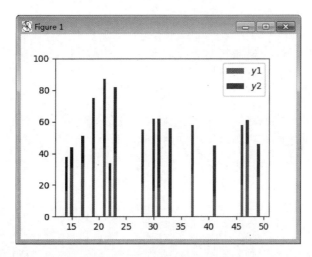

图 12-7　层叠的条形图实例

结坐标点的分布模式。使用 pyplot 中的 scatter（）绘制散点图。

```
import matplotlib.pyplot as plt
import numpy as np
#产生100～200的10个随机整数
x = np.random.randint(100, 200, 10)
y = np.random.randint(100, 130, 10)
# x指X轴,y指Y轴
# s设置显示的大小,指的是面积,c设置显示的颜色
# marker设置显示的形状, "o"是圆,"v"向下三角形,"v"向上三角形,所有的类型见//http://
matplotlib.org/api/markers_api.html?highlight = marker # module - matplotlib.markers
# alpha设置点的透明度
plt.scatter(x, y, s = 100, c = "r", marker = "v", alpha = 0.5)    #绘制图形
plt.show()                                                        #显示图形
```

散点图实例效果如图 12-8 所示。

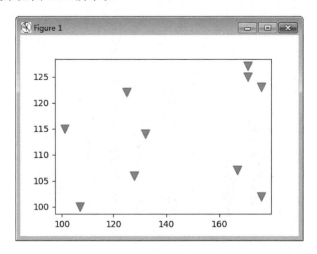

图 12-8　散点图实例

### 4. 饼状图

饼状图(sector graph,又名 pie graph)显示一个数据系列中各项的大小与各项总和的比例,饼状图中的数据点显示为占整个饼状图的百分比。使用 pyplot 中的 pie( )绘制饼状图。

```
import numpy as np
import matplotlib.pyplot as plt
plt.rcParams['font.sans - serif'] = ['SimHei']          # 指定默认字体
labels = ["一季度", "二季度", "三季度", "四季度"]
facts = [25, 40, 20, 15]
explode = [0, 0.03, 0, 0.03]
# 设置显示的是一个正圆,长宽比为 1:1
plt.axes(aspect = 1)
# x 为数据, 根据数据在所有数据中所占的比例显示结果
# labels 设置每个数据的标签
# autoper 设置每一块所占的百分比
# explode 设置某一块或者很多块突出显示出来, 由上面定义的 explode 数组决定
# shadow 设置阴影,这样显示的效果更好
plt.pie(x = facts, labels = labels, autopct = " % .0f % %", explode = explode, shadow = True)
plt.show()
```

饼状图实例效果如图 12-9 所示。

### 5. 箱形图

箱形图(boxplot)又称为盒须图、盒式图或箱线图,是一种用作显示一组数据分散情况资料的统计图,因形状如箱子而得名。箱形图通常用于统计分析。使用 pyplot 中的 boxplot( )绘制饼状图。

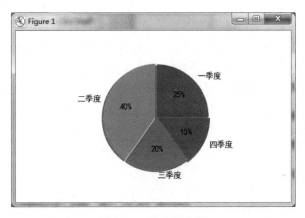

图 12-9　饼状图实例

```
import numpy as np
import matplotlib.pyplot as plt
np.random.seed(100)
data = np.random.normal(size = (1000, ), loc = 0, scale = 1) #生成一组随机数,数量为1000
# sym 调整好异常值的点的形状
# whis 默认是 1.5,通过调整它的数值来设置异常值显示的数量
# 如果想显示尽可能多的异常值,whis 设置很小,否则设置很大
plt.boxplot(data, sym = "o", whis = 1.5)
# plt.boxplot(data, sym = "o", whis = 0.01)
plt.show()
```

输出的图形如图 12-10 所示,每一个位置的表示都已经标注。

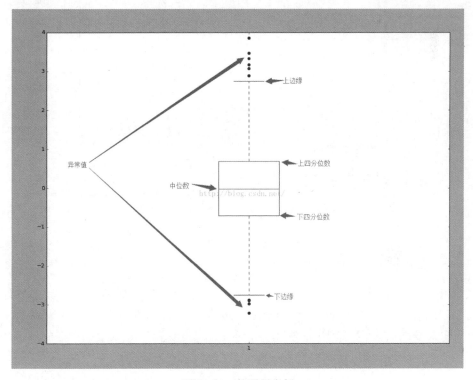

图 12-10　箱形图实例

#### 6. 折线图

折线图(plot)是使用线段依次连接不在一直线上的若干个点所组成的图形。各线段称为折线的边；各点称为折线的顶点，其中第一点称为起点，最后一点称为终点。起点和终点重合的折线称为封闭折线或多边形。使用 plot() 绘制折线图，折线图实例效果如图 12-11 所示。

```
import numpy as np
import matplotlib.pyplot as plt
＃本例中生成 -10~10 的 5 个数
x = np.linspace(-10, 10, 5)          ＃ linspace()用于生成等区间的一组数
y = x ** 2
plt.plot(x, y, linestyle = "--")     ＃ linestyle 设置线的类型,虚线: '--'
plt.show()
```

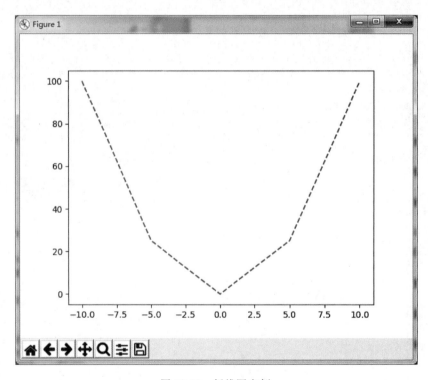

图 12-11　折线图实例

### 12.3.3　绘制图像

尽管 Matplotlib 可以绘制出较好的条形图、饼状图、散点图等，但是对于大多数计算机视觉应用来说，仅仅需要用到几个绘图命令。最重要的是，我们想用点和线来表示一些事物，如兴趣点、对应点以及检测出的物体。下面是用几个点和一条线绘制图像的例子。

```
from PIL import Image
from numpy import *
import matplotlib.pyplot as plt
im = array(Image.open('d:\\test.jpg'))          # 读取图像到数组中
plt.imshow(im)                                   # 绘制图像
# 一些点
x = [100,100,400,400]
y = [200,500,200,500]
plt.plot(x,y,'r*')                               # 使用红色星状标记绘制点
plt.plot(x[:2],y[:2])                            # 绘制连接前两个点的线
plt.title('Plotting: " test.jpg"')              # 添加标题,显示绘制的图像
plt.show()
```

上面的代码首先绘制出原始图像,然后在 $x$ 和 $y$ 列表中给定点的 $x$ 坐标和 $y$ 坐标上绘制出红色星状标记点,最后在两个列表表示的前两个点之间绘制一条线段(默认为蓝色)。该例子的绘制结果如图 12-12(a)所示。注意,在 pylab 库中,约定图像的左上角为坐标原点。

图像的坐标轴是一个很有用的调试工具,如果想绘制出较美观的图像,加上下列命令可以使坐标轴不显示:

```
plt.axis('off')
```

上面的命令将绘制出如图 12-12(b)所示的图像。

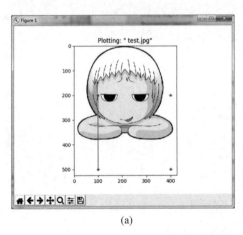

(a)                                    (b)

图 12-12    绘制图像以及点线实例

## 12.3.4    图像轮廓和直方图

绘制图像的轮廓(或者其他二维函数的等轮廓线)在工作中非常有用。因为绘制轮廓需要对每个坐标[$x$, $y$]的像素值施加同一个阈值,所以首先需要将图像灰度化:

```
# 图像轮廓
from PIL import Image
from numpy import *
import matplotlib.pyplot as plt
im = array(Image.open('d:\\test.jpg').convert('L'))  # 读取图像到数组中,将图像转换成灰度图像
plt.figure()                        # 新建一个图像
plt.gray()                          # 不使用颜色信息
plt.contour(im, origin = 'image')   # 在原点的左上角显示轮廓图像
plt.axis('equal')
plt.axis('off')
```

图像的直方图用来表征该图像像素值的分布情况。用一定数目的小区间(bin)来指定表征像素值的范围,每个小区间会得到落入该小区间表示范围的像素数目。该(灰度)图像的直方图可以使用 hist() 函数绘制:

```
plt.figure()
plt.hist(im.flatten(),128)
plt.show()
```

hist() 函数的第二个参数指定小区间的数目。需要注意的是,因为 hist() 只接受一维数组作为输入,所以在绘制图像直方图之前,必须先对图像进行压平处理。flatten() 方法将任意数组按照行优先准则转换成一维数组。图 12-13 为等轮廓线和直方图图像。

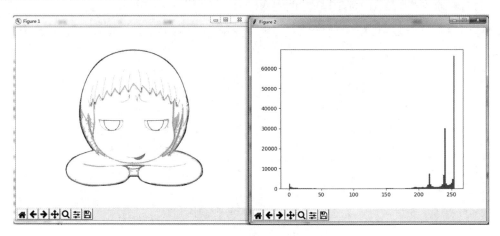

图 12-13　等轮廓线和直方图图像

## 12.3.5　交互式标注

有时用户需要和某些应用交互,例如在一幅图像中标记一些点,或者标注一些训练数据。Matplotlib.pyplot 库中的 ginput() 函数就可以实现交互式标注。下面是一个简短的例子。

```
#交互式标注
from PIL import Image
from numpy import *
import matplotlib.pyplot as plt
im = array(Image.open('d:\\test.jpg'))
plt.imshow(im)                    #显示 test.jpg 图像
print ('Please click 3 points')
x = plt.ginput(3)                 #等待用户单击 3 次
print ('you clicked:',x  )
plt.show()
```

上面的程序首先绘制一幅图像,然后等待用户在绘图窗口的图像区域单击三次。程序将这些单击的坐标[x, y]自动保存在 x 列表里。

## 12.4  文本可视化实战——爬取豆瓣影评生成词云

"词云"就是对网络文本中出现频率较高的"关键词"予以视觉上的突出,形成"关键词云层"或"关键词渲染",从而过滤掉大量的文本信息,使浏览网页者只要一眼扫过文本就可以领略文本的主旨。

本节使用 Python 爬虫技术获取豆瓣电影(https://movie.douban.com/)中最新电影的影评,经过数据清理和词频统计后,对最新的某部电影《黑豹》影评信息进行词云展示。效果如图 12-14 所示。

图 12-14  《黑豹》影评信息词云显示结果

主要分成以下三个过程。

**1. 抓取网页数据**

使用 Python 爬虫技术获取豆瓣电影中最新上映电影网页,其网址为

https://movie. douban. com/cinema/nowplaying/zhengzhou/。通过其 HTML 解析出每部电影的 id 号和电影名,获取某 id 号就可以得到该部电影的影评网址,形式如下:

https://movie. douban. com/subject/26861685/comments

其中,26861685 就是某部电影《红海行动》的 id 号。这样仅仅获取 20 个影评,可以指定开始号 start 来获取更多影评。

https://movie. douban. com/subject/26861685/comments? start=40&limit=20

意味从第 40 条开始的 20 个影评。

将某部影评信息存入 eachCommentList 列表中。

**2. 清理数据**

为便于数据清理和词频统计,把 eachCommentList 列表形成字符串 comments。对 comments 字符串中的"看""太""的"等虚词(停用词)清理掉后词频统计。

**3. 用词云进行展示**

最后使用 WordCloud 词云包对影评信息进行词云展示。

## 12.4.1 安装 WordCloud 词云

按照最常规的 pip install wordcloud 命令安装。

如果安装失败,可以使用 Windows 二进制安装包(whl 文件)直接安装。

## 12.4.2 使用 WordCloud 词云

### 1. WordCloud 的基本用法

```
class wordcloud.WordCloud(font_path = None, width = 400, height = 200, margin = 2, ranks_only =
None, prefer_horizontal = 0.9, mask = None, scale = 1, color_func = None, max_words = 200, min_
font_size = 4, stopwords = None, random_state = None, background_color = 'black', max_font_size
= None, font_step = 1, mode = 'RGB', relative_scaling = 0.5, regexp = None, collocations = True,
colormap = None, normalize_plurals = True)
```

这是 WordCloud 的所有参数,下面具体介绍一下主要参数。

- font_path:string,字体路径,需要展现什么字体就把该字体路径+扩展名写上,如 font_path = '黑体. ttf'。
- width:int (default=400),输出的画布宽度,默认为 400 像素。
- height:int (default=200),输出的画布高度,默认为 200 像素。
- mask:nd-array 或 None (default=None)。如果 mask 为空,则使用二维遮罩绘制词云。如果 mask 非空,设置的宽高值将被忽略,遮罩形状被 mask 取代。除全白(#FFFFFF)的部分将不会绘制外,其余部分会用于绘制词云。如 bg_pic = imread('读取一张图片. png'),背景图片的画布一定要设置为白色(#FFFFFF),然后显示的形状为不是白色的其他颜色。可以用 Photoshop 工具将自己要显示的形状复制到一个纯白色的画布上再保存。

- max_words：number（default＝200），要显示的词的最大个数。
- stopwords：set of strings 或 None，设置需要屏蔽的词。如果为空，则使用内置的 stopwords。
- background_color：color value（default＝"black"），背景颜色，如 background_color＝'white'，背景颜色为白色，默认颜色为黑色。
- colormap：string 或 matplotlib colormap（default＝"viridis"），给每个单词随机分配颜色，若指定 color_func，则忽略该方法。

WordCloud 提供的主要方法如下。

- fit_words(frequencies)：根据词频生成词云。
- generate(text)：根据文本生成词云。
- generate_from_frequencies(frequencies[，…])：根据词频生成词云。
- generate_from_text(text)：根据文本生成词云。

**2．WordCloud 的基本用法**

```
＃导入 WordCloud 模块和 Matplotlib 模块
from wordcloud import WordCloud,ImageColorGenerator,STOPWORDS
import matplotlib.pyplot as plt,numpy as np
from PI2 import Image
text = open('test.txt','r').read()    ＃读取一个 txt 文件
bg_pic = np.array(Image.open("alice.png"))        ＃读入背景图片
'''设置词云样式'''
wc = WordCloud(
    background_color = 'white',        ＃background_color 参数为设置背景颜色,默认颜色为黑色
    mask = bg_pic,
    ＃有中文这句代码必须添加,不然会出现方框而不出现汉字
    font_path = 'simhei.ttf',          ＃通过 font_path 参数来设置字体集
    max_words = 2000,
    max_font_size = 150,
    random_state = 30,scale = 1.5)
wc.generate_from_text(text)            ＃根据文本生成词云
image_colors = ImageColorGenerator(bg_pic)
plt.imshow(wc)                         ＃显示词云图片
plt.axis('off')
plt.show()
print('display success!')
wc.to_file('test2.jpg')                ＃保存图片
```

只有在设置 mask 的情况下，才会得到一个拥有图片形状的词云。本程序使用的模板图是 alice.jpg（如图 12-15 所示），生成的词云形状如图 12-16 所示。

## 12.4.3  爬取豆瓣影评生成词云的设计步骤

**1．抓取网页数据**

第一步要对网页进行访问，Python 中使用的是 urllib 库。代码如下：

图 12-15 模板图

图 12-16 生成的词云图

```
from urllib import request
resp = request.urlopen('https://movie.douban.com/nowplaying/hangzhou/')
html_data = resp.read().decode('utf-8')
```

其中,https://movie.douban.com/cinema/nowplaying/zhengzhou/是豆瓣最新上映的电影页面,可以在浏览器中输入该网址进行查看。

html_data 是字符串类型的变量,里面存放了网页的 HTML 代码。输入 print(html_data)可以查看正在上映的影讯,如图 12-17 所示。

```
<div id="nowplaying">
    <div class="mod-hd">
        <h2>正在上映</h2>
    </div>
    <div class="mod-bd">
        <ul class="lists">
            <li
                id="6390825"
                class="list-item"
                data-title="黑豹"
                data-score="6.8"
                data-star="35"
                data-release="2018"
                data-duration="135分钟(中国大陆)"
                data-region="美国"
                data-director="瑞恩·库格勒"
                data-actors="查德维克·博斯曼 / 露皮塔·尼永奥 / 迈克尔·B·乔丹"
                data-category="nowplaying"
                data-enough="True"
                data-showed="True"
                data-votecount="64156"
                data-subject="6390825"
            >
```

图 12-17 正在上映影讯 html 标签

第二步,需要对得到的 HTML 代码进行解析,提取需要的数据。在 Python 中使用 BeautifulSoup 库(如果没有则使用 pip install BeautifulSoup 进行安装)进行 HTML 代码的解析。

BeautifulSoup 使用的格式如下:

```
BeautifulSoup(html,"html.parser")
```

第一个参数为需要提取数据的 html,第二个参数是指定解析器。

当使用 BeautifulSoup(html,"html. parser")创建 BeautifulSoup 对象后,使用 find_all()读取 html 标签中的内容。

但是 HTML 中有这么多的标签,该读取哪些标签呢? 其实,最简单的办法是打开爬取网页的 HTML 代码,然后查看需要的数据在哪个 html 标签里面,如图 12-17 所示。

从图 12-17 中可以看出自< div id= 'nowplaying'>标签开始是我们想要的数据,里面有电影的名称、评分、主演等信息。所以相应的代码编写如下:

```
from bs4 import BeautifulSoup as bs
soup = bs(html_data, 'html.parser')          #创建 BeautifulSoup 对象
nowplaying_movie = soup.find_all('div', id = 'nowplaying')
nowplaying_movie_list = nowplaying_movie[0].find_all('li', class_ = 'list - item')
```

其中,nowplaying_movie_list 是所有电影信息的一个列表,可以用 print(nowplaying_movie_list[1])查看第二部影片《红海行动》的内容,如图 12-18 所示。

```
<li
    id="26861685"
    class="list-item"
    data-title="红海行动"
    data-score="8.5"
    data-star="45"
    data-release="2018"
    data-duration="138分钟"
    data-region="中国大陆 香港"
    data-director="林超贤"
    data-actors="张译 / 黄景瑜 / 海清"
    data-category="nowplaying"
    data-enough="True"
    data-showed="True"
    data-votecount="312987"
    data-subject="26861685"
>
    <ul class="">
        <li class="poster">
            <a href="https://movie.douban.com/subject/26861685/?from=playing_poster" class=ticket-btn target="_blank" data-psource="poster">
                <img src="https://img3.doubanio.com/view/photo/s_ratio_poster/public/p2514119443.webp" alt="红海行动" rel="nofollow" class="" />
            </a>
        </li>
        <li class="stitle">
            <a href="https://movie.douban.com/subject/26861685/?from=playing_poster"
                class="ticket-btn"
                target="_blank"
                title="红海行动"
                data-psource="title">
                红海行动
            </a>
        </li>
    </ul>
```

图 12-18　《红海行动》电影信息的 HTML 标签

在图 12-18 中可以看到 data-subject 属性里面放了电影的 id 号码,而在 img 标签的 alt 属性里面放了电影的名字,因此通过这两个属性得到电影的 id 和名称(注: 打开电影短评的网页时需要用到电影的 id,所以需要对它进行解析)。编写代码如下:

```
nowplaying_list = []
for item in nowplaying_movie_list:
        nowplaying_dict = {}          //字典形式存储每部电影的 id 和名称
        nowplaying_dict['id'] = item['data - subject']
        for tag_img_item in item.find_all('img'):
            nowplaying_dict['name'] = tag_img_item['alt']
            nowplaying_list.append(nowplaying_dict)
```

其中，列表 nowplaying＿list 中存放了正在上映电影的 id 和名称，可以使用 print (nowplaying_list)进行查看，如下所示：

```
[{'id': '6390825', 'name': '黑豹'}, {'id': '26861685', 'name': '红海行动'}, {'id': '26698897', 'name':
'唐人街探案 2'}, {'id': '26393561', 'name': '小萝莉的猴神大叔'}, {'id': '26649604', 'name':
'比得兔'}, {'id': '26603666', 'name': '妈妈咪鸭'}, {'id': '30152451', 'name': '厉害了,我的国'},
{'id': '26972275', 'name': '恋爱回旋'}, {'id': '26575103', 'name': '捉妖记 2'}, {'id':
'27176717', 'name': '熊出没?变形记'}, {'id': '26611804', 'name': '三块广告牌'}, {'id':
'25829175', 'name': '西游记女儿国'}, {'id': '27085923', 'name': '灵魂当铺之时间典当'}, {'id':
'27114417', 'name': '祖宗十九代'}, {'id': '25899334', 'name': '飞鸟历险记'}, {'id': '3036465',
'name': '爱在记忆消逝前'}, {'id': '27180882', 'name': '疯狂的公牛'}, {'id': '25856453', 'name':
'闺蜜 2'}, {'id': '26836837', 'name': '宇宙有爱浪漫同游'}]
```

可以看到和豆瓣网址上面是匹配的。这样就得到了正在上映电影的信息。接下来对最新电影短评进行分析。例如《红海行动》的短评网址为 https://movie. douban. com/ subject/26861685/comments? start＝0&limit＝20，其中，26861685 就是《红海行动》电影的 id，start＝0 表示评论的第 0 条评论。

查看上面的短评页面的 HTML 代码，发现关于《红海行动》评论的数据是在 div 标签的 comment 属性下面，如图 12-19 所示。

```
<div class="comment">
    <h3>
        <span class="comment-vote">
            <span class="votes">8801</span>
            <input value="1323425806" type="hidden"/>
            <a href="javascript:;" class="j_a_show_login" onclick="">有用</a>
        </span>
        <span class="comment-info">
            <a href="https://www.douban.com/people/dreamfox/" class="">乌鸦火堂</a>
            <span>看过</span>
            <span class="allstar40 rating" title="推荐"></span>
            <span class="comment-time " title="2018-02-13 15:35:16">
                2018-02-13
            </span>
        </span>
    </h3>
    <p class=""> 春节档最好! 最好不是战狼而是战争,有点类似黑鹰坠落, 主旋律色彩下, 真实又残酷的战争渲染。故事性不强,文戏不超20分钟, 从头打到尾, 林超贤场面调度极佳, 巷战、偷袭、突击有条不紊, 军械武器展示效果不错。尺度超大, 钢锯岭式血肉横飞, 还给你看特写! 敌人如丧尸一般打不完, 双方的狙击手都是亮点
    </p>
</div>
```

图 12-19  红海行动短评信息的 html 标签

因此，对此标签进行解析，代码如下：

```
requrl = 'https://movie.douban.com/subject/' + nowplaying_list[0]['id'] + '/comments' + '?'
' + 'start＝0' + '&limit＝20'
resp = request.urlopen(requrl)
html_data = resp.read().decode('utf－8')
soup = bs(html_data, 'html.parser')
comment_div_lits = soup.find_all('div', class_ = 'comment')
```

此时，在 comment_div_lits 列表中存放的就是 class_＝'comment'的所有 div 标签里面的 HTML 代码。在图 12-19 中还可以发现，在＜div class_＝'comment'＞标签里面的 p 标签下面存放了网友对电影的评论，因此对 comment_div_lits 代码中的 HTML 代码继续进行解析，代码如下：

```
eachCommentList = [];
for item in comment_div_lits:
        if item.find_all('p')[0].string is not None:
            eachCommentList.append(item.find_all('p')[0].string)
```

使用 print(eachCommentList)查看 eachCommentList 列表中的内容,可以看到里面存在我们想要的影评。

至此已经爬取了豆瓣最近播放电影的评论数据,接下来要对数据进行清洗和词云显示。

**2. 数据清洗**

数据清洗是消去与数据分析无关信息。这里为了方便进行数据清洗,将列表中的数据放在一个字符串中,代码如下:

```
comments = ''
for k in range(len(eachCommentList)):
    comments = comments + (str(eachCommentList[k])).strip()
```

使用 print(comments)进行查看,可以看到所有的评论已经变成一个字符串,但是评论中还有不少标点符号等。这些符号对进行词频统计根本没有用,因此要将它们清除。所用的方法是正则表达式,Python 中正则表达式是通过 re 模块来实现的。代码如下:

```
import re
pattern = re.compile(r'[\u4e00 - \u9fa5] + ')
filterdata = re.findall(pattern, comments)
cleaned_comments = ''.join(filterdata)
```

继续使用 print(cleaned_comments)语句进行查看,可以看到此时评论数据中已经没有那些标点符号了,数据被清"干净"了。

因为要进行词频统计,所以先要进行中文分词操作。在这里使用的是结巴分词。如果没有安装结巴分词,可以在控制台使用 pip install jieba 进行安装(注:可以使用 pip list 查看是否安装了这些库)。中文分词代码如下所示:

```
import jieba.analyse      ♯分词包
♯使用结巴分词进行中文分词
result = jieba.analyse.textrank(cleaned_comments, topK = 50, withWeight = True)
keywords = dict()
for i in result:
    keywords[i[0]] = i[1]
print("删除停用词前", keywords)
```

结果如下:

```
{'大片': 0.28764823530539835, '动作': 0.42333889433557714, '人质': 0.18041389646505365, '不
能': 0.18403284248005652, '行动': 0.5258110409848542, '的': 0.19000741337241692, '看到':
0.16410604936619055, '太': 0.250308587701313, '导演': 0.3247672024874971, '军人':
```

```
0.22827987403008904, '主旋律': 0.21300534948534544, '电影': 1.0, '作战': 0.17912699218043704,
'震撼': 0.24439586499277743, '国产': 0.37209344994813087, '人物': 0.3211015399811397,
'红海': 0.2759713023909607, '有点': 0.19442262680122022, '节奏': 0.28504415161934643,
'战争片': 0.305141973888238, '战争': 0.38941165361568963, '爆破': 0.17280424905747072,
'演员': 0.18291268026465418, '全程': 0.1812416074586381, '湄公河': 0.4937422787186316,
'还有': 0.17809860837238478, '个人': 0.2610284731772877, '黑鹰坠落': 0.21305500057787405,
'剧情': 0.4529383170599891, …}
```

从结果可以看到进行词频统计了,但我们的数据中有"太""的"等虚词(停用词),而这些词在任何场景中都是高频的,并且没有实际的含义,所以要对它们进行清除。

本程序把停用词放在一个 stopwords.txt 文件中,将数据与停用词进行比对即可。去停用词代码如下:

```
keywords = { x:keywords[x] for x in keywords if x  not in stopwords}
print("删除停用词后",keywords)
```

继续使用 print()语句来查看结果,可见停用词已经被出去了。

由于前面只是爬取了第一页的评论,所以数据有点少,在最后给出的完整代码中,爬取了 10 页的评论,所得数据有一定参考价值。

### 3. 用词云进行显示

```
import matplotlib.pyplot as plt
import matplotlib
matplotlib.rcParams['figure.figsize'] = (10.0, 5.0)
from wordcloud import WordCloud      #词云包
#指定字体类型、字体大小和字体颜色
wordcloud = WordCloud(font_path = "simhei.ttf",background_color = "white",max_font_size = 80,
stopwords = stopwords)
word_frequence = keywords
myword = wordcloud.fit_words(word_frequence)
plt.imshow(myword)                    #展示词云图
plt.axis("off")
plt.show()
```

其中,simhei.ttf 用来指定字体,可以在百度上输入 simhei.ttf 进行下载后,放入程序的根目录即可。

完整程序代码如下:

```
import warnings
warnings.filterwarnings("ignore")
import jieba                          #分词包
import jieba.analyse
import numpy                          #numpy 计算包
import re
import matplotlib.pyplot as plt
from urllib import request
from bs4 import BeautifulSoup as bs
import matplotlib
```

```
matplotlib.rcParams['figure.figsize'] = (10.0, 5.0)
from wordcloud import WordCloud    #词云包


#分析网页函数
def getNowPlayingMovie_list():
    resp = request.urlopen('https://movie.douban.com/nowplaying/zhengzhou/')
    html_data = resp.read().decode('utf-8')
    soup = bs(html_data, 'html.parser')
    nowplaying_movie = soup.find_all('div', id = 'nowplaying')
    nowplaying_movie_list = nowplaying_movie[0].find_all('li', class_ = 'list-item')
    nowplaying_list = []
    for item in nowplaying_movie_list:
        nowplaying_dict = {}
        nowplaying_dict['id'] = item['data-subject']
        for tag_img_item in item.find_all('img'):
            nowplaying_dict['name'] = tag_img_item['alt']
            nowplaying_list.append(nowplaying_dict)
    return nowplaying_list


#爬取评论函数
def getCommentsById(movieId, pageNum):
    eachCommentList = [];
    if pageNum > 0:
        start = (pageNum-1) * 20
    else:
        return False
    requrl = 'https://movie.douban.com/subject/' + movieId + '/comments' +'?' + 'start = ' + str
(start) + '&limit = 20'
    print(requrl)
    resp = request.urlopen(requrl)
    html_data = resp.read().decode('utf-8')
    soup = bs(html_data, 'html.parser')
    comment_div_lits = soup.find_all('div', class_ = 'comment')
    for item in comment_div_lits:
        if item.find_all('p')[0].string is not None:
            eachCommentList.append(item.find_all('p')[0].string)
    return eachCommentList


def main():
    #循环获取第一个电影的前 10 页评论
    commentList = []
    NowPlayingMovie_list = getNowPlayingMovie_list()
    for i in range(10):
        num = i + 1
        commentList_temp = getCommentsById(NowPlayingMovie_list[1]['id'], num)
                                        //指定哪部电影
        commentList.append(commentList_temp)
    #将列表中的数据转换为字符串
    comments = ''
    for k in range(len(commentList)):
        comments = comments + (str(commentList[k])).strip()
    #使用正则表达式去除标点符号
    pattern = re.compile(r'[\u4e00-\u9fa5]+')
```

```
    filterdata = re.findall(pattern, comments)
    cleaned_comments = ''.join(filterdata)
    #使用结巴分词进行中文分词
  result = jieba.analyse.textrank(cleaned_comments, topK = 50, withWeight = True)
    keywords = dict()
    for i in result:
        keywords[i[0]] = i[1]
    print("删除停用词前", keywords)    #{'演员': 0.18290354231824632, '大片': 0.2876433001472282}
    #停用词集合
    stopwords = set(STOPWORDS)
    f = open('./StopWords.txt', encoding = "utf8")
    while True:
        word = f.readline()
        if word == "":
            break
        stopwords.add(word[: -1])
    print(stopwords)
    keywords = { x:keywords[x] for x in keywords if x   not in stopwords}
    print("删除停用词后", keywords)
    #用词云进行显示
    wordcloud = WordCloud(font_path = "simhei.ttf", background_color = "white",
max_font_size = 80, stopwords = stopwords)
    word_frequence = keywords
    myword = wordcloud.fit_words(word_frequence)
    plt.imshow(myword) #展示词云图
    plt.axis("off")
    plt.show()
#主函数
main()
```

程序运行后显示的图像如图 12-20 所示。

图 12-20　词云显示结果

# 第 *13* 章

## 可视化在微信公众号舆情系统中的应用

微信公众号舆情管理系统是分析当前微信舆情情况的一款软件,通过获取和分析搜狗微信(http://weixin.sogou.com)公众号文章的相关信息,得到一系列用户想要的文章热度、意见领袖、高频词云、有关公众号等具体数据信息,并通过 D3 可视化技术展示出来。

## 13.1　系统背景意义

微信公众号舆情系统可以展现微信公众号文章列表、意见领袖、有关公众号等具体数据信息,发现话题下的热点文章、有影响力的公众号,同时会可视化展现文章热度、高频词云、数量趋向。正负面分析和话题(热点)发现,可以提供实时信息,更加有助于用户理解和处理这些繁杂的数据,使得想要了解的地方一目了然。

如今的信息时代更像是一个信息超载的时代。过量的信息是压倒性的。幸运的是,我们人类是强烈的视觉生物,即使是年幼的孩子也可以解读条形图,从这些数字的视觉表示中提取意义。出于这个原因,数据可视化是一个强大的工作。可视化数据是与其他人交流的最快方式。如一个普通用户想查看相关的文章或者热搜词汇等,通过该系统的可视化信息,能轻而易举地找到想要的内容;如果是一个公众号的运营者,通过分析热搜的词汇后,可以发布与热搜词汇相关的内容。用户也通过分析热门文章的标题,分析出相同领域的文章标题的起法,进而分析出文章的内容和排版,有助于用户写出更加热门的文章。因此通过可视化技术把这些数据可视化出来,可以让用户第一时间了解微信舆情的发展态势。

## 13.2　系统功能模块

微信公众号舆情系统是以数据可视化为目标,发现话题下的热点文章、有影响力的公众号,第一时间领会微信舆情的成长态势。其主要包含三大模块。

（1）展示文章列表、意见领袖、有关公众号的详细信息。

在微信公众号的文章展示中，以列表的形式展现出来热门文章。意见领袖是作为中间的媒介，起到十分重要的作用，它们把一些内容通过处理之后传播给用户，具备影响别人立场的本领。它们参与大众传播，加速了传播速度并扩展了影响。不管是文章列表还是意见领袖都需要有详细的公众号信息，这样才能让用户了解到热门文章和有影响力的公众号。

（2）可视化展示文章热度、高频词云、数量趋势。

通过可视化能够清晰地展示公众号数据，让用户更加容易了解微信公众号舆情发展态势。可视化首先展示的是文章的热度，通过排名的方式进行可视化展示，让用户轻而易举地看到当下最热门的文章以及与该文章相关的公众号。高频词云是通过分析提取关键词，把高频词提取出来，进而形成词云，让用户一眼望去就能看到当下热搜的词汇。另外，通过文章的阅读量数据形成统计图，进而对一段时间的数据进行对比，让用户更加清晰地了解热门、有影响力的公众号的整体情况。

（3）文章正负面分析和话题发现。

文章正负面分析是通过把所发文章内容的网页 HTML 进行去除标签，得到纯文本，根据汉明距离来计算句子群中每个句子和关键字的关联程度，完成关键句群的提取后进行打分。正负面打分计算采用的是大连理工大学的情感分词库对文本进行打分。最后根据分数正负性判断文章的正负面，分数为正的是正面文章；分数为负的是负面文章；分数为 0 的是没有感情偏向。

话题发现是通过对文章话题设置搜索功能，根据用户输入的关键字进行分析之后，得出用户感兴趣的话题，在得到搜索结果之后用户就可以阅读感兴趣的文章内容，以及公众号的相关信息等。

## 13.3　功能需求

### 13.3.1　系统首页

**1. 主题说明**

管理系统主要分为登录界面和系统主界面，管理员在登录界面输入登录名、密码，经过系统验证后可登录到系统主界面，在系统主界面管理员可以对微信公众号文章的相关内容进行信息管理。系统功能用例图如图 13-1 所示。

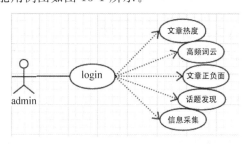

图 13-1　系统功能用例图

**2. 功能要求**

登录界面中密码需要采取相应的保护措施，使用圆点来代替。

系统的主菜单界面主要功能有文章热度、高频词云、文章正负面、话题发现、信息采集，管理员可以通过提供相关的权限来限制相应的界面展示。

## 13.3.2　文章热度

**1. 主题说明**

进入文章热度的界面可以看到文章的相关内容，用户可以检索相关的文章，也可以查看文章的热度和近七天的数量趋势，从而对每篇文章都有清晰的了解。

**2. 数据结构描述**

文章热度数据结构描述如表 13-1 所示。

表 13-1　文章热度数据结构描述

| 数　据　项 | 备　　注 |
| --- | --- |
| ID | 文章的 ID，用来表示每一篇文章，为自增型 |
| 标题 | 文章的头部，文章的中心内容 |
| 作者 | 文章内容的发布者 |
| 公众号名称 | 该文章发布的公众号的名称 |
| 浏览量 | 该文章的总浏览次数 |
| 评论量 | 该文章的总评论次数 |
| 点赞量 | 该文章的总点赞次数 |
| 分享量 | 该文章的总分享次数 |
| 发布时间 | 该文章的发布日期 |

**3. 功能要求**

- 对上述数据进行列表展示，可以通过相关的文章标题和公众号昵称进行查询。
- 可对每一篇文章的数量趋势以及文章的热度值进行查看。

## 13.3.3　高频词云

**1. 主题说明**

当管理员进入系统，单击进入高频词云的界面，能够让用户清晰和直观看到热门词汇。

**2. 数据结构描述**

高频词云数据结构描述如表 13-2 所示。

表 13-2　高频词云数据结构描述

| 数　据　项 | 备　　注 |
| --- | --- |
| 关键字 ID | 处理后相应的关键字唯一标识，为自增型 |
| 关键词 | 文章处理后的关键词 |
| 公众号名称 | 文章所载的公众号 |
| 词频 | 出现的频率 |

**3. 功能要求**

主要通过对爬取到的文章内容进行关键词提取，将出现最多的关键词形成高频词云。

### 13.3.4 文章正负面

**1. 主题说明**

文章正负面界面主要展示文章的相关信息、文章正负的分值和每篇文章的情感倾向，同时还可以对这些文章进行查询。

**2. 数据结构描述**

文章正负面数据结构描述如表 13-3 所示。

表 13-3　文章正负面数据结构描述

| 数　据　项 | 备　　　注 |
| --- | --- |
| ID | 文章的 ID，用来表示每一篇文章，为自增型 |
| 标题 | 文章的头部，文章的中心内容 |
| 作者 | 文章内容的发布者 |
| 公众号名称 | 该文章发布的公众号的名称 |
| 正面性 | 该文章正面得到的分数 |
| 负面性 | 该文章负面得到的分数 |
| 既正面又负面 | 该文章正面和负面得到的分数 |
| 中性 | 该文章中性得到的分数 |
| 正负性 | 该文章的情感倾向（正和负） |
| 发布时间 | 文章的发布日期 |

**3. 功能要求**

* 将上述数据进行列表展示，同时通过文章的标题和公众号名称进行查询。
* 通过查看功能可以查看某一篇文章的正负性，为正表示文章情感倾向为正向；为负表示文章的情感倾向为负向。

### 13.3.5 话题发现

**1. 主题说明**

话题发现主要分为四部分：检索、关键字提示、全文检索结果以及意见领袖的展示。

**2. 数据结构描述**

话题发现数据结构描述如表 13-4 所示。

表 13-4　话题发现数据结构描述

| 数　据　项 | 备　　　注 |
| --- | --- |
| 标题 | 文章的头部，文章的中心内容 |
| 公众号名称 | 该文章发布的公众号的名称 |
| 发布时间 | 该文章的发布时间 |

| 数 据 项 | 备 注 |
| --- | --- |
| 图片 | 该文章的封面图 |
| 意见领袖 | 影响力比较大的公众号 |
| 文章热度 | 通过相应的分值来标识文章的热度 |

### 3. 功能要求

- 能够查询相应的热门话题,同时提供相应的关键字。
- 查询的结果通过列表展示出来,展示出文章热度和意见领袖。

## 13.3.6 信息采集

### 1. 主题说明

输入想要检索的关键字,单击"检索"按钮,就可以去爬取相关的文章内容。

### 2. 数据结构描述

信息采集数据结构描述如表 13-5 所示。

表 13-5 信息采集数据结构描述

| 数 据 项 | 备 注 |
| --- | --- |
| ID | 文章的 ID,用来表示每一篇文章,为自增型 |
| 标题 | 文章的头部,文章的中心内容 |
| 作者 | 文章内容的发布者 |
| 公众号名称 | 该文章发布的公众号的名称 |
| 浏览量 | 该文章的总浏览次数 |
| 评论量 | 该文章的总评论次数 |
| 点赞量 | 该文章的总点赞次数 |
| 分享量 | 该文章的总分享次数 |
| 发布时间 | 该文章的发布日期 |
| 公众号图片 | 该文章发布的公众号的 Logo |
| 微信号 | 该文章发布的公众号的微信号 |
| 功能介绍 | 该文章发布的公众号的功能介绍 |
| 文章内容 | 该文章的相关内容 |

### 3. 功能要求

- 输入要查询的内容,单击"检索"按钮去爬取网页中相应的文章信息到数据库中。
- 定时爬取每日更新的文章内容并保存到数据库中。

## 13.4 系统实现

## 13.4.1 登录界面

登录界面如图 13-2 所示,主要是输入用户名和密码,以及单击"登录"按钮。另外还有忘记密码功能,其用户忘记密码则可以单击界面中"这里"进行找回。

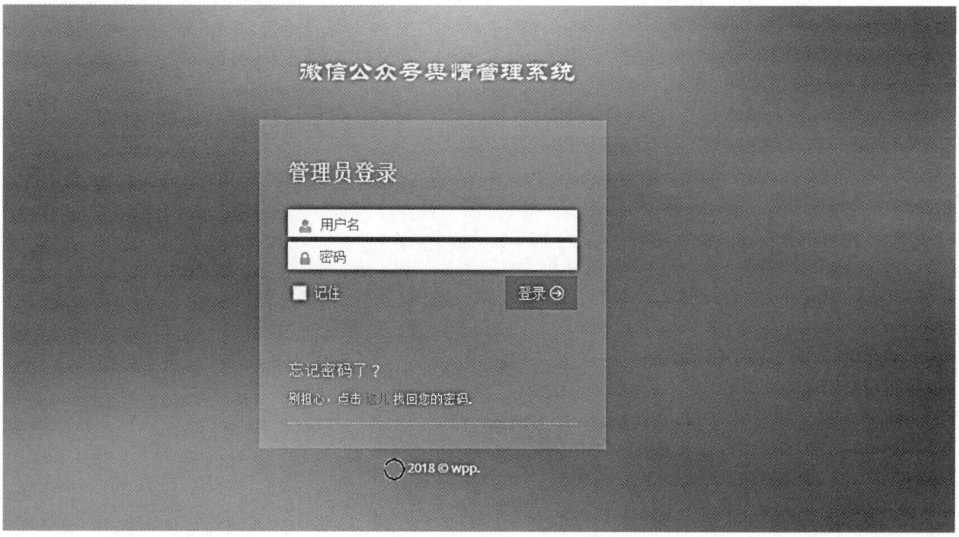

图 13-2    登录界面截图

## 13.4.2    欢迎界面

欢迎界面如图 13-3 所示,主要由三部分组成。

第一部分:登录用户以及登录时间,如图 13-3(a)所示。

第二部分:显示最新文章内容信息,如图 13-3(b)所示。

第三部分:显示微信公众号的意见领袖,如图 13-3(c)所示。

(a)

(b)                                           (c)

图 13-3    欢迎界面的展示信息

### 13.4.3　文章热度

文章热度界面如图 13-4 所示,主要展示文章的相关信息(包括公众号的信息),同时可以对这些文章进行查询(根据文章的标题以及文章的发布日期查询)。

| | 标题 | 作者 | 公众号名称 | 浏览量 | 评论量 | 点赞量 | 分享量 | 发布时间 | 操作 |
|---|---|---|---|---|---|---|---|---|---|
| 1 | 那些工作几年的往届生,为什么又回来考研了? | | 中原工学院信息商务学院 | 68266 | 687 | 933 | 8 | 2018-05-03 17:30:28 | ◉热度 ☑趋势 |
| 2 | Linux〈十八〉RPM | leeqico | java后端生活 | 100001 | 88 | 5082 | 83 | 2018-05-02 23:38:25 | ◉热度 ☑趋势 |
| 3 | 百分之九少年只是流量明星? | | 咪咕动漫 | 27214 | 831 | 2198 | 58 | 2018-05-02 19:14:24 | ◉热度 ☑趋势 |
| 4 | 北上广java开发月薪20K以上,如何拿到?需要会些什么? | | 达内JAVA培训 | 69907 | 207 | 204 | 70 | 2018-05-02 17:00:00 | ◉热度 ☑趋势 |
| 5 | 架构师眼中的高并发架构 | | java思维导图 | 32877 | 516 | 4687 | 43 | 2018-05-02 08:08:00 | ◉热度 ☑趋势 |
| 6 | 连逛6天景区才知道,何谓真正文化之旅 | | 咪咕动漫 | 56136 | 316 | 269 | 51 | 2018-05-01 20:30:41 | ◉热度 ☑趋势 |
| 7 | 一个会说话的思维导图,它教你这样预习- | 吕一明 | java思维导图 | 26604 | 957 | 354 | 54 | 2018-05-01 11:11:00 | ◉热度 ☑趋势 |

图 13-4　文章热度界面

右边有热度和趋势两个操作,其中热度是根据文章的浏览量、评论量、点赞量、分享量等得到的值,采用 D3 技术绘制,如图 13-5 所示。

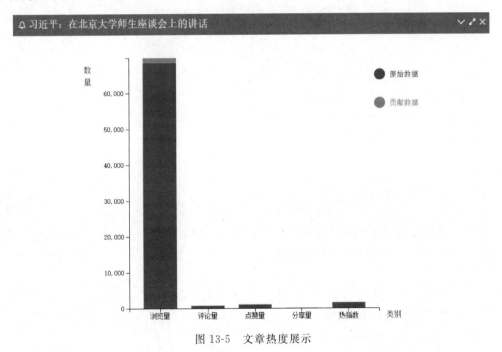

图 13-5　文章热度展示

另一个是文章的浏览量等趋势,展示近七天的文章情况,采用 D3 技术绘制,如图 13-6 所示。

### 13.4.4　高频词云

主要通过对爬取的文章内容进行关键词的提取,最多的关键词形成高频词云(而这些关键词只是针对于爬取的文章的关键词)。采用词云技术绘制,如图 13-7 所示。

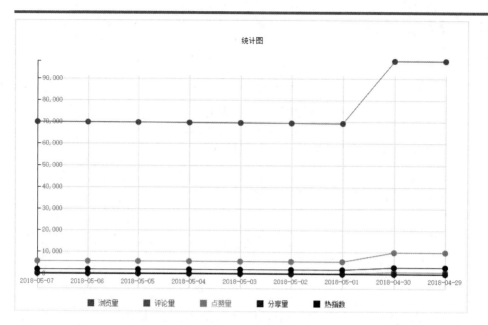

图 13-6　文章数据趋势展示

图 13-7　高频词云展示

### 13.4.5　文章正负面

文章正负面界面如图 13-8 所示,主要展示文章的相关信息(包括公众号的信息)、文章正负面的分值和每篇文章的情感倾向,同时可以对这些文章进行查询(根据文章的标题以及文章发布日期查询)。

列表中每篇文章的最右边有"查看"功能,这个功能能够查看到某篇文章正负面得分以及最后的整体分值。正面和负面的差即为文章的情感倾向(橙色代表负面性,蓝色代表正面性)。文章正负面展示如图 13-9 所示。

### 13.4.6　话题发现

话题发现主要分为四部分:关键字检索、关键字提示、全文检索结果和意见领袖。

第一部分:关键字检索,如图 13-10 所示。

第二部分:关键字提示,如图 13-11 所示。

| | 标题 | 作者 | 公众号名称 | 正面性 | 负面性 | 中立性 | 既正面又负面 | 正负性 | 发布时间 | 操作 |
|---|---|---|---|---|---|---|---|---|---|---|
| ☐ 1 | The Big Data / Fast Data Gap | | 摸索Java | 0 | 0 | 0 | 0 | 无情感倾向 | 2014-03-12 19:19:48 | 👁查看 |
| ☐ 2 | 2014年度移动开发工具类Jolt大奖 | 彭春进 | 摸索Java | 0 | 0 | 0 | 0 | 无情感倾向 | 2014-03-11 13:43:31 | 👁查看 |
| ☐ 3 | Web应用开发者必备的14个JavaScript音频库 | Barnett | 摸索Java | 0 | 0 | 0 | 0 | 无情感倾向 | 2014-02-15 16:38:00 | 👁查看 |
| ☐ 4 | 旅游专题——一个人的旅行 | 领浪微博 | 中原工学院环境与发展协会 | 0 | 0 | 0 | 0 | 无情感倾向 | 2013-12-04 22:32:43 | 👁查看 |
| ☐ 5 | 生活提示--多开窗通风，吹走"雾气病" | | 中原工学院环境与发展协会 | 0 | 0 | 0 | 0 | 无情感倾向 | 2013-11-30 19:02:02 | 👁查看 |
| ☐ 6 | 黄岛海面屋油清污工作仍在进行 3000多人参与 | | 中原工学院环境与发展协会 | 0 | 0 | 0 | 0 | 无情感倾向 | 2013-11-28 22:38:48 | 👁查看 |
| ☐ 7 | 【清晨一根烟，精神好一天？NO!!!】 | @控烟集结号 | 中原工学院环境与发展协会 | 0 | 0 | 0 | 0 | 无情感倾向 | 2013-11-27 14:41:08 | 👁查看 |
| ☐ 8 | 如何写一手好文档（好代码）？ | 54chen | java_scala | 0 | 0 | 0 | 0 | 无情感倾向 | 2013-09-23 19:46:11 | 👁查看 |
| ☐ 9 | 深度解析：清理烂代码 | | 摸索Java | 0 | 0 | 0 | 0 | 无情感倾向 | 2013-09-10 11:03:48 | 👁查看 |
| ☐ 10 | 十二星座最讨厌做的事（上） | | 一动漫 | 0 | 0 | 0 | 0 | 无情感倾向 | 2012-12-21 20:08:12 | 👁查看 |

图 13-8　文章正负面列表界面

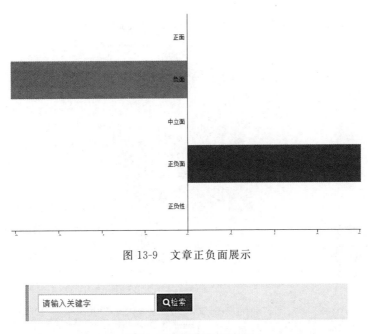

图 13-9　文章正负面展示

请输入关键字　🔍检索

图 13-10　关键字搜索图

图 13-11　关键字提示图

第三部分：检索结果（例如搜索"中原工学院"后的结果），如图 13-12 所示。

第四部分：意见领袖。采用 D3 技术绘制，如图 13-13 所示。

## 13.4.7　信息采集

信息采集主要是对搜狗微信的内容进行爬取，把爬取的内容放到数据库中，以便进行查

图 13-12　检索结果图

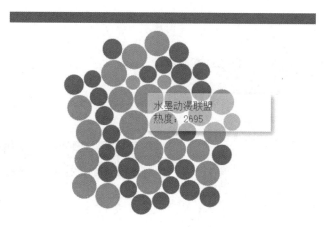

图 13-13　意见领袖图

询和处理，如图 13-14 所示。

| | 标题 | 作者 | 公众号名称 | 发布时间 |
|---|---|---|---|---|
| 1 | 我校在2018年全球品牌策划大赛中国地区选拔赛中喜获佳绩 | 信商新媒体 | 中原工学院信息商务学院 | 2018-05-03 20:49:53 |
| 2 | Tomcat 启动报错 Could not contact localhost: 8005 | 碉叔 | Java猫说 | 2018-05-03 17:30:28 |
| 3 | 利用五一假期多批校友相约欢聚母校 | 校友会办公室 | 中原工学院校友总会 | 2018-05-03 14:47:13 |
| 4 | Linux〈十九〉YUM | leeqico | java后端生活 | 2018-05-03 13:15:51 |
| 5 | 离职的原因 — 写给那些想要跳槽的人们 | faithsws | 精讲JAVA | 2018-05-03 10:23:00 |
| 6 | 用JWT技术为SpringBoot的API增加授权保护 | | JAVA葵花宝典 | 2018-05-03 10:06:51 |
| 7 | 2018之我要成为架构师资源分享· | | java思维导图 | 2018-05-03 08:00:00 |
| 8 | 教大家如何通过Maven创建SSH项目工程 | 许肖飞 | java学习 | 2018-05-03 08:00:00 |
| 9 | Linux〈十八〉RPM | leeqico | java后端生活 | 2018-05-02 23:38:25 |
| 10 | 如何正确面对雨镜 | @星个 | 举义JAVA自行车 | 2018-05-02 19:59:44 |
| 11 | 产品经理课从入门到精通，收费视频教程（限时免费三天） | | 远行Java | 2018-05-02 19:21:23 |
| 12 | 百分之九少年只是流量明星？ | | 咪咕动漫 | 2018-05-02 19:14:24 |
| 13 | 作为一个计算机专业的大学生，毕业时怎样才算合格 | | 中原工学院软件学院 | 2018-05-02 18:43:38 |
| 14 | 北上广Java开发月薪20K以上，如何拿到？需要会些什么？ | | 达内JAVA培训 | 2018-05-02 17:00:00 |
| 15 | 如何学习一门编程语言 | | java那些事 | 2018-05-02 16:00:00 |

图 13-14　信息采集后的爬取结果

　　本微信公众号舆情管理系统实现对微信文章进行分析，可视化展示文章热度、高频词云、文章正负面和话题发现功能。本系统在技术方面，文章分词主要用到了 IKAnalyzer 中文分词器，查询文章时用到了 Lucene 全文检索技术，正负面打分计算采用的是大连理工大学的情感分词库对文本进行打分，最后采用 D3 技术进行前台展示。

# 参 考 文 献

［1］ 周苏,王文.大数据可视化[M].北京:清华大学出版社,2016.
［2］ 周苏.大数据可视化技术[M].北京:清华大学出版社,2016.
［3］ 陈为.数据可视化的基本原理与方法[M].北京:科学出版社,2013.
［4］ 吕之华.精通 D3.js[M].2 版.北京:电子工业出版社,2017.
［5］ 阮文江.JavaScript 程序设计基础教程[M].2 版.北京:人民邮电出版社,2015.
［6］ 刘浪.Python 基础教程[M].北京:人民邮电出版社,2015.
［7］ 嵩天,礼欣,黄天羽.Python 语言程序设计基础[M].2 版.北京:高等教育出版社,2017.
［8］ 岳学军.JavaScript 前端开发实用技术教程[M].北京:人民邮电出版社,2014.
［9］ 李雯,李洪发.HTML5 程序设计基础教程[M].北京:人民邮电出版社,2015.